四川茶树

品种资源与栽培

唐茜 等 编著

U0306322

中国农业科学技术出版社

图书在版编目（CIP）数据

四川茶树品种资源与栽培/唐茜等编著.--北京：中国农业科学技术出版社，2023.12
ISBN 978-7-5116-6544-7

Ⅰ.①四… Ⅱ.①唐… Ⅲ.①茶树—植物资源—四川 ②茶树—栽培技术—四川 Ⅳ.①S571.1

中国国家版本馆CIP数据核字（2023）第226933号

责任编辑	朱　绯
责任校对	马广洋
责任印制	姜义伟　王思文

出 版 者	中国农业科学技术出版社
	北京市中关村南大街 12 号　　邮编：100081
电　　话	（010）82109707（编辑室）（010）82109702（发行部）
	（010）82109709（读者服务部）
网　　址	https://castp.caas.cn
经 销 者	各地新华书店
印 刷 者	北京建宏印刷有限公司
开　　本	185 mm×260 mm　1/16
印　　张	14.25
字　　数	332 千字
版　　次	2023 年 12 月第 1 版　2023 年 12 月第 1 次印刷
定　　价	98.00 元

感谢以下项目和平台的资助与支持

精制川茶四川省重点实验室

四川省科技厅育种攻关项目"突破性茶树育种材料和方法创新及新品种选育"（2021YFYZ0025）

四川省科技厅重点研发项目"紫嫣等优质特色茶树新品种配套种植与加工关键技术集成应用"（2021YFN0004）

国家茶叶产业技术体系乐山综合试验站（CARS-19）

四川省茶叶创新团队（SCCXTD2019-10）

《四川茶树品种资源与栽培》
编著人员

主 编 著

唐 茜　四川农业大学园艺学院茶学系，教授、博士生导师

　　　　精制川茶四川省级重点实验室，主任

副主编著

谭礼强　四川农业大学，教授、硕士生导师

段新友　四川省农业农村厅，首席茶业师、研究员

罗 凡　四川省农业科学院茶叶研究所，所长、研究员

　　　　精制川茶四川省级重点实验室，副主任

参编人员

陈 玮　四川业大学园艺学院茶学系，讲师、硕士生导师

邹 瑶　四川业大学园艺学院茶学系，讲师、硕士生导师

汤丹丹　四川业大学园艺学院茶学系，讲师、硕士生导师

谢文钢　贵阳学院茶学系，讲师、博士

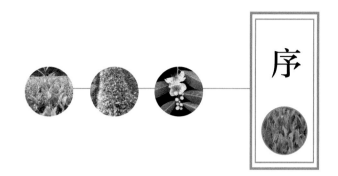

序

　　"一粒种子可以改变世界"，品种是包括茶产业在内的农业生产最重要的基础性生产资料。茶树品种的好坏则直接关系到茶叶产量的高低、茶品质的优劣和种植经济效益的好坏。茶树种质资源是茶树育种的物质基础，也是茶产业持续发展的潜力所在。开展茶种质资源研究、选育，推广优良品种，并配套"良种良法"，是提高茶叶产品市场竞争力的重要手段，也是实现茶产业绿色、优质、高效的重要措施，更是茶叶科技工作者的重要任务。

　　四川省是我国重要的产茶大省之一，种茶历史悠久，茶叶种植面积、产量和产值均居全国前列。川茶产业特色明显，比较优势突出，是四川省"脱贫攻坚"和"乡村振兴"的重要抓手。作为茶树的发源地之一，四川省独特的盆地条件和特殊的地理位置孕育了丰富的资源，是茶树种质资源的珍贵宝库。为充分发挥四川茶树品种资源丰富的优势，发展川茶种业，30余年来，作者团队和四川茶叶科技工作者对四川茶树品种资源开展了广泛普查、收集与系统鉴定工作，建成了保存3 000余份种质的省级茶树品种资源圃（含国内外资源和优异育种材料），育成国家级、省级茶树品种50余个，引进省外茶树品种（系）200多个。所选育和引进的一批品种已在四川、重庆和贵州等茶区大面积推广种植，取得了显著的生态效益、经济效益和社会效益；还有一大批新品系正在进行植物新品种权申请和区域试验。同时在良种配套栽培技术方面开展了一系列创新研究。为推进川茶实现多茶类、多品种、不同区域种植提供了丰富的品种资源，为促进四川乃至全国的茶园无性系标准化建设、良种化水平提升、茶区品种多样化发展和茶类结构进一步优化作出了突出贡献。

　　唐茜教授及其团队在多年潜心研究的基础上，对四川目前已有茶树种质资源挖掘与利用工作进行了阶段性总结，用精炼的文字和各类图表，将四川茶树资源的挖掘利用现状、选育推广品种的形态特征、生物学及生化特性、茶类适制性和配套栽培技术等，以深入浅出、直观形象的方式呈现给读者，既可为专业人士提供学术参考，又可为茶叶及茶文化爱好者提供科普知识，是一本珍贵的茶学专著。

作为一个从事茶树资源育种研究 40 多年的科技工作者，很高兴看到《四川茶树品种资源与栽培》的出版，相信这本书一定会引起读者对四川茶树品种资源和配套栽培技术的关注，也将为茶叶科技创新、科学普及和茶产业发展发挥积极的促进作用！

是为序。

国家茶叶产业技术体系首席科学家　杨玉华研究员

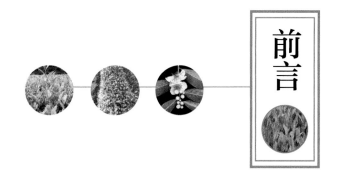

四川是茶叶大省，是茶树的发源地和茶文化的发祥地之一，种茶历史悠久、茶树资源丰富、茶叶品质优良、茶文化底蕴深厚。川茶生产的规模、茶产业综合实力居全国前列。2022 年，四川全省茶园面积 590 万亩，茶叶产量 39.28 万吨，毛茶产值 365 亿元，茶叶综合产值 1 080 亿元。四川省委省政府高度重视川茶产业发展，把精制川茶作为"5+1"现代产业体系重点发展，把川茶作为现代农业"10+3"产业体系优先发展，坚持一张蓝图绘到底，一年接着一年抓，建成了千亿茶产业。川茶已成为四川呈现给世界、世界认识四川的又一张靓丽名片，川茶产业已成为助农增收的"金钥匙"和乡村振兴的重要载体，为巩固脱贫攻坚成果与乡村振兴有效衔接发挥重要作用。

茶树种质资源是研究茶树起源演化与分类、创制新品种、改良现有品种的原始材料，是实现茶业高质量发展的重要基础。茶树品种既是产业中最重要的生产资料之一，也是茶产业成功发展的"芯片"。茶树品种很大程度上决定了茶叶的产量、品质和茶树抗性，并且与茶园现代化管理密切相关，各种名优茶新产品开发都需要特定形态特征和内含化学成分组成的品种，机械化采茶技术以及茶园机械管理技术的成功推广也取决于无性系茶树品种的选育和推广。因此，茶树育种和良种推广是对种质资源的遗传改良和挖掘利用，在茶叶科学研究和产业发展中具有重要地位，"良种良法"是良种发挥优良特性的基础和条件，进行良种选育与配套栽培技术的研发和推广是良种化成功和促进茶种业发展的双手。

四川位于茶树原产地中心——云贵高原的边缘地带，在茶树演化和传播中具有重要的地理地位，其独特的自然生态条件，孕育了丰富而古老的茶树品种资源。四川也是我国最早利用茶树种质资源的地区之一，通过长期的栽培、驯化和选择，四川地区形成了多样化的地方茶树品种，为现代茶树品种改良提供了重要的种质资源。30 多年来，特别是 2000 年以来，在四川省科学技术厅、四川省农业农村厅等部门的大力支持下，在四川省农业科学院茶叶研究所、四川农业大学茶学系、精制川茶四川省重点实验室、名山茶树良种繁育场等单位的育种工作者的共同努力下，通过实施四川省茶树育种攻关课题、四川省茶叶创新团队等课题，川茶种质资源的收集、保存及评价鉴定工作，以及茶树新品种选育与推广工作均取得了显著成效，为川茶种业及茶产业发展提供了强有力的科技支撑。1989—2016 年，四川选育的茶树品种通过国家审（鉴、认）定和四川省审定的品种有'名山白毫 131''天府 28 号'等 30 多个；自 2017 年实行《非主要农作物品种登记办法》以来，至 2022 年 12 月，四川又选育并在农业农村部成功登记的品种有'紫嫣''川茶 6 号'等 16 个，获植物新品种保护权的品种 1 个（'紫嫣'）。此外，四川先后从省外引进了'中黄 1 号''巴渝特早''白叶 1 号'等茶树品种及资源材料 300 余个，为推进川茶实现多茶类、多品种、不同区域种植提供了丰富的品种资源，使四川茶区成为我国茶树种质资源最丰富、栽培品种最多的产茶地区之一。同时，四川建立了比较完善的茶树品种繁、育、推广体系，在雅安市名山区建立了集资源保存、新品种选育与推广、科普培训以及休闲观光于一体的综合性、多功能的省级资源圃（基因库），在成都市邛崃市、乐山市沐川县、广元市旺苍县也建立了资源分圃，收集、保存 3000 余份品种资源。四川茶园的良种覆盖率从 2013 年的 58.98% 增加到 2022 年的 87.02%。此外，为充分发挥良种的特性，四川茶叶科技工作者还致力于良种配套种植与栽培技术的研究，研究推广的"良种高密高效繁育技术""良种幼龄茶园速成投产"等关键技术，推动了四川茶区茶树良种化的进程和茶产业高质量发展。四川省新品种选育与配套栽培、加工技术研发和推广的成果"野生茶树种质资源发掘与特色新品种选育及配套关键技术集成应用"荣获 2018 年四川省科技进步奖一等奖。

本书主要介绍了四川茶树资源收集、评价鉴定及茶树良种选育与推广现状，并介绍了四川近 20 年来选育茶树品种的形态学特征、生物学特性、品质特性、抗逆性以及适制性，同时介绍了与良种配套的繁育与栽培技术等，是一部学术性和实用性强的茶树品种专著。希望本书出版可以为四川广大茶叶生产者、教育和科技工作者以及消费者提供参考。囿于编著者水平和研究程度等的限制，书中难免存在不妥之处，恳请读者批评指正。

作者
2023 年 10 月

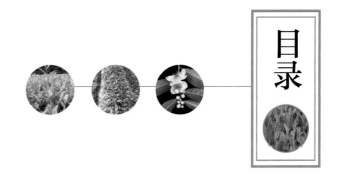

目录

第一章 四川茶树种质资源与育种概况

四川位于茶树原产地中心——云贵高原的边缘地带，在茶树演化和传播中具有重要的地理地位，在长期的自然进化和人工选择中造就了丰富而古老的茶树资源。四川也是我国最早利用茶树种质资源的地区之一，通过长期的栽培、驯化和选择，四川地区形成了多样化的地方茶树品种，为现代茶树品种改良提供了重要的基因资源。20多年来，四川的茶树种质资源收集、保存及评价鉴定工作，以及茶树新品种选育与推广工作均取得了显著成效，为川茶产业发展提供了强有力的科技支撑。本章综述了四川省茶树种质资源与育种概况，并针对四川省茶树种质创新中存在的问题，展望了相关研究的发展方向。

第一节 种质资源考察收集和保存

茶树种质资源又称茶树品种资源，从广义上讲，指携带并可传递种质的一切茶树植物，包括野生茶树、地方品种、选育品种、品系、引进品种、遗传材料及野生近缘植物等。茶树种质资源是茶树种质创新、育种和新产品开发的物质基础，也是茶产业持续发展的潜力所在。而育种是对种质资源的遗传改良。四川独特的盆地条件和特殊的地理位置孕育了丰富的资源，开展茶树种质资源收集、保存、研究和遗传改良，对促进川茶种业创新和茶产业高质量发展具有重要意义。

一、种质资源的分布

1. 茶区分布

四川为盆地，地势西北高、东南低，四周群山绵延，河流交错，丘陵山地多。从气候条件来看，春夏凉爽，秋冬暖和，湿润多雾；年均温 14～17℃，年日照 1 000～1 200 h，形成了云雾多、湿度大、漫射光丰富的特点。四川宜茶地域广阔，适宜种茶的地带主要是盆地边缘的丘陵地带和盆地周围的浅山、中山地带，以及高海拔地区的河谷附近。四川省现有 156 个县产茶，茶区及茶树种质资源多分布在盆周山区，如北川、平武、青川、旺苍、南江、万源、马边、荥经、屏山等县（市），茶园多分布在海拔 700～1 200 m 的山地上；其次是盆地丘陵区，如名山、雨城、峨眉、夹江、高县、珙县、筠连、宜宾、纳溪等产茶县（区），茶园多分布在海拔 600～900 m 的丘陵地和台地上；平坝茶区主要是蒲江、邛崃等县（市），茶园多分布在海拔 400～600 m 的台地上。

2. 地方茶树品种资源与外地种质资源分布

地方品种资源包括在当地自然条件下和耕作制度下，经过长期自然选择和人工选择得到的地方品种和当前推广的改良品种。它们对当地生态环境、栽培条件和茶叶加工等有比较好的适应性。四川地方品种资源主要有南江大叶茶、古蔺牛皮茶、崇州枇杷茶、北川苔子茶、早白尖和四川中小叶群体种等，其中，四川中小叶群体种分布最广，全省各茶区均有分布；其他品种资源的分布则具一定的地域性，并且有较固定的分布区域，如南江大叶茶集中分布在南江县，古蔺牛皮茶主要分布在泸州市古蔺县，崇州枇杷茶主要分布在崇州市、大邑县和都江堰市境内，北川苔子茶则集中分布在北川县、平武县境内，早白尖主要分布在宜宾市筠连县和高县。表 1-1 介绍了四川省主要地方种质资源的形态特征（罗凡，2008）。

表 1-1　四川部分茶树地方种质资源的主要形态特征

名称	树型	树姿	分枝密度	叶色	芽叶茸毛	发芽期	叶形	抗寒性
牛皮茶	灌木	半开张	密	绿	中	晚	椭圆	较强
早白尖	灌木	半开张	密	深绿	多	中	椭圆	较强
枇杷茶	乔木	直立	稀	绿	中	早	椭圆	较强
大邑茶	乔木	直立	稀	绿	少	早	椭圆	较强
711	小乔木	开张	中	绿	多	晚	椭圆	较强
南江大叶	灌木	半开张	密	绿	多	中	椭圆	较强
龙溪种	灌木	半开张	密	绿	中	晚	椭圆	较强
黄荆大茶	乔木	直立		黄绿	中	特早	椭圆	较强
青城贡茶	灌木	半开张	密	绿	多	晚	椭圆	较强
万源种	灌木	半开张	密	绿	多	中	椭圆	最强
北川中叶种	灌木	开张	中	绿	多	晚	椭圆	较强
荥经大茶	小乔木	直立	稀	绿	少	中	椭圆	弱
早 -5	灌木	半开张	中	深绿	多	中	椭圆	较强
梨儿茶	乔木	直立	稀	绿	少	早	近长椭圆	较强
南 -1	灌木	半开张	密	绿	中	中	椭圆	较强

续表

名称	树型	树姿	分枝密度	叶色	芽叶茸毛	发芽期	叶形	抗寒性
黄山苦茶	乔木	直立	稀	绿	中	中	近长椭圆	较强
鸡鸣卵叶茶	灌木	开张	中	绿	多	中	椭圆	较强

来源：罗凡，王云，李春华.四川茶树品种研究现状与发展趋势［J］.贵州科学,2008,26（2）:52—57.

外地种质资源是指从其他国家或地区引入的品种或材料。早在 20 世纪 50—80 年代，四川各茶区先后从云南、福建、湖南、浙江等省调进大量茶籽，丰富了四川省的茶树品种资源。其中，引进并种植最多的是云南大叶茶，种植面积达到 35 万亩（1987 年，1 亩约合 667 m²），二是从福建引进的'福鼎大白茶'品种，由于该品种适应性和适制性强，综合性状优良，适宜四川多数茶区种植和茶产品生产，目前，已成为四川的主栽品种之一，种植面积超过 50 万亩。20 多年来，四川茶区又先后引进了'巴渝特早''中茶 108''安吉白茶''乌牛早''龙井 43'和'中黄 1 号'等 300 多个品种（系），并在一些茶区推广或搭配种植。其中'巴渝特早'因发芽特早，产量高，芽叶持嫩性强，也成为四川茶区的主栽品种，此外'中茶 108''乌牛早'和'中黄 1 号'等品种推广面积较大。

3. 野生大茶树的分布

野生种质资源主要指各种近缘野生种和有价值的野生大茶树。它们是在特定的自然条件下，经长期适应进化和自然选择形成的，往往具有一般栽培种所缺少的一些重要性状，如顽强的抗逆性、独特的品质等，是种质改良和培育新品种的宝贵材料。我国将树体高大、年代久远的野生型或栽培型非人工栽培的大茶树统称为野生大茶树。野生大茶树在四川省也有较广的分布区域。据四川茶叶研究所钟渭基（1980）考察，四川盆地周围山区均发现有野生大茶树，数量较多，分布较集中的有两片，一片是长江及其上游金沙江沿岸，也就是四川盆地与云贵高原连接的区域，包括雷波、马边、屏山、沐川、宜宾、筠连、珙县、高县、古蔺和叙永等县（区），这些县（区）与贵州发现野生大茶树的道真、正安、务川、桐梓、赤水、习水、仁怀以及云南东北部发现野生大茶树的绥江、大关、盐津、威信等县连接成片，位于北纬 27°～30°（主要在 28°～29°），形成一条东西狭长的带状区域。这一区域代表性的大茶树有古蔺大茶树、雷波大茶树和黄山苦茶等。另一片是盆地西部边缘的崇庆、大邑、邛崃、都江堰以及荥经县等，位于北纬 30°～31°、东经 103°～108°。主要分布有崇州枇杷茶、荥经枇杷茶等。20 世纪 70 年代又发现万源大茶树和马边大茶树等。根据野生茶树的分布状况推测，这两片野生大茶树生长区域原来是互相连接成的一个月牙形的分布区域，后来由于气候变迁，植被演替，人为干预等多种原因，其中有些地区的大茶树自然死亡或人为砍伐，因而形成现今两大片。1988—1990 年，钟渭基（1991）进一步调查发现，四川野生大茶树主要分布在盆地南部北纬 23°～30°、东经 103°～109°的区域范围内，涉及 23 个县（市），分布在各地的野生大茶树，自成群落一般生长在海拔700～1 500 m 的森林茂密、土壤肥沃、云雾弥漫的山谷峡间或沟谷地带，呈散状分布，多数处于自生自灭状态。

二、种质资源的考察、收集

四川茶树资源调查和收集工作始于 20 世纪 50 年代。1956—1965 年，四川茶叶研究所钟渭基（1996）对四川主要产茶区及有关山区的茶树种质资源进行调查整理，发现地方茶树品种 27 个，野生茶树 2 种，并对早白尖、古蔺牛皮茶、崇州枇杷茶及南江大叶茶 4 个优良地方品种进行了产量、品质、适制性鉴定。此外，还对先后引进的 80 多种资源材料进行了观测。1988—1990 年，四川茶叶研究所的侯渝嘉等（1998）对四川野生大茶树资源也进行了系统的调查，调查发现的树型树姿、分枝习性、芽叶花果种子以及生物化学和同功酶特性等诸多方面都保留了不少较为原始的初级性状，可以认定是原始茶种被隔离分居在这一区域中经长期自然演化的产物。

20 世纪 90 年代，国家"八五"重点科技项目"重点地区作物种质资源考察"分设"大巴山（含川西南）作物种质资源考察"和"黔南桂西山区作物种质资源考察"两个专题。茶作为一项重要的经济作物均参加了两个专题的考察和收集。据陈亮等（2004）报道，在 1992—1993 年，课题组考察了川东北的万源、宣汉、通江、南江、旺苍、广元、青川、平武、北川以及川西南的盐边、宜宾、雷波、木里、冕宁、宁南、越西等 18 个县，收集资源 130 份。考察发现，川东北地处大巴山、米仓山和岷山之腹地，属北亚热带东南季风气候，垂直气候带明显，茶树分布在海拔 450～1 600 m 高度范围内，以 800 m 左右最为集中。除四川南坪县外，均有地方栽培品种。川东北考察地的茶树在形态特征上较单一，多为灌木树型，树姿开张或半开张，树高 1～3 m，叶片中小叶，花柱头 3 裂，子房有毛，分类上只属茶 *C. sinensis* 一个种。从鲜叶内含生化成分来看，茶多酚和氨基酸含量中等，制绿茶普遍香气清高，滋味鲜醇，其中较突出的有四川的南江贵民茶、广元金长茶、旺苍卢家坝茶、青川古成茶、通江罗村茶、宣汉樊哙茶等，且这些茶树都是古老的群体品种，个体间在形态特征和抗寒性上差别大，是选育高抗寒、优质绿茶品种的重要育种材料。考察还发现，川西南茶区地处青藏高原和云贵高原向四川盆地的过渡带，年温差大，干湿季分明，降水不均。茶树分布的海拔高度在 730～2 550 m，但约 80% 的茶树在 2 000 m 以下。除南部沿金沙江流域的宜宾、雷波、宁南有少数乔木、小乔木型大中叶茶外，其余均是灌木型中小叶茶，属茶 *C. sinensis*。在雷波县罗溪乡银山沟有 20 hm^2 的野生茶树群落，为乔木型，树高 5 m 以上，树姿直立，分枝稀，叶长 17.0～20.5 cm，叶宽 5.8～6.3 cm，花大瓣多，种子肾形，与金沙江对岸的云南绥江、盐津、大头等地的大树茶相似，分类上属于秃房茶 *C. gymnogyna*。通过多年考察和收集，目前，国家茶树种质资源圃（杭州）已收集、保存四川茶区的茶树种质资源 300 余份。

自 2000 年起，四川农业大学、四川省农业科学院茶叶研究所（以下简称四川省茶叶研究所）和名山茶树良种繁育场等单位的科研工作者先后对全省重点茶区的主要茶树种质资源进行了考察和收集，先后重点考察了古蔺牛皮茶、荥经枇杷茶、南江大叶茶、崇州枇杷茶、北川苔子茶、四川中小叶群体种和雷波野生大茶树等地方品种资源，并从中收集 2 000 多份资源材料。同时，四川农业大学和四川省茶叶研究所的茶树育种团队还先后到中国农业科学院茶叶研究所、云南省茶叶研究所、湖南省茶叶研究所、福建省茶叶研究所、湖北省茶叶研究所和广东省茶叶研究所等进行种质资源的考察与收集工作，并学习、借鉴了资源收集、保存、资源圃建设与管理的方法和经验，为高标准建立四川茶树种质资源圃奠定了坚实基础。

三、种质资源保存

目前根据茶树生长特点、遗传特性和保存条件，我国茶区主要采取原生境、资源圃两种方式进行保存。据陈杰丹等（2019）报道，中国农业科学院茶叶研究所"国家种质杭州茶树圃"和云南省农业科学院茶叶研究所"国家种质勐海茶树分圃"主要采取这两种保存方式，分别保存了9个国家的野生茶树、农家品种、育成品种、引进品种、育种材料、珍稀资源与近缘植物等3 700多份，包含了山茶属茶组植物所有的种与变种，是全球茶组植物遗传多样性涵盖量最大、种质资源最丰富的基因库。

原生境保存是在茶树（群体）产生的生态环境中建立保护区和保护点，因生态条件未作任何改变，茶树得以正常繁衍生息，这是保持遗传多样性和稳定性最可靠的办法。目前，四川省茶区已加大原生境保护的力度，但由于点多面广，一些茶树资源分布区域广，一些资源零星分散，原生境保存的实施和管理难度较大。

资源圃保存是目前采用最多的保存方式，特点是完整保存资源活体，可观察到植株生长发育的全过程，便于研究鉴定，集中管理，方便取样，防止丢失。但对于多年生作物茶树来说，长期生长在异地环境条件下，尤其是生态型差别大的资源，遗传性很可能发生改变，如古蔺大茶树、崇州枇杷茶等在川北茶区种植，叶片变小，叶质变厚，茶多酚含量降低。有些保守性强的资源或树龄上百年的野生大茶树，移栽难以成活，这类材料必须以原地保存为主。

自2000年起，四川农业大学、四川省茶叶研究所和名山茶树良种繁育场等单位加强了茶树种质资源的保存工作。其间，在四川省科技厅和四川省农业农村厅的支持下，共同实施并完成了四川省科技厅科技支撑项目"四川茶树种质资源圃的建立与资源分析评价、利用"。该项目实施又与雅安市国家农业园区茶叶核心区建设以及"4·20"芦山地震灾后重建项目相结合，通过整合各方资源，在雅安市名山区中锋乡建设了多功能、基础设施完善的省级茶树种质资源圃，填补了四川无茶树种质资源圃的空白。资源圃建设规模为180多亩，可容纳各类资源材料3 000多份。所建成的种质资源圃是集资源繁育、定植、品比试验、新品种繁育、新品种展示与推广、科普培训以及休闲观光于一体的综合性、多功能圃（图1-1）。资源圃主要有4个功能区：①种质资源收集保存园区，共收集保存茶树种质资源2 000多份；②优良种源扩繁园区（包括母本园、扦插苗圃、智能温室）；③品种试验、示范和推广园区（包括新品种展示园、品比试验园）；④科研园区：建设在名山茶树良种繁育场内，建有茶叶加工与生化实验室、茶叶审评检验实验室和茶树栽培与育种实验室，是对茶树种质资源进行农艺性状、制茶品质、生化成分、抗性鉴定和综合评价的场所。种质资源圃还高质量、高标准地建设了基础设施和附属工程设施，包括道路网、茶园供排水设施和工具用房等。此外，从2000年起，四川农业大学茶树育种团队与四川一枝春茶业公司合作，在沐川县沐溪镇四川一枝春茶业公司基地也建立了茶树种质资源分圃，收集、保存茶树种质资源材料500多份。近年来，四川省茶叶研究所、四川农业大学等单位共同实施了科技部重点研发项目"茶叶、木耳扶贫产业链提质增效技术集成与示范""四川茶树育种攻关项目"等，在马边县、屏山县、邛崃市等也建立了茶树种质资源圃。随着各地对茶树资源保护和挖掘工作的重视，收集和建立特色茶树资源圃的工作持续推进，如旺苍县与四川省茶叶研究所、四川农业大学茶树育种团队等合作，建立全国黄茶品种特色茶树资源圃；沐川县与四川农业大学茶树育种团队合作，已创制、收集紫色茶树资源材料 500 多份，建设了紫色茶树品种资源圃。

图 1-1　四川茶树种质资源圃

按照"广泛征集、妥善保存、深入研究、积极创新、充分利用"的方针，遵循"调查—收集—异地保存—分析评价—开发利用"的保存策略，目前，四川省已先后科学有序地收集、征集、保存省内外重要的茶树资源 3 000 多份，其中，以保存四川地方茶树资源材料为主，同时从浙江、福建、湖北、广东茶区等省外引进'中茶 302''中茶 108''中茶 102''中黄 1 号''金观音'和'黄魁'等品种（系）300 多个，丰富了四川的茶树品种资源。

在名山茶树良种繁育场建成的省级茶树种质资源圃，已成为四川省茶树种质资源保存、研究中心，即茶树种质基因库和种质交流中心，显著提高四川茶树种质资源收集保存和创新能力。同时资源圃还可以成为四川种质资源收集保存的平台、长期观测和数据积累的重要基地，为种质创新、持续利用和培育更多具有自主知识产权的茶树新品种奠定了坚实的基础。但四川省茶树资源材料的收集、保存工作与其他一些产茶省相比，仍有较大差距。福建省有 5 个迁地保护茶树品种的资源圃，共保存了白鸡冠、坦洋菜茶、奇曲、蕉城野生大茶树等地方茶树种质资源和审定（认定、鉴定）茶树品种以及杂交创新品系与育种材料 7 200 多个，其中保存福建省茶树品种资源数超过 6 000 份（杨如兴 等，2017）；云南省茶叶研究所在国家茶树资源分圃中，保存茶树种质资源约 3 000 份。此外，受资源收集的条件限制，四川省资源圃少有国外茶树资源材料，而浙江省种子管理总站和丽水市农林科学研究院共同建立的浙江首个大型茶树种质资源圃中共保存 2 300 多份资源材料，其中，薮北、奥绿、阿萨姆茶等国外资源有 167 个。

第二节 茶树种质资源的鉴定评价

对茶树种质资源进行 DUS 测试以及品质、产量和抗逆性等的科学鉴定和评价是优异资源发掘和利用的前提，也是茶树育种研究的重要环节。目前，国内外学者从形态学、细胞学、生化和分子水平进行了大量研究。四川茶区也开展了川茶资源的评价和鉴定工作，主要从资源材料的形态、主要农艺性状、生化和遗传多样性开展研究，为优异资源发掘和利用奠定了基础。

一、种质资源的鉴定评价工作进展

对四川茶树种质资源的系统评价鉴定工作始于 20 世纪 80 年代。1985—1990 年，四川省茶叶研究所侯渝嘉等（1998）对四川省茶叶研究所资源圃中收集、保存的古蔺牛皮茶、黄荆大茶、崇州枇杷茶、南江大叶茶、北川中叶种、荥经大茶和黄山苦茶等 26 份资源材料进行了农艺、工艺性状和抗寒、抗病虫性等评价和鉴定。研究结果表明，供试茶树包括乔木大叶型、灌木大叶型、灌木中叶型和灌木小叶型，其中以灌木中叶型为主，与南方茶区和东部沿海茶区均有明显区别。通过上述鉴定评价，从 26 份材料中筛选出 4 份综合性状较优良、2 份抗寒和 4 份抗病的种质，可作为育种材料。钟渭基等（1991）对四川野生大茶树的考察还发现：四川野生大茶树中蕴藏低咖啡碱、高茶多酚、萌芽特早型、休止特迟型以及年生长期特长型等珍贵种质。研究还发现，典型的野生茶树经济性状较差，难以直接有效地为生产上所利用。但经天然杂交或及其他多种因素引起变异，导致出现众多的中间型和过渡型，从中可发现性状特异或综合性状优良的材料，并可作为育种材料。野生大茶树与栽培品种交迭分布区域可作为茶树种质开发利用的重点区。

1992 年，西南大学梁国鲁等（1993）在宜宾首次发现了一株自然四倍体茶树"9006"，经鉴定，属张宏达分类系统中的秃房茶，这株自然四倍体茶树生长在川东南海拔约 900 m 的阴坡地带，其外部形态的最明显体特征是树干粗壮，直立高大，叶片宽大肥厚。

2000 年以来，四川农业大学茶树育种团队和四川茶叶研究所的科研人员对所收集 700多份地方品种资源的基本农艺性状、植物学特征、抗性、生化成分以及制茶适制性等进行了较系统的鉴定评价。重点评价鉴定了四川中小叶群体种、荥经枇杷茶、崇州枇杷茶、古蔺牛皮茶和北川苔子茶等地方品种资源的区域分布、形态特征等，分别对其进行主要类型的划分，观测了各类型的树型、树姿、新梢、叶片和花果的形态特征，测试了主要代表类型春、夏、秋梢的主要生化成分，并进行了形态多样性及遗传多样性的分析。对四川代表性野生大茶树的初步鉴定发现，四川野生大茶树主要分为秃房茶（*C. gymnogyna* Chang）、茶（*C. sinensis var. sinensis*）和普洱茶［*C. sinensis var.assamica*（Masters）Kitamura］，崇州枇杷茶更具野生型茶树特征，且供试野生大茶树在植物学性状和特征方面都发生了连续的、渐进的变化，并表现极为丰富的多样性。但与云南临沧野生大茶树（CK）相比较，四川主要野生大茶树的花冠直径小，花瓣数和柱头分裂数少，其茶花性状有明显的差异，表明四川主要野生大茶树的进化程度更高。此外在荥经、崇州及雷波生长的野生大茶树中，均发现了儿茶素、咖啡碱含量较高的资源材料。根据这些研究结果，在《作物学报》《茶叶科学》和《植物遗传资源学报》等期刊上发表相关研究论文 30 多篇。

通过评价鉴定，已从四川省收集、保存的 2 000 余份资源中筛选出综合性状优良或具有特殊性状的材料 180 多份，如芽叶呈紫色或黄色、花青素含量高或茶多酚、儿茶素和咖啡碱含量高的材料，并从中选育新品系 90 多个，选育国家级和省级新品种 50 余个，为四川地方品种资源的开发利用、种质创新和良种的选育推广打下坚实基础。

二、茶树种质资源研究工作展望

近年来，在四川省茶叶科技工作者的不懈努力下，茶树种质资源研究工作取得了一定进展，为茶树新品种选育和遗传改良提供了丰富的育种材料。但是随着茶产业的发展，应进一步加强茶树种质收集保存、鉴定和发掘、共享与利用等工作，以提高资源利用效率，进而加速茶树育种进程。

1. 加强茶树种质资源保护生物学的基础理论研究

在种质资源收集方面，解决野生资源的判别和群体取样的代表性问题，并加强信息共享，避免盲目、重复的考察和收集，以保证资源考察和收集的效率和质量。在保存和保护方面，建立群体资源遗传多样性保持和茶树种质种性保持的最佳方法和策略，明确生境改变对资源生存的影响，提高濒危野生茶树资源的拯救保护水平，最大限度地维持种质资源的安全和遗传多样性水平。

2. 完善茶树种质资源的收集保存工作

种质资源收集与保存的数量多寡和质量优劣直接影响着茶树育种和生物学研究的深度和广度。四川省茶树种质资源丰富多样，但是随着经济发展和城镇化进程的加快，许多野生茶树的生境遭到破坏，其生存面临诸多困境；此外，由于受到市场追捧和利益驱使，有人私自进行野生大茶树的交易，但由于野生大茶树生根难，移栽成活率不足30%，导致不少大茶树因盲目移栽致死；此外野生茶树资源还因自身遗传特性限制，有性繁殖和无性繁殖都比较困难，其自然居群更新程度低，导致自然种群数量不断减少，使一些珍稀野生茶树资源正逐渐变得稀少。因此，应首先加强野生大茶树原生境的保护工作。近年来，茶树资源的原生境保护也逐渐受到了各级地方政府的关注和重视。2009年，福建省启动了地方品种资源保护项目，浙江省启动了西湖龙井茶群体种和鸠坑种茶树资源的原生境保护项目；2010年以来，云南澜沧、双江、西双版纳、普洱等地以及贵州省先后出台了古茶树保护条例，通过这些条例项目的实施有效地促进茶树种质资源的遗传多样性保护。此外，农业农村部先后在广西融水县、贵州普安县、云南宁洱县、海南五指山市、云南勐海县等地批准建立了10余处国家级茶树种质资源原生境保护点（陈杰丹 等，2015）。四川省野生大茶树集中分布的区域应学习借鉴其保护经验，制定保护条例，以加强保护。

近年来四川省无性系茶树品种的大面积推广，一些有特色的地方群体品种，如四川中小叶群体品种被大面积换种改植，特别是在名山区、夹江县、高县和峨眉山市等良种覆盖率高的产茶县，已面临种质丢失的危险。因此，应加快查清茶树种质资源的现状，加大珍稀、濒危、特有资源与地方特色品种收集力度，同时重视茶树野生近缘种的调查、收集，确保茶树资源不丧失。同时扩建现有茶树种质资源圃，增加资源保存数量，并提高管理利用水平。此外，四川省目前收集保存的省外、国外茶树资源的比例较少，要加强国际国内合作，有针对性地引进国内外各种具有育种和科学研究价值的茶树品种资源。

3. 建立核心种质库，提高资源的鉴定和发掘效率

核心种质以最小的取样数量，最大限度地代表了整个资源的遗传多样性，因此，建立茶树核心种质库是提高资源的鉴定和发掘效率的重要策略。中国农业科学院茶叶研究所王新超等（2009）通过对茶树初级核心种质构建的最佳取样策略开展研究，确定了以茶区对数比例聚类取样的初级核心种质取样策略，并采用该取样策略构建了中国茶树初级核心种质，共532份资源，遗传代表性估计值为99.7%。通过分子标记对其中414份资源进行鉴定和筛选，初步构建了含有360份资源的中国茶树核心种质库。四川省现已收集2 000多份茶树资源材料，但由于科研力量和条件限制，尚未建立茶树核心种质库，应根据保存资源的特性和研究需要进一步构建茶树核心种质，浓缩茶树资源的遗传多样性，提高资源的鉴定和发掘效率。

4. 开展茶树种质资源的精细鉴定评价，加强优异基因的发掘利用

目前，四川省对茶树资源重要农艺性状的精准鉴定尚处起步阶段，对抗逆性和生化成分等的鉴定能力需要提升，缺乏高精度的变异组图谱，特别是对珍稀、野生茶树资源的鉴

定评价较少、深度不够，限制了茶树种质资源的广泛利用，造成育种进度缓慢、优良新种质较少的现象。同时，对控制其品质、抗性、发育等重要性状的遗传规律和调控机制多不明确，导致当前茶树种质创新利用有很大的盲目性和随意性，同时对茶树资源中具有重要应用价值的基因挖掘和利用也不够深入。因此，应系统鉴定重要资源的农艺性状、生化成分、制茶品质和抗性，评价其繁殖能力，找出现有品种中优异性状及其育种利用方式；同时建立高效的茶树种质资源基因型鉴定和新基因发掘技术体系，利用全基因组水平的高通量基因分型技术，深入剖析重要性状的遗传结构，分离关键基因并开展深入的功能分析，探索重要性状决定或调控的遗传学基础及网络，并开发基于功能基因的分子标记，建立优异茶树种质资源的早期筛选与鉴定技术体系。

5. 加强茶树种质资源的共享与利用

自 2008 年起，由国家茶树种质资源圃（杭州）牵头，联合云南、广东、广西、重庆和贵州等省（区、市）茶树资源保存单位，开展了我国茶树种质资源共享平台的建设。各参与单位依据统一的资源描述和鉴定评价标准整理数据信息，并录入统一的数据库，促进了资源信息的整合和共享。目前，已对保存在国家种质茶树圃中 2 665 份资源，按产地、生物学特征、农艺性状、生化成分、利用价值、抗性等 29 个性状进行了整理编目，编印了《国家种质茶树圃保存资源名录》，还陆续建成了拥有 10 万多个数据值的中国茶树种质资源数据库系统，可从中国种质作物信息网进行查询（马建强 等，2015）。

四川省茶树育种团队对名山区茶树种质资源圃中的 500 多份资源材料，进行了 DUS 测试，已初步建立了这些资源材料的图谱，并描述了 DUS 测试结果，但尚未建设种质资源共享平台，随着四川省对种质资源圃建设重视程度的加强，亟待加强这一工作。应建立四川茶树种质资源性状信息、分子数据和载体品种等信息数据库，促进资源整合、保护、共享和利用。加强茶树繁育单位、生产企业与茶叶科研单位、高等院校等公益性单位的联合协作，通过资源共享、人员共享和实验平台共享，加快茶树新品种的培育和推广力度。同时，还需要建立一支多学科交叉的从事茶树种质资源研究的人才队伍，建立从资源收集保存、鉴定评价到创新利用等多方面的协作网络，全面提升四川省茶树种质资源的研究水平。

第三节　四川茶树育种工作的概况

"一粒种子可以改变世界。"茶树品种是茶产业中重要的生产资料之一，它不但影响茶叶产量、品质和茶树抗性，而且还与新产品开发、机械化采茶技术以及茶园机械管理技术的成功推广密切相关。茶树育种在茶叶科学研究和产业发展中具有重要地位。茶树育种是根据茶树遗传变异规律，有效创造、鉴定和筛选茶树优良的遗传变异，从而培育优质、高产、多抗茶树品种的技术。利用优异种质资源培育新品种是四川省茶树育种研究的重要内容。本节回顾了近 20 年四川茶树遗传育种领域的进展，总结了存在的一些问题，提出了"十四五"的发展方向，旨在为四川省茶树遗传育种工作提供参考。

一、育种、引种工作的进程和成果

四川茶区也是我国最早开发和利用茶树资源的地区之一。据《名山县志》（1988年版）记载，在唐代，名山县已形成本地特有的"其叶细长"的灌木型品种，具有生长缓慢，寿命较长，适应性广，抗寒性强，采制成茶香味浓醇的品种特征。清光绪版《名山县志》载："城东北三十里香花崖下所产雾钟茶，树大可合抱，老干盘屈，枝叶秀茂，父老皆言康熙初罗登手植也。枝叶较别茶粗厚，入杯中，云雾蒙受、结不散。"在清代，绵阳市已形成川北苔子茶地方品种。清《续修叙永永宁厅县合志》载"茶有大小两品种，大者为大茶，叶粗生早，小者为丛茶，细而迟。"民国时期，《乐山县志》记载"茶有红春、白春、家茶之别，红白春叶大味甘，家茶叶小味苦。"这些记载均说明四川省对茶树品种资源的利用历史悠久。

中华人民共和国成立初期，四川省开始开展茶树育种工作。在四川名山县的蒙山永兴寺设立"西康省茶叶试验站"后，建起第一个茶树品种试验园，将在蒙山茶区选出的20多个优良单株进行分类种植，开始采用系统育种方法选育茶树新品种。1962年起，四川省茶叶研究所开始进行以茶树变种间杂交为主要途径的红茶新品种选育工作。1963年，国营蒙山茶场成立后，建立了茶树良种母穗园，又从本场群体品种中再次选出10个优良单株进行繁育，加强了新品种系统选育的工作。同时，为了摸清全省茶树地方品种资源情况，1956—1965年，四川省灌县茶叶试验站和西康省茶叶试验站组织科研人员，对全省主要茶区的茶树种质资源进行调查整理和搜集保存，并对其中较为突出的'筠连早白尖''古蔺牛皮茶''崇州枇杷茶'和'南江大叶种'4个地方品种，进行了产量、品质、适应性等主要性状的鉴定和评价。1984—1985年，这4个地方品种分别被四川省农作物品种审定委员会认定为省级品种，其中，'早白尖'品种在1984年还被全国农作物品种审定委员会茶树专业委员会认定为国家级品种。

1976—1988年，四川名山县蒙山茶场、四川农业大学和四川省农牧厅合作，以系统选育方法育成了'蒙山9号''蒙山11号''蒙山16号'和'蒙山23号'4个蒙山系列绿茶新品种，1989年4个品种均被四川省农作物品种审定委员会审定为省级茶树品种。此外，北川县选育的'北川中叶种'也在1989年通过审定。1987—1994年，四川省茶叶研究所采用人工杂交技术，先后育成'蜀永1号''蜀永2号''蜀永3号''蜀永307号''蜀永401号''蜀永703号''蜀永808号'和'蜀永906'8个国家级茶树品种。蜀永系茶树品种的主要特点是发芽能力强、产量高、适应性强，主要适制红茶，在四川茶区及省外的部分茶区有一定的栽培面积和分布，这8个国家级品种的选育和推广，提高了四川红碎茶产量和品质。1995年，四川省茶叶研究所又分别从地方群体种南江大叶茶、崇州枇杷茶和宜宾早白尖中通过单株选育，培育出的'南江1号''南江2号''崇枇71-1'和'早白尖5号'4个茶树品种，被四川省农作物品种审定委员会审定为省级茶树品种。1978—1997年，名山县农业局茶叶技术推广站与联江乡茶树良种繁育场合作，采用单株选育育成'名山早311'和'名山白毫131'品种，分别于1995年、1997年审定为省级良种。2005年8月，'名山白毫131'通过全国茶树品种鉴定委员会审定，成为国家级茶树良种。

2000—2015年，针对当时四川省选育推广的茶树品种较少，育种手段较落后，茶园无性系良种化程度低（良种覆盖率仅为7.8%，低于全国平均水平17.8%，远低于福建省90%等），茶园经济效益不高等关键突出问题，在四川省科技厅"茶树育种攻关课题"的支持下，四川省茶树育种团队加大了种质创新和新品种选育的力度，积极开展新品种的选育工作（图1-2）。课题主持和承担单位四川省茶叶研究所、四川农业大学、名山茶树良种繁育场、四川一枝春茶业公司等单位主要采用系统育种方法，先后育成特早生、高儿茶素、高花青素、高抗、高产型等系列茶树特色新品种40多个。其中，国家级品种3个，省级品种30多个，被列为四川省推广的主导品种6个。四川省茶叶研究所主要选育了天府系列省级品种，主要有'天府茶28号''天府茶11号''天府红1号''天府红2号''云顶绿''云顶早'和'山花1951'等品种，四川农业大学主要选育了川茶系列省级品种，主要有'川茶2号''川茶3号''川茶4号''川茶5号''川农黄芽早''川黄1号'和'峨眉问春'等品种。自2016年《中华人民共和国种子法》实施以来，在2018年，'紫嫣''川茶6号'通过了非主要农作物品种登记，四川省茶树品种登记迈出了第一步。2018—2022年12月，共有12个品种通过登记。这些审定或登记茶树新品种性状优良，特色较突出，如特早生品种"峨眉问春"独芽开采期一般在1月中下旬，比对照'福鼎大白茶'提早30 d以上，是全国发芽最早的茶树品种之一；'云顶绿'品种酯型儿茶素含量高达11.96%，是目前酯型儿茶素含量高的品种之一；'紫嫣'品种干茶花青素含量最高达3.28%，是目前花青素含量最高的品种；'川茶2号'品种产量高、生化内含物丰富，春茶游离氨基酸含量达到6.0%左右，制作绿茶滋味鲜爽，苦涩味轻，且适宜机采，综合性状优良。

图1-2　茶树育种团队开展茶树品种比较试验

以上茶树品种的选育及推广，推动四川茶区茶树良种化的进程和茶产业发展，使四川茶区成为我国茶树种质资源最丰富、栽培品种较多的产茶地区之一，同时为推进川茶实现多茶类、多品种、不同区域种植提供了丰富的品种资源。2018年，四川省新品种选育与配套栽培、加工技术研发和推广的成果"野生茶树种质资源发掘与特色新品种选育及配套关键技术集成应用"（四川农业大学唐茜教授主持，主要完成单位：四川省茶叶研究所、四川农业大学、四川省园艺作物技术推广总站、四川省名山茶树良种繁育场、四川一枝春茶业有限公司、四川省花秋茶业有限公司、雅安市名山区香水苗木种植农民专业合作社）荣获2018年四川省科技进步奖一等奖（图1-3）。

图1-3 四川省科技进步奖一等奖证书

在良种的引进和推广方面，四川盆地得天独厚的地形条件和各具特色的区域性气候，使省外茶树良种引入四川后多数能正常生长发育。早在20世纪50年代初，开始引种云南大叶茶，并较大规模推广种植，推广面积曾达35万余亩。该品种制红碎茶品质达到国家第二套标准样水平，对四川红碎茶提质增产发挥了重要作用。继成功引种和推广云南大叶茶后，四川省茶叶研究所、四川农业大学茶树育种团队和名山茶树良种繁育场等单位先后引进省外茶树品种（品系）有300多个（图1-4），推广种植面积最大有'福鼎大白茶''巴渝特早'（又称'福选9号'）、'乌牛早''中茶108''中茶302'和'中黄1

号'等，其中，'福鼎大白茶'和'巴渝特早'品种因发芽早，适应性和适制性强，在全省推广种植面积达到 100 万亩以上，成为主栽品种之一。近年来，'中黄 1 号''安吉白茶''黄金芽'和'紫娟'等嫩梢黄色或白色、紫色的特色品种，在四川省一些茶区推广应用，如'中黄 1 号'在广元市旺苍县种植推广面积约 5.0 万亩。

图 1-4　名山茶树良种繁育场引进的省外品种

二、良种繁育体系的建设

20 世纪 80 年代以来，为建设良种繁育体系，促进茶树良种的推广，在 1986 年 10 月，农牧渔业部、四川省农牧厅、雅安地区农业局和名山县人民政府共同投资 208 万元，有偿承购名山县中锋乡管理的"牛碾坪茶园"国有土地 310 亩，建设了"四川省名山茶树良种繁育场"，该繁育场系全国第四，西南唯一的国家级茶树良种繁育场（图 1-5）。随后在宜宾、乐山等地建立了二级繁育场。至 2016 年，结合雅安市国家科技园区建设、地震灾后重建等项目，名山茶树良种繁育场实际投入 1 500 余万元进行良繁基地的建设和改造升级。该场现有母本园 350 亩、苗圃园 100 亩和生产示范园 600 多亩。其基地种植有四川省育成的品种和四川省外引进的国家级和省级良种 200 余个、优良单株品系 560 余个，其他资源材料约 1 500 份。名山茶树良种繁育场、名山区香水苗木种植农民专业合作社等与四川省茶叶研究所、四川农业大学紧密合作，摸索了一套适合四川茶区的茶苗繁殖技术，培养了一支繁育良种茶苗和管理良种茶园的专业技术队伍，带动了当地茶叶专业合作社和茶农繁殖茶苗的积极性。目前，名山区成为全省乃至全国最大的茶苗繁育基地，所繁育的茶苗除满足全省需求外，主要销往省外湖南、湖北、陕西、云南、贵州等。其中，名山区茅河乡已成为茶树育苗专业乡，被誉为"中国茶苗第一乡"（图 1-6）。在 20 世纪 90 年代初，茅河乡开始大力发展良种茶园，学习、探索短穗扦插技术，出现了较多的育苗专业户，目前拥有育苗专业合作社40多家。育苗专业合作社的育苗规模少则几亩，多达十余亩，育苗数量从几百万株到几千万株不等。2000年后全区年良种茶苗的出圃数量稳定在3亿株以上，至2015年起，达到10亿～15亿株/年。

图1-5　名山茶树良种繁育场

图1-6　名山区茅河乡被誉为"中国茶苗第一乡"

三、茶树品种的推广

目前，四川省茶区推广种植的省级以上的优良品种有 70 多个，其中，本省地方品种和选育品种 40 多个。重点推广的品种有'名山白毫 131''特早芽 213''福鼎大白茶''巴渝特早''三花 1951''川茶 2 号''峨眉问春'和'马边绿 1 号'等无性系良种，这些品种具有发芽早、产量高、品质较优、适应性及适制性较强等特点。从表 1-2 可看出，2013—2019 年，四川茶园面积由 426.1 万亩增加到 580.6 万亩，比 2013 年增加36.25%；良种推广面积由 251.3 万亩增加到 468.0 万亩，比 2013 年增加 86.23%；而良种茶园的占比从 2013 年的 58.98% 增加到 80.60%，因此良种推广工作取得了显著的成效（图 1-7、图 1-8），促进了四川茶叶增产和提质增效。

表 1-2　2013—2019 年四川茶园面积、产量、产值及良种茶园占比

年份	茶园面积 /万亩	茶叶产量 /万 t	茶叶产值 /亿元	良种茶园面积 /万亩	良种茶园占比 /%
2013	426.10	21.95	113	251.3	58.98
2014	458.55	23.40	130	316.2	68.95
2015	482.56	24.84	157	341.6	70.78
2016	494.59	26.47	190	393.0	79.45
2017	500.00	28.00	210	398.0	79.60
2018	545.00	30.50	237	436.8	80.00
2019	580.60	31.30	279	468.0	80.60

注：表中数据由四川省农业农村厅园艺总站提供。

图 1-7　四川茶业集团茶树良种示范园

图 1-8　名山区茶树良种生产园

四、茶树品种在川茶产业发展中的作用

茶树品种是茶叶生产的重要生产资料，也是茶叶优质、高产和高效生产的基础。在四川的茶叶生产中，茶树优良品种的选育和推广，促进了良种覆盖率、茶叶单产和品质的提高、茶类结构的优化，进而推动四川茶产业的快速发展。

1. 提高茶叶产量

茶叶产量的高低主要取决于茶树的品种特性。四川省育成的新品种一般都有明显的增产效果，其产量一般比'四川中小叶'群体品种高 30% 以上，比'福鼎大白茶'等品种高 10% 以上。如四川选育并推广种植国家级良种'名山白毫 131'每亩可产干茶 163.5 kg，'特早 213'品种每亩可产鲜叶 540 kg 以上（杨亚军 等，2014）；省级品种"川农黄芽早""马边绿 1 号"和"川沐 28 号"参加了第五轮全国区试，据重庆区试点记载的 3 年鲜叶平均产量（表 1-3），3 个区试品种与对照福鼎大白茶增产幅度达 38.23% ～ 46.21%（重庆市茶叶研究所，2019）。因此，推广良种是一项重要的增产措施。

表 1-3　'川农黄芽早'等 3 个茶树新品种参加第五轮全国新品种区试鲜叶产量记载

品种	2016 年		2017 年		2018 年		3 年平均	
	亩产量/ kg	与 CK 比/ %	亩产量/ kg	与 CK 比/ %	亩产量/ kg	与 CK 比/ %	亩产量/ kg	与 CK 比/ %
福鼎大白茶（CK）	176.52	100	215	100	232.96	100	208.17	100
川沐 28	242.6	137.43	325.1	151.19	329.41	141.4	299.04	143.65
川农黄芽早	257.95	146.13	351.2	163.3	304.02	130.51	304.38	146.22
马边绿 1 号	244.28	138.39	296.8	138	322.25	138.33	287.76	138.23

注：表中数据为重庆区试点连续 3 年的鲜叶产量结果，由重庆市茶叶研究所提供。

2. 提高茶叶品质，优化茶类结构

采制技术和栽培管理水平虽然能在一定程度上改善茶叶品质，但茶叶色、香、味、形的形成主要是芽叶的化学组成和形态特征的反映，即受品种特性的影响。不同茶类，尤其是名优茶，分别需要不同特性的品种原料加工，才能反映出该茶类或名优茶的品质风格。如"天府龙芽"和"竹叶青"名茶的生产原料为独芽，要求适制品种的茶芽大小适中、茸毛少，而且在化学成分上要求氨基酸含量高、茶多酚含量适中，加工的茶叶才会具备"色绿、扁平、味甘、形美"的品质特点。反之，采用芽叶粗大、茸毛多、多酚类含量高的品种原料加工则达不到品质要求。据杨纯婧等（2015）研究，'川茶 2 号'品种具有芽叶形状较好，生化内含物丰富，高氨基酸低茶多酚的特点，春梢氨基酸含量为5.08% ～ 6.67%，酚氨比为 1.81 ～ 3.37，配比协调，具有制作鲜爽、甘甜，苦涩味低的名优绿茶的物质基础，因此，适制"蒙山甘露""屏山炒青"等名优。从湖南引种到四川茶区的'保靖黄金茶 1 号'品种保持了高氨基酸含量的特征，春茶氨基酸含量为 6.35%，且茶氨酸含量达 24.64 mg/g，制作"蒙顶甘露""318 雀舌"等名茶具滋味鲜醇的品质特征。四川引种的浙江特色品种'中黄 1 号'（图 1-9），嫩梢呈黄色，其春梢氨基酸含量高达 6.0% 以上，适宜制作广元纯黄茶，其制作的黄茶具"三黄"特征，即外形金黄，汤色鹅黄，叶底玉黄，且香气高滋味鲜；四川省茶叶研究所选育的云顶绿品种的 EGCG 含量比对照高 22.79%，可用于加工红茶及深加工产品的开发。正是由于良种的提质作用，才会有"良种出名优茶、出效益"这样的概括。

图 1-9　旺苍县引进的'中黄 1 号'品种生产园

3. 增强茶树抗性

茶树的抗性强弱，主要取决于茶树品种遗传特性。应用抗逆性强的良种可以提高茶树

抵御自然灾害的能力。如四川省的高山茶园，多种植'名山白毫131''川农黄芽早''川茶5号''川茶2号'和'云顶绿'等抗寒力强的品种可保证安全越冬，获得高产优质。种植'天府茶28号''川茶4号'等抗病虫能力强的品种，可减少农药的施用量，提高茶产品的安全性。

4. 缓解采制"洪峰"

不同茶树品种的萌发期差异很大，通过不同萌发期品种的合理搭配，可以抑制和缓解采制洪峰。如四川省选育推广'峨眉问春'品种，无明显的休眠期，可在1月中下旬开采独芽；种植'特早芽213''巴渝特早'和'川农黄芽早'等特早生品种，其开采期比'福鼎大白茶'提早7～10 d，而'川茶2号''天府茶28号''三花1951'和'川沐28'等品种开采期与'福鼎大白茶'接近，'名山白毫131''中茶302'等品种则比'福鼎大白茶'品种晚3～5 d开采。因此，这些早生、中生和晚生品种搭配种植，春季可持续采摘名优茶原料，有效缓解采制"洪峰"，并解决洪峰期采茶制茶劳动力紧张的矛盾，有利于均衡生产。

5. 提高采茶效率

与群体品种比较，良种茶树新梢生长旺盛、萌发整齐、发芽密度大，且再生能力强，因此，采茶工效高，可降低采摘成本。同时还能利于机械化采茶，提高劳动效率，降低劳动强度。在劳动力紧张和劳动成本不断上升的情况下，推广适宜机采的良种并推广机械化采茶已迫在眉睫。据陈红旭等（2019）研究，'川茶2号''马边绿1号'和'中茶108'品种发芽整齐，新梢再生能力强，机采鲜叶质量和产量均高于'福鼎大白茶'等其他品种（高8.6%～32.12%），因此，这3个品种适宜机采。'川沐28''马边绿1号''蒙山9号''川茶5号'和'三花1951'等品种，芽叶肥壮，适宜采制独芽型名茶。

五、四川茶树品种选育与推广中存在的问题

1. 品种结构不够合理

从四川省现有的茶树品种的选育和推广来看，主要选育是绿茶、红茶品种和红绿兼用品种，且部分推广的品种虽产量高，但加工的茶叶产品缺乏品质特色。同时，由于近20年来大量发展新茶园时，主推的品种是'福鼎大白茶''名山白毫131'和'巴渝特早'等品种，其他省级品种由于选育的时间稍晚或繁育数量有限，推广面积较少，导致生产的茶产品出现同质化现象，而优质特色、市场前景看好的品种，比如高氨基酸含量的特异品种、高香品种及高抗的品种较缺乏。此外，由于品种的地域性强，各茶区对茶产品的品质要求也有一定差异，从现有品种中选用当地适种适制的优质特色品种十分重要，但目前茶叶科研工作存在重选育轻选用的问题，全省主推品种的确定和推广也缺乏充分依据，有的茶区未组织开展适栽适制品种鉴定筛选工作，品种推广有一定的盲目性。此外，部分茶区还存在"引、选、繁、推"脱节的问题，导致推广品种数量虽多，但除个别品种在一定区域内形成了一定的栽培面积外，部分品种的累计栽培面积少，未能实现规模效应，也导

致品种结构不够合理。近年来，名山等茶区茶农在换种改植新品种时，多种植'马边绿1号''三花1951'等茶芽肥壮、易采独芽的品种，而适制"蒙顶甘露"名茶的品种推广较少。

2. 缺乏个性突出或功能突出或者性状特别优良的品种

近年来，四川省已选育出高花青素含量的品种'紫嫣'、高儿茶素含量的品种'云顶绿'等具有特异性状的品种，但缺乏对目标性状遗传规律的基本认识，以及高效的定向育种技术手段，育成品种大部分仅仅对某些性状的局部改良，突破性的茶树品种数量较少。由于缺乏性状特别优良的品种，不能完全满足名优茶优质、特色化和多样化发展的需求，一些产业急需的品种无法尽快推出，形成了育成品种多而推广数量少的局面。同时，现有的主栽品种中，'巴渝特早'（'福选9号'）等品种已出现品种退化现象，且在川西茶区种植易发生倒春寒。此外，对现有品种，由于缺乏适制性、适应性、制茶品质的系统鉴定和评价，特别是配套栽培、加工技术的研究，其开发利用不够。

3. 育种手段单一、育种基础理论研究薄弱

目前，各产茶国茶树育种材料创新的手段仍然以系统育种和杂交为主，理化诱变的应用日趋广泛，转基因技术有待进一步完善。据报道，我国已审（认、鉴）定的国家级或省级品种272个中，系统选育的品种有216个，占79.4%，人工杂交品种52个，占19.11%。其中，福建省采用人工杂交或自然杂交育成品种就有20个，占44.4%。而四川省目前育成的品种全部是以传统育种方法育成，育种手段单一，育种周期长、效率低。

由于对茶树遗传变异规律等研究欠缺，目标性状定位存在一定的盲目性，早期鉴定技术等研究进展较缓慢，导致新的茶树育种方法如分子标记辅助育种、定向设计育种、基因编辑等，尚未在茶树上取得突破。因此，育种技术的创新成为制约茶树育种的"卡脖子"问题。在"十三五"期间，我国也开始探索和研究新的育种技术。如中国农业科学院茶叶研究所利用神舟11号搭载茶树种子返回后，获得了航天茶苗；目前已开发出能够准确鉴定咖啡碱含量高低、儿茶素组分差异等的分子标记，可用于分子标记辅助育种和早期鉴定。四川在茶树育种理论和新的育种方法等方面研究尤其薄弱，首先缺乏从事茶树遗传理论研究的人才，对分子遗传机理、茶树品种早期鉴定技术等少有研究，对目标性状基本遗传规律更缺乏深入研究，茶树育种带有较大的盲目性，尚未取得突破性成果。

4. 部分茶区存在良种不高效的现象

近年来，各地在推进良种化过程中，良种不高效的现象时有发生。产生原因主要有：一是建园工作不扎实，建园过程中未能做到深翻土壤、开沟重施底肥强根系；二是幼龄期的标准定剪塑骨干、间作抑草、勤追肥培壮苗等工作不到位；三是未充分了解品种的特性或个性，栽培管理技术不配套；四是引种工作不扎实，引进品种不能满足引种目标或不能根据品种特性研发新产品或调整生产工艺，导致引进品种不能生产出高品质、特色的茶产品。

六、四川茶树品种选育与推广的发展趋势

1. 加强育种基础理论的研究，积极研究和运用育种新技术

育种基础理论的创新，是指导育成突破性品种的关键。为加强种制创新的力度，须加强育种基础研究，积极研究和运用育种新技术。应根据四川茶区茶叶生产的特点，选择几个重点性状，开展其遗传规律的研究，并辅以现代科学技术手段，发掘目标基因及其调控单元，从分子水平解析其遗传调控规律，为最终实现定向品种培育和分子育种奠定理论基础。在继续采用常规育种方法的同时，综合运用现代育种手段，如定向诱变育种、倍性育种、分子标记辅助育种、基因编辑育种等新技术，突破茶树育种的技术瓶颈，为突破性品种的育成提供技术支撑。

2. 育种目标多元化，以产业需求为导向选育品种

育种目标是对欲培育的茶树品种提出的要求，即在一定地区的自然、栽培和经济条件下，对计划要选育的目标品种应具备哪些优良性状以及各生物学和经济学性状的具体指标。育种目的是提供符合生产发展需求的优质高效茶树品种，因此育种目标也随着茶叶生产和市场需求而改变。如20世纪90年代初名优茶市场的迅速崛起，对早生茶树品种需求量快速扩张，早生品种成为当时茶树育种的主要目标；进入21世纪，随着茶园面积的不断增加，茶叶产品已趋于供需平衡或供大于求，品质优劣成为市场竞争的主要目标，品质育种随之成为茶树育种的首要目标。目前茶产业已经进入一个市场需求多样化、发展智慧茶业的时代，应围绕"机器换人""优质安全""多元利用"等确定育种目标，在以下几个方向予以重点关注：一是以满足人民健康需求为导向的健康成分富集品种选育；二是以满足"机器换人"为目标的适合机采品种选育；三是以满足绿色生产为导向的高肥效、抗病虫品种选育；四是以满足供给侧结构性改革为重点的多类型、特色茶树品种选育；五是以应对气候灾害为目标的抗逆新品种选育；六是围绕四川省生产优质特色茶产品，如竹叶青、天府龙芽和雅安藏茶等选育适栽适制的专用品种。总之，茶树育种将以产业需求为导向，以品质为中心，兼顾选育抗病虫、抗寒能力强、高养分利用率、特异（特早生、强高香、低氟、高鲜等）、适应机械化的品种。

3. 加强突破性新品种的选育

现今，由于茶叶深加工技术的发展，促进茶饮料和茶保健品的开发，并大幅度提高茶叶的附加值。因此，生产具有保健功效的茶氨酸、茶多酚和EGCG产品具广阔的市场前景。而选育高儿茶素、低（高）咖啡碱、高茶氨酸和高花青素等富含保健功能成分特色茶树品种，成为开发和加工保健功效茶产品的基础；特异资源的开发和利用也已成为近年来推动茶产业发展的重要手段。例如，云南"紫娟"、四川"紫嫣"、广东"可可茶"、浙江"黄金芽"、湖南"保靖黄金茶"等特异资源的开发已产生了较好的社会和经济效益。因此，利用传统茶树资源和现代生物技术手段，选育出在氨基酸、咖啡碱、茶多酚等生化成分及色泽、香气等方面某一项或者几项指标显著超出常规品种的突破性新品种，或选育适合茶叶深加工（化学成分含量丰富或功能突出）的新品种（品系），如抗过敏功能成分甲基化EGCG含量高、抗氧化成分EGCG和花青素含量高以及低咖啡

因茶树品种（品系），将成为四川省茶树育种的主攻目标。根据四川省多数茶区历年气象资料和茶树产量的相关分析，高温干旱、倒春寒等是导致四川省茶叶产量和品质波动的主要原因；此外，四川省部分茶区长期不合理的耕作和大量使用化肥，使土壤生态环境有进一步恶化的趋势。因此，茶树耐旱性、耐酸性和肥料高效利用也应作为重要的育种目标，通过培育资源高效利用与环保型茶树新品种，达到节省资源、保护环境和持续发展的目的。

四川茶树种质资源丰富，具有特异型基因的资源多，可进行特异型基因的挖掘与标记，还可开展茶树分子遗传图谱构建、定位分子标记，以分离与克隆茶树特异型基因，开辟茶树基因定位与功能鉴定新途径。在对特异型基因进行挖掘及分子标记的基础上，可进行辅助育种研究，从而有针对性地选育突破性新品种。

4. 加强茶树良种繁育和推广

在各级政府引导下，科研院所、企业应联合建立政产学研用一体化的良种繁育体系，形成种质资源发掘、新品种选育、引种选种试验、配套技术中试熟化、种苗繁育推广相结合的"育繁推"一体化良种繁育体系。在茶树良种繁育技术方面，目前工厂化、标准化育苗技术有了新的发展，如中国农业科学院茶叶研究所等单位开发了茶树快速繁殖和工厂化育苗技术，提出了从温室结构到光、温、水、肥、气等五大环境调控系统和智能化管控的成套技术，成功将茶树育苗周期从传统的 14 ～ 18 个月缩短到 6 个月，经过不断改进，目前设施化基质育苗技术体系已较为完善并开始产业化应用。四川省名山区已研发的高密高效茶苗繁育技术，充分发挥了四川省川西等茶区光照较弱，雨水充沛和土壤适宜育苗的优势，在川西南茶区广泛推广应用，使苗圃出苗数和经济效益成倍增加。但还需加强工厂化、标准化育苗技术的研发和推广应用，特别是在川北茶区，因冬、春干旱明显，夏、秋常出现伏旱，可推广设施化基质育苗技术。

在 2013 年，我国无性系茶树品种的推广率为 52.51%，其中，福建省达到了 94.12%，贵州省为 81.87%，四川省为 58.98%，到 2019 年，全国良种覆盖率已上升到 60.9%，四川省为 80.6%，良种推广成效显著，但仍需加强无性系品种的推广与品种更新换代。应充分挖掘现有良种的个性化优势和潜力，有针对性地提出不同茶类生产区域的品种推广建议，减少同质化良种的种植比例，进而突出区域性产品独特的风味品质，满足市场的差异性需求。在选用现有品种和引种时可以重点关注以下 4 个方面的品种：一是适宜机械化采摘的茶树品种，品种是提高鲜叶机采率的关键；二是适宜加工区域内传统品质特点的新品种。如川北茶区传统上是一个高香优质茶区，所产茶叶以栗香为主，部分区域以清香或特殊花香为主，因此可根据不同县（区）的品质特点进行选种和引种；三是选用或引进专用或特异品种，如高氨基酸品种，叶色白化、黄化或紫色品种，筛选适宜在省内各茶区种植的品种；四是养分高效利用品种，如四川省秦巴山区的大部分茶区山高坡陡，存在大量砂壤、砾石砂壤等保水保肥能力较差的土壤，应选择适应性强、养分利用率高、耐贫瘠能力强的品种，不仅可提高产量，同时也可为有机茶生产提供良种。

5. 加强良种配套栽培技术的研究

"良种良法"是良种发挥品种优良特性的基础和条件。如四川省选育的特早生品种'峨眉问春',冬季无明显休眠期,如采用常规冬管技术,在10月中旬实施轻修剪,茶树越冬芽就会在冬季提前发芽长梢,从而导致春茶大幅减产,因此,该品种茶树一般在11月中旬后才进行修剪或秋冬季不剪。'川茶2号'品种生长势旺,发芽率比一般良种高30%以上,适应机采,但需加强肥培管理。所以进行良种与配套栽培技术的研发和推广是良种化成功的左右手,两手都要硬。通过研发和推广良种配套技术,重点解决机械化建园、幼龄茶园早成园、丰产树冠培育、优质鲜叶生产和配套茶叶产品生产等五大关键环节,最终才能实现茶叶高产、优质和高效的综合目标。

第四节 四川茶树品种繁育基地建设

茶树良种繁育技术的进步和繁育基地的高标准建设推动了川茶产业的快速发展。自20世纪90年代开始,四川茶区就积极推广茶树短穗扦插技术繁育茶苗,经过30多年的技术创新与经验积累,已形成一个完善的集茶树母本园建设、短穗扦插、苗圃管理、市场经销的产业体系,茶苗繁育已逐步走向专业化、标准化、产业化(图1-10)。雅安市的名山区已成为全国最大、品种最齐全的县级茶树良种繁育基地之一。为推动了四川茶树良种化的进程,需进一步加强茶苗繁育基地的建设。

一、区域布局

以企业为实施主体,围绕四大茶产业优势区域,分片区集中建设良种茶苗繁育中心。在川西建设川西良繁集中育苗区,以名山茶树良种繁育场、四川一枝春茶业公司(沐川县)为实施主体;在川南宜宾建设川南良繁集中育苗区,以四川茶业集团公司、宜宾峰顶寺茶业公司为实施主体;在广元建设川东北良繁集中育苗区,以四川省米仓山茶业集团公司为实施主体。

二、建设内容

选择当地适栽适制的优质特色的品种。按照《短穗扦插技术规范》的要求,建设标准化、规模化的母本园、品比园和苗圃园,配套完善园中道路、大棚、遮阳网、土建工程和水利工程等。在川西、川南、川东北三大集中良种繁育区,新建和扩建高标准茶树良种繁育基地共计200 hm²,每个区域建设约66.67 hm²,其中母本园6.67 hm²、品比园6.67 hm²、育苗圃53.33 hm²,形成引种育种、扦插繁育、成苗供应一体化的优质茶苗生产经营链,实现年产优质茶苗10亿株以上,为推进茶树良种化建设提供充足、优质的苗木保障。

图1-10 名山区茶树良种繁育基地

参考文献

陈红旭，唐茜，邹瑶，2019.四川茶区适宜机采茶树品种的筛选［J］.中国茶叶，41（2）：23-27，31.

陈杰丹，马春雷，陈亮，2019.我国茶树种质资源研究40年［J］.中国茶叶，42（3）:1-5，46.

陈亮，杨亚军，虞富莲，2004.中国茶树种质资源研究的主要进展和展望［J］.植物遗传资源学报，5（4）：389–392.

侯渝嘉，彭萍，钟渭基，等，1998.四川茶树种质资源的鉴定与评价［J］.西南农业学报，20（3）：235–238.

梁国鲁，王守生，李晓林，1993.自然四倍体野生茶树染色体分析［J］.中国茶叶（6）：16–17.

罗凡，王云，李春华，等，2008.四川茶树品种研究现状与发展趋势［J］.贵州科学，26（2）：52–57.

马建强，姚明哲，陈亮，2015.茶树种质资源研究进展［J］.茶叶科学，35（1）：11–16.

王新超，刘振，姚明哲，等，2009.中国茶树初级核心种质取样策略研究［J］.茶叶科学，2（2）：159–167.

王新超，王璐，郝心愿，等，2019.中国茶树遗传育种40年［J］.中国茶叶，41（5）:1–6.

杨纯婧，许燕，包婷婷，等，2015.高氨基酸保靖黄金茶1号的生化特性及绿茶适制性研究［J］.食品工业科技，36（13）：126–132，137.

杨如兴，何孝延，张磊，2017.福建茶树品种选育现状及其对茶产业的推动作用分析［J］.福建农业学报，32（8）：909–916.

杨亚军，梁月荣，2014.中国无性系茶树品种志［M］.上海：上海科学技术出版社.

钟渭基，1980.四川野生大茶树与茶树原产地问题［J］.今日种业（2）：32–35.

钟渭基，1991.四川野生大茶树研究报告［J］.茶叶科技（1）：1–5.

钟渭基，1996.四川省茶树品种资源初步整理［J］.茶叶通讯（3）：32–34.

第二章 四川主要的地方茶树种质资源

四川为盆地地形，地跨青藏高原，地势西高东低，由西北向东南倾斜，海拔最高达7 556 m，属于亚热带季风性湿润气候。盆地阴雨天气多，年降水量1 000 ～ 1 500 mm，空气湿度高，各地年均温16 ～ 18℃，是栽种茶树的适宜地区。四川也是茶树的起源地之一，也是人类饮茶、种茶和制茶文化的发源地。在丰富的野生茶树资源基础上，长期的人工茶树种植过程中积累了大量的地方种质资源，其中以'南江大叶茶''北川苔子茶''崇州枇杷茶''荥经野生枇杷茶''古蔺牛皮茶'等地方群体品种最为著名；此外，四川其他茶区也有众多的茶树种质资源，一般将它们统称为'四川中小叶'群体种。四川农业大学茶树育种团队（以下简称"本团队"）2008—2019年，逐一对这些地方茶树种质资源展开了调查和收集，并从形态学、生化、细胞学和分子生物学等方面开展系统研究，分别论述如下。

第一节 '南江大叶茶'

南江县地处四川省东北盆州边缘，大巴山南麓，长江上游地带。南江种茶历史悠久，南宋时期就有官方在南江收茶税的记载，明代正德年间（1505—1521年），"金杯茶"就列为贡品。据南江县志记载，清道光七年（1827年），茶农每年采摘于谷雨前后为头茶，五六月为二茶，七八月为晚茶，清明采者尤佳。甘肃、陕西等地茶商就慕名远道而来，争相抢购立夏前后的茶叶。

中华人民共和国成立后，南江大叶茶于1958年首先在流坝乡金台村牡丹园发现，主要分布在南江县赶场镇、上两乡、贵民乡、杨坝镇、小河等海拔800 m以上地区。1959年，四川省茶叶研究所派员调查，后又在汇滩乡高岩村发现，1961年进行了产地鉴定。1965年'南江大叶茶'经中国茶叶学会认定为全国21个地方茶树良种之一；1985年四川省农作物品种审定委员认定为四川省级茶树品种。

本团队于2014—2017年，多次实地调查'南江大叶茶'茶树资源的分布情况。结果表明，现存'南江大叶茶'主要分布在南江县的汇滩乡、贵民乡、下两镇、流坝乡、杨坝镇、上两乡、赶场镇、寨坡乡、坪河乡、光雾山镇、南江镇、东榆镇、长赤镇、黑潭乡及四川省元顶子茶场等乡（镇）百余个自然村。

为系统鉴定现存'南江大叶茶'的特征特性，为资源保护和利用提供依据，根据调查的分布情况，本团队选取了数量较多、代表性强8个'南江大叶茶'居群作为研究对象。每个居群选择5～8株代表性的植株作研究对像（表2-1），并以当地种植的成龄'福鼎大白茶'作为对照（CK）。收集了它们的形态特征数据，并采集春、夏茶样品，测定了主要生化成分含量。

表 2-1 '南江大叶茶'茶树资源分布

居群	乡/镇	经度	纬度	海拔/m	生长状态	数量
A	汇滩乡	E107°06′42″～E107°06′45″	N32°27′62″～N32°27′64″	1 240	自然生长	5
B	汇滩乡	E107°06′41″～E107°06′44″	N32°27′54″～N32°27′56″	1 220	自然生长	5
C	汇滩乡	E107°06′37″～E107°06′38″	N32°27′71″～N32°27′74″	1 218	自然生长	6
D	贵民乡	E107°06′28″～E107°06′30″	N32°27′77″～N32°27′79″	1 190	自然生长	6
E	贵民乡	E107°06′24″～E107°06′26″	N32°27′78″～N32°27′79″	1 108	自然生长	6
F	下两乡	E107°45′69″～E107°45′71″	N32°03′43″～N32°03′44″	887	栽培修剪	8
G	下两乡	E107°45′69″～E107°45′72″	N32°03′42″～N32°03′45″	909	栽培修剪	8
H	元顶子	E107°42′88″～E107°42′91″	N32°00′91″～N32°00′92″	1 300	栽培修剪	8
CK	下两乡	E107°45′61″～E107°45′65″	N32°27′41″～N32°27′42″	900	栽培修剪	5

注：CK 为当地种植的无性系品种'福鼎大白茶'。本表引自李慧（2017）。

一、'南江大叶茶'的形态特征

1. 树型、树姿

所调查的'南江大叶茶'8个居群茶树均为灌木型，树姿多为半开张，少数是直立或开张，分枝密度中等（表2-2、图2-1）。居群A～E的茶园由于多年没有修剪管理，处于自然生长状态，因此树高达到1.9～2.7 m，树幅为1.4～2.5 m。居群F～H处于正常的修剪采摘管理下，树高为1.0～1.3 m，树幅为0.9～1.2 m。总体来讲自然生长状态下的'南江大叶茶'树型多为灌木型，在正常的栽培管理条件下，形态特征与其他'四川中小叶'群体种茶园较相似。

表 2-2 不同居群茶树树体性状

居群	树型	树姿	树高/m	树幅/m	分枝密度
A	灌木	开张	2.58	2.51	密
B	灌木	半开张	2.68	2.24	中

居群	树型	树姿	树高 /m	树幅 /m	分枝密度
C	灌木	半开张	1.93	1.86	密
D	灌木	直立	2.41	1.39	稀
E	灌木	半开张	2.06	2.02	密
F	灌木	半开张	1.12	0.95	中
G	灌木	半开张	1.09	1.01	中
H	灌木	半开张	1.04	0.89	中
CK	灌木	半开张	1.29	1.12	密

注：本表引自李慧（2017）。

图 2-1　南江大叶茶

2. 新梢性状

在新梢性状方面，不同居群的'南江大叶茶'的芽叶色泽，茸毛多少，发芽密度、芽叶长度和重量均存在较为丰富的多样性（表 2-3）。芽叶色泽有绿色、黄绿色及紫绿色，其中绿色和黄绿色居多；芽叶茸毛密度以中等居多。8 个居群的芽叶发芽密度 49.73 ～ 97.2 个 /0.11 m²，其中以居群 F 发芽密度最多，春梢一芽三叶的长度 5.21 ～ 7.08 cm，重量为 0.37 ～ 0.52 g/ 个。

表 2–3　'南江大叶茶'不同居群新梢芽叶性状调查

居群	芽叶色泽	茸毛	发芽密度 /（个 /0.11 m²）	一芽二叶		一芽三叶	
				长度 /cm	芽叶重 /（g/ 个）	长度 /cm	芽叶重 /（g/ 个）
A	绿色	多	60.58	5.52	0.45	6.34	0.52
B	黄绿色	中	73.62	5.92	0.37	6.82	0.43
C	绿色	少	87.08	4.86	0.34	5.77	0.42
D	黄绿色	中	55.61	4.81	0.38	5.21	0.51
E	绿色	多	49.73	5.40	0.36	6.56	0.47
F	绿色	中	97.2	5.43	0.30	6.62	0.46
G	紫绿色	中	56.41	5.64	0.32	6.57	0.38
H	黄绿色	中	72.51	6.50	0.33	7.08	0.44
CK	绿色	多	65.80	4.78	0.26	5.07	0.37

注：表中数据为每个居群多个单株的平均值；CK 为当地种植的无性系品种福鼎大白茶。本表引自李慧（2017）。

3. 叶片性状

不同居群平均叶长为 8.1 ～ 12.9 cm，叶宽为 3.3 ～ 5.1 cm，叶面积为 18.8 ～ 42.1 cm²。按叶面积划分，多属于中叶类（表 2–4）。叶形积指数变化范围为 2.1 ～ 3.1，大部分为椭圆形，也有少部分属于披针形或长椭圆形。叶色多为绿色，有少量深绿色和浅绿色，叶面微隆，叶身多内折，叶质中，叶齿中锐、中密、浅，叶基近圆形，叶尖渐尖，叶缘微波。与当地种植的'福鼎大白茶'相比，'南江大叶茶'具有叶面积较大的特点。

表 2–4　'南江大叶茶'不同居群成熟叶片性状调查

性状	'南江大叶茶'居群								CK
	A	B	C	D	E	F	G	H	
叶长 /cm	12.4	10.3	9.7	10.6	8.8	8.1	8.9	12.9	10.5
叶宽 /cm	4.1	4.3	4.2	4.3	3.7	3.3	4.2	5.1	3.89
叶面积 /cm²	35.6	31.5	29.3	33.0	23.3	18.8	26.8	42.1	28.7
叶大小	中叶	中叶	中叶	中叶	中叶	小叶	中叶	大叶	中叶
叶形指数	3.0	2.4	2.3	2.5	2.4	2.4	2.1	2.6	2.7
叶形	披针	椭圆	椭圆	椭圆	椭圆	椭圆	椭圆	长椭圆	长椭圆
叶色	绿	浅绿	绿	绿	深绿	绿	绿	深绿	绿
叶面	微隆	平	隆起	微隆	微隆	隆起	平	微隆	微隆
叶身	内折	内折	平	内折	稍背卷	内折	平	内折	内折

性状	'南江大叶茶'居群								CK
	A	B	C	D	E	F	G	H	
叶质	硬	中	硬	柔软	中	中	脆硬	中	中
锯齿深度	深	中	浅	浅	中	浅	中	浅	中
叶基	楔形	楔形	近圆形	近圆形	楔形	近圆形	楔形	楔形	楔形
叶尖	急尖	钝尖	渐尖	渐尖	渐尖	钝尖	渐尖	渐尖	渐尖
叶缘	微波	微波	平	微波	平	微波	波	平	微波

注：表中数据为每个居群多个单株的平均值。本表引自李慧（2017）。

4. 花、果实和种子

由表 2-5 可看出，'南江大叶茶'各居群茶树花萼片数为 5～6 片，多呈绿色；花瓣多为白色，花瓣数为 5.9～7.3 瓣，花冠直径 2.9～4.2 cm；花柱长度为 1.2～1.5 cm。雌蕊和雄蕊的相对高度为高于、等于或低于均有；子房茸毛除居群 C 无茸毛外，其余均有茸毛；花柱开裂数多为 3，裂位中。果实性状多为球形、肾形，居群 A 为三角形。种子性状多为球形、半球形，种子百粒重为 63.32～102.01 g（李慧，2017）。

表 2-5　'南江大叶茶'不同居群花器官性状调查

性状	'南江大叶茶'居群								CK
	A	B	C	D	E	F	G	H	
萼片数 / 个	5～6	5	5	5	5	5	5	5	5
花萼色泽	绿色	绿色	绿色	紫红色	绿色	绿色	绿色	绿色	绿色
花萼茸毛	无	无	无	无	无	无	无	无	无
花冠直径 /cm	3.8	3.7	3.8	2.9	3.6	3.7	3.5	4.2	3.3
花瓣色泽	白色	白色	淡绿色	白色	白色	白色	白色	白色	白色
花瓣质地	薄	中	中	薄	薄	薄	薄	中	中
花瓣数	6.7	6.8	5.9	6.0	7.3	6.5	6.3	6.3	7.5
子房茸毛	有	有	无	有	有	有	有	有	有
花柱长度 /cm	1.4	1.3	1.3	1.3	1.3	1.2	1.4	1.5	1.2
花柱开裂数	3	3	3	4	3	3	3	3	3
花柱裂位	高	高	高	中	中	低	中	低	中
雌雄蕊相对高度	高	等高	低	等高	等高	低	高	等高	低

注：表中数据为每个居群多个单株的平均值。本表引自李慧（2017）。

二、'南江大叶茶'主要生化成分含量

1. 新梢主要生化成分分析

本团队于2016年测试不同居群的'南江大叶茶'春、夏梢中主要生化成分的含量，结果见表2-6。不同居群春梢一芽二叶中的茶多酚含量为15.78%～19.96%，夏梢为17.01%～22.30%；春梢游离氨基酸总量为2.01%～6.87%，夏梢为1.90%～5.04%。8个居群中，H居群游离氨基酸含量最高，春茶超过6%，具有较高的选育价值；春梢咖啡碱含量为2.75%～3.47%，夏梢为2.65%～3.71%；春梢水浸出物为38.61%～46.15%，夏梢为43.27%～54.77%。儿茶素含量春梢为110.08～154.28 mg/g，夏梢为142.81～185.60 mg/g，其中，居群G春、夏梢儿茶素总量最高。各居群的酚氨比（TP/A）值春梢为2.38～8.18，夏梢为3.92～10.41，其中居群H的酚氨比值最低。

表2-6　不同居群'南江大叶茶'春、夏梢主要生化成分含量（单位：%）

居群	季节	茶多酚	氨基酸	咖啡碱	水浸出物	儿茶素总量/（mg/g）	酚氨比
A	春	16.45	2.01	3.47	43.49	154.28	8.18
	夏	17.01	1.94	3.71	46.38	142.81	8.77
B	春	17.75	4.27	3.07	44.49	147.99	4.16
	夏	19.78	1.90	2.83	47.25	161.45	10.41
C	春	18.56	3.80	2.88	42.95	148.40	4.88
	夏	22.30	2.83	2.65	49.84	185.60	7.88
D	春	15.78	5.05	3.14	38.61	124.90	3.12
	夏	20.29	2.24	3.14	49.54	167.08	9.06
E	春	16.69	3.21	2.75	39.61	128.28	5.20
	夏	17.54	2.45	2.72	43.27	150.67	7.16
F	春	18.48	3.91	3.12	44.51	135.95	4.73
	夏	20.29	2.24	3.14	49.54	167.08	9.06
G	春	19.96	5.45	3.28	45.45	151.87	3.66
	夏	20.29	2.24	3.14	49.54	167.08	9.06
H	春	16.38	6.87	2.77	46.15	110.08	2.38
	夏	19.80	5.04	3.22	54.77	160.23	3.92
CK	春	17.15	3.55	2.85	39.95	149.84	4.83
	夏	18.20	3.76	3.09	46.14	159.71	4.84

注：表中数据为每个居群多个单株的平均值。本表引自李慧（2017）。

2. 新梢的儿茶素组分的分析

儿茶素是茶叶多酚类物质的主要成分。儿茶素由酯型儿茶素和非酯型儿茶素组成。非酯型儿茶素稍带涩味，收敛性弱，回味爽，而酯型儿茶素是影响茶叶品质好坏的关键因子之一，具有较强的苦涩味，收敛性强。本团队测定了'南江大叶茶'8个居群春、夏梢儿茶素组分含量，结果见表2-7。'南江大叶茶'春梢儿茶素总量为119.17～181.77 mg/g，其中，居群C最高；夏梢为156.18～203.24 mg/g。春梢中酯型儿茶素的总量为66.93～110.01 mg/g，占总量的52.58%～66.63%，其中居群C最高，G（60.78%）次之，H最低；各居群夏梢的酯型儿茶素的含量为102.48～137.21 mg/g，占儿茶素总量的58%～69%。

表2-7　不同居群'南江大叶茶'春、夏梢儿茶素组分含量（2016年，单位：mg/g）

组分	季节	A	B	C	D	E	F	G	H	CK
GC	春	1.35	1.19	1.84	1.25	1.32	1.36	2.17	1.45	1.38
	夏	1.23	1.15	1.69	1.06	1.17	1.25	2.09	1.31	1.21
EGC	春	30.83	35.14	30.39	34.13	31.26	32.66	26.62	13.83	27.33
	夏	33.17	46.86	39.66	42.07	30.23	44.67	43.26	42.38	33.95
C	春	1.64	2.93	1.06	2.52	1.78	1.63	1.04	2.23	1.15
	夏	1.15	3.30	3.42	2.83	1.04	3.57	3.09	3.27	1.33
EC	春	7.57	9.71	8.73	8.90	8.71	9.22	7.56	6.81	9.40
	夏	9.82	14.41	10.16	9.99	9.73	10.52	12.37	11.9	10.08
EGCG	春	84.42	80.82	104.58	77.48	79.42	81.93	101.42	63.37	82.59
	夏	101.28	85.09	116.45	81.70	83.86	96.33	110.23	80.95	85.57
GCG	春	6.87	7.35	5.74	5.78	6.49	5.08	7.34	10.48	14.46
	夏	3.28	4.46	4.71	3.19	4.96	5.37	2.05	3.32	6.66
ECG	春	20.66	20.37	24.00	19.52	18.35	19.60	24.59	17.44	22.98
	夏	18.51	17.45	20.76	22.2	20.16	16.05	23.77	21.53	20.89
CG	春	4.36	4.22	5.43	4.35	4.25	4.00	6.02	3.56	5.93
	夏	4.77	3.99	5.14	4.26	5.03	3.74	6.38	5.01	5.09
酯型儿茶素	春	105.08	85.04	110.01	81.83	83.67	85.93	107.44	66.93	88.52
	夏	119.79	102.54	137.21	103.9	104.02	112.38	134.00	102.48	106.46
儿茶素总量	春	157.70	161.73	181.77	153.93	151.58	155.48	176.76	119.17	165.22
	夏	173.21	176.71	201.99	167.3	156.18	181.5	203.24	169.67	164.78

注：表中数据为每个居群多个单株的平均值。本表引自李慧（2017）。

3. 新梢的氨基酸组分

测定了'南江大叶茶'8 种居群春梢 21 种氨基酸组分含量，结果见表 2-8。各居群 21 种氨基酸的总量为 25.25 ～ 50.80 mg/g，其中茶氨酸含量为 16.05 ～ 32.05 mg/g，占总量的 58% ～ 66%。居群 H'南江大叶茶'的氨基酸总量和茶氨酸含量最高，可推断居群 H 具备加工绿茶滋味鲜爽的基础。

表 2-8　不同居群'南江大叶茶'春梢氨基酸组分含量（2016 年，单位：mg/g）

组分	A	B	C	D	E	F	G	H	对照
天冬氨酸（Asp）	1.93	2	1.78	2.05	1.9	1.91	1.98	3.17	1.68
苏氨酸（Thr）*	0.23	0.25	0.22	0.33	0.22	0.26	0.27	0.33	0.28
丝氨酸（Ser）	0.41	0.43	0.48	0.53	0.4	0.49	0.47	0.68	0.63
天冬酰胺（Asn）	—	—	0.13	0.64	0.05	0.21	0.19	0.24	0.08
谷氨酸（Glu）	3.65	3.3	2.96	4.47	2.87	3.1	4.66	5.51	3.06
谷氨酰胺（Gln）	1.72	1.83	2.48	2.55	1.68	1.78	1.94	4.85	1.19
茶氨酸（The）	17.55	20.56	20.09	22.82	16.05	18.71	25.42	32.05	20.65
甘氨酸（Gly）	0.04	0.08	0.1	0.06	0.07	0.11	0.05	0.09	0.09
丙氨酸（Ala）	0.2	0.24	0.24	0.22	0.21	0.22	0.3	0.39	0.29
缬氨酸（Fl）*	0.42	0.48	0.48	0.53	0.43	0.44	0.39	0.54	0.32
半胱氨酸（Cys）	0.06	0.05	0.23	0.06	0.04	0.04	0.09	0.06	0.1
蛋氨酸（Met）*	—	—	0.11	0.02	0.03	—	0.03	0.03	0.01
异亮氨酸（Ale）*	0.05	0.04	0.03	0.18	0.02	0.05	0.1	0.08	0.04
亮氨酸（Leu）*	0.15	0.09	0.07	0.28	0.08	0.1	0.17	0.12	0.1
酪氨酸（Tyr）	0.17	0.16	0.16	0.47	0.11	0.17	0.31	0.14	0.18
苯丙氨酸（Phe）*	0.17	0.16	0.33	0.84	0.15	0.3	0.27	0.21	0.22
γ - 氨基丁酸（GABA）	0.15	0.14	0.12	0.19	0.12	0.15	0.18	0.23	0.12
赖氨酸（Lys）	0.08	0.01	0.05	0.26	0.06	0.07	0.35	0.03	0.07
组氨酸（HAs）	0.00	0.01	0.14	0.18	0.02	0.00	0.08	0.29	0.04
精氨酸（Arg）	0.7	1.37	2.36	1.86	0.63	1.43	1.19	1.58	1.09
脯氨酸（Pro）	0.13	0.1	0.12	0.21	0.11	0.14	0.18	0.17	0.15
总计	27.80	31.35	32.65	38.75	25.25	29.69	38.65	50.80	30.41

注：表中数据为每个居群多个单株的平均值。* 为人体必需氨基酸。本表引自李慧（2017）。

三、'南江大叶茶'资源的利用进展

1. 代表性茶叶产品

1987年,南江县元顶子牧场和南江县农业局原茶果站以'南江大叶茶'为原料,研制生产的"云顶绿茶"被四川省评为优质名茶,1990年以'南江大叶茶'为原料研制了"云顶茗兰""云顶绿芽"分别获中西部地区第一名、第三名,四川省"甘露杯"第一名、第四名。1992年,"云顶茗兰""云顶绿芽"获中国首届农业博览会双银奖。1995年,"云顶茗兰""云顶绿芽"荣获第二届中国农业博览会金奖,2000年国际(成都)茶博览会双银奖。

2. 无性系良种选育

1991—1995年,南江县茶研所在黄草坪建立了四川省第一个县级茶叶良种场。茶叶工作者又从'南江大叶茶'群体中选育出优良单株:南江1号、南江2号、南江20号、南江91号、南江93号、南江99号等。'南江1号''南江2号'于1995年四川省农作物品种审定委员会审定为省级品种。'南江2号'又于2002年通过全国区试,审定为国家级良种。2013年,南江县农业局和四川省茶叶研究所合作,又陆续从'南江大叶茶'群体中育成'云顶早'和'云顶绿'省级审定茶树良种,2016年四川农业大学和南江县元顶子茶场等合作选育出'川茶5号'省级审定茶树良种。近年来,南江县将'川茶5号'品种作为主推品种,加强了繁育与推广。

第二节 '北川苔子茶'

北川县位于四川盆地西北向藏东高原过渡的高山深谷地区,海拔540～4769 m,地属亚热带山地湿润季风气候类型,气候温和,降水充沛,年均无霜期在240～280 d,年均降水量800～1400 mm。'北川苔子茶'又名北川中叶种,是在北川特定的生态环境下,经过长期的自然选择和人工培育而成的优良地方群体品种。'北川苔子茶'主要分布在龙门山脉北段两侧,四川盆地向藏东高原过渡的高山深谷地带。种植的海拔高度为600～1200 m,主要集中在800～1000 m的半山地带。据史料记载,'北川苔子茶'栽培历史悠久,唐至宋年间曾被推荐为"贡茶"。1956—1964年,四川省茶叶研究所对四川茶树品种资源调查整理,并对'北川苔子茶'进行了观察。1989年9月,'北川苔子茶'被认定为省级茶树地方优良品种。

本团队于2014—2019年,多次赴北川实地调查了'北川苔子茶'资源的分布和生长情况(图2-2),根据调查结果,选取了分布在陈家坝乡、贯岭乡中心村和竹坝村,数量多、代表性强的7个居群、66份茶树资源材料作研究对象(表2-9),收集了它们的形态特征数据,并采集春茶样品测定了主要生化成分含量。

图 2-2　考察'北川苔子茶'

表 2-9　'北川苔子茶'种质资源来源情况

居群	经纬度范围	海拔 /m	样品号
居群 1	N：31°56′58.4″～31°56′60.0″，E：104°35′95.9″～104°36′02.1″	872～889	1-1～1-13
居群 2	N：31°56′61.0″～31°56′65.4″，E：104°36′02.8″～104°36′08.0″	887～899	2-1～2-10
居群 3	N：31°56′68.1″～31°56′69.7″，E：104°36′05.4″～104°36′07.5″	895～901	2-1～2-7
居群 4	N：31°56′7.02″～31°56′72.4″，E：104°36′00.2″～104°36′07.6″	878～892	4-1～4-5
居群 5	N：31°56′7.05″～31°56′79.2″，E：104°35′85.6″～104°35′98.7″	800～838	5-1～5-7
居群 6	N：32°01′93.8″～32°02′03.5″，E：104°32′31.9″～104°32′81.9″	1 086～1 155	6-1～6-14
居群 7	N：32°02′76.6″～32°02′92.3″，E：104°32′31.4″～104°32′37.9″	1 095～1 153	7-1～7-10

　　注：表中数据为每个居群多个单株的平均值。本表引自王馨语（2017）。

一、'北川苔子茶'的形态特征

1. 树型、树姿

据王馨语（2017）等调查，'北川苔子茶'7个居群茶树均为灌木型，树姿为半开张（图2-3）。由于大部分居群只采春茶，管理较粗放，调查时树高1.01～3.08 m，居群平均为1.44～2.11 m；树幅变化范围为0.82～2.31 m，居群均值为1.22～1.65 m。

图2-3 '北川苔子茶'茶树

2. 叶片性状

'北川苔子茶'不同居群平均叶长为7.6～9.2 cm，叶宽为3.4～4.0 cm，叶面积为18.1～26.0 cm²。按叶面积划分，大部分'北川苔子茶'多属于中叶类，也有少数居群可视为小叶类（表2-10）。叶缘微波为主，叶齿中密或密，叶基楔形为主，叶尖渐尖或钝尖。

表2-10　'北川苔子茶'不同居群成熟叶片性状调查

性状	'北川苔子茶'						
	居群 1	居群 2	居群 3	居群 4	居群 5	居群 6	居群 7
叶长 /cm	8.03	7.65	7.81	7.77	9.13	8.98	9.19
叶宽 /cm	3.48	3.38	3.64	3.41	4.03	3.95	4.04
叶面	微隆起、平	微隆起、平	微隆起、隆起	平、隆起	微隆起、隆起	微隆起、平	微隆起、平
叶尖	渐尖、钝尖	渐尖、钝尖	渐尖、钝尖	渐尖、钝尖	渐尖、钝尖	渐尖、钝尖	渐尖、钝尖
叶缘	微波	微波	微波、波	平、微波	微波、平	微波、平	微波、平
叶基	楔形、近圆形	楔形	楔形	楔形	楔形、近圆形	楔形	楔形、近圆形
叶齿对数	29.62	29.29	30.08	26.75	31.47	30.49	31.19
叶齿密度	中、密	中、密	中、密	中、密	密、中	密、中	中、密

注：本表引自王馨语（2017）。

3. 花、果实和种子

据调查（表2-11），'北川苔子茶'花冠直径范围为2.05～4.44 cm，单株间差异较大，各居群平均花冠直径为3.09～3.52 cm，花萼片数为5片左右，多呈绿色，花瓣多为白色，花瓣数为6.2～7.2瓣；花柱长度为1.17～1.53 cm。雌蕊和雄蕊的相对高度为高于、等于或低于均有；花萼无茸毛、子房有茸毛。花柱开裂数多为3，裂位高度中等。萼片数、花萼色泽、花萼茸毛、花瓣色泽、子房茸毛性状差异变化较小，表现出一定遗传的稳定性。

表2-11　'北川苔子茶'不同居群花果性状调查

性状 / 居群	'北川苔子茶'						
	居群 1	居群 2	居群 3	居群 4	居群 5	居群 6	居群 7
花冠直径 /cm	3.52	3.09	3.35	3.25	3.26	3.64	3.28
萼片数 / 个	4.86	5.13	5.00	5.00	5.04	5.02	4.95
花萼色泽	1.51	1.00	1.00	1.00	1.07	1.12	1.06
花萼茸毛	0.00	0.00	0.00	0.00	0.00	0.00	0.00
花瓣色泽	1.24	1.07	1.00	1.00	1.00	1.22	1.07
花瓣质地	1.33	1.05	1.00	1.00	1.20	1.11	1.43
花瓣数 / 个	6.32	6.33	7.21	6.20	6.38	6.76	6.30
子房茸毛	1.00	1.00	1.00	1.00	1.00	1.00	1.00
花柱裂位	2.36	2.46	3.00	2.11	2.44	2.28	2.56

续表

性状 / 居群	'北川苔子茶'						
	居群 1	居群 2	居群 3	居群 4	居群 5	居群 6	居群 7
花柱长度 /cm	1.53	1.28	1.34	1.32	1.17	1.31	1.25
柱头开裂数 /个	3.02	3.06	3.00	2.96	3.25	2.98	3.11
雄雌蕊相对高度	2.00	1.83	1.65	2.00	1.78	1.97	1.38
果实形状	2.31	2.14	1.30	2.28	1.79	1.91	2.05
果实大小 /cm	2.13	1.95	1.78	2.05	1.73	1.56	2.04

注：本表引自王馨语（2017）。

二、'北川苔子茶'的主要生化成分含量

1. 新梢主要生化成分分析

测定了 19 份'北川苔子茶'春梢的主要生化成分，结果见表 2–12。水浸出物含量在 41.05%～46.91%，平均为 43.53%。茶多酚含量为 13.57%～20.88%，平均为 16.90%。氨基酸含量为 3.62%～5.69%，儿茶素含量为 12.62%～18.21%。酚氨比为 2.45～5.77，平均值为 3.56，适制绿茶。上述指标的变异系数在 3.74%～22.33%，多样性指数为 1.66～1.94。

表 2–12 供试样春梢主要生化成分含量（2016 年，单位：%）

供试样	水浸出物	茶多酚	氨基酸	咖啡碱	儿茶素	酚氨比
CK	42.07	17.92	4.32	3.08	14.01	4.15
A	41.54	15.37	5.14	3.06	14.91	2.99
B	43.08	17.10	5.69	3.19	15.32	3.01
C	44.45	15.31	5.60	3.28	13.97	2.73
D	41.79	13.57	5.54	4.08	12.62	2.45
E	45.92	17.01	4.30	3.47	13.90	3.96
F	42.87	15.07	5.36	3.19	14.29	2.81
G	41.05	16.45	4.67	3.22	15.93	3.52
H	42.86	20.71	4.12	3.28	18.21	5.02
I	46.33	20.88	3.62	3.01	16.71	5.77
J	44.59	17.17	4.88	3.49	16.38	3.52
K	42.83	15.95	3.79	3.29	15.66	4.21
L	42.22	16.90	4.66	3.05	15.06	3.62
M	44.00	17.00	4.40	3.59	16.56	3.86

续表

供试样	水浸出物	茶多酚	氨基酸	咖啡碱	儿茶素	酚氨比
N	45.07	19.05	4.61	2.96	14.24	4.13
O	42.92	15.84	5.36	3.34	14.72	2.95
P	42.77	15.72	3.79	3.03	15.34	4.15
Q	46.91	18.36	4.62	3.24	15.89	3.98
R	43.19	18.15	5.11	3.41	16.46	3.55
S	42.73	15.45	4.85	2.58	13.82	3.19

注：表中数据为每个居群多个单株的平均值。本表引自王馨语（2017）。

2. 儿茶素组分分析

从上述 66 份'北川苔子茶'资源中，选择了 11 份有育种潜力的资源，测定其儿茶素各组分的含量（表 2-13）。其儿茶素总量在 12.66% ~ 15.68%，EGCG 的含量范围为 6.17% ~ 9.25%，EGC 的含量范围为 0.96% ~ 3.74%；ECG 和 GCG 含量范围分别为 1.68% ~ 2.25% 和 0.33 ~ 2.22%。其他儿茶素组分，包括 GC、C、EC 和 CG 含量均较低，在 1% 以下。

表 2-13　'北川苔子茶'的儿茶素组分含量（单位：%）

样品号	GC	EGC	C	EC	EGCG	GCG	ECG	CG	总量
1	0.08	2.87	0.24	0.86	6.17	1.29	2.08	0.37	13.97
2	0.09	2.27	0.17	0.89	6.81	0.98	2.25	0.36	13.81
3	0.12	1.73	0.20	0.62	7.19	0.79	1.68	0.32	12.66
4	0.09	3.74	0.12	0.98	6.18	0.75	1.71	0.40	13.97
5	0.12	1.56	0.13	0.77	8.97	0.33	2.17	0.21	14.27
6	0.13	0.96	0.12	0.51	9.25	2.22	2.15	0.34	15.68
7	0.16	1.39	0.13	0.53	8.49	0.90	1.70	0.28	13.58
8	0.21	1.02	0.08	0.42	8.74	1.46	1.96	0.25	14.14
9	0.14	2.38	0.15	0.72	7.26	0.45	1.70	0.40	13.20
10	0.08	2.20	0.21	0.83	7.13	0.62	2.05	0.44	13.56
11	0.08	2.46	0.16	0.73	6.80	0.67	2.17	0.46	13.54

注：表中数据为每个居群多个单株的平均值。本表引自王馨语（2017）。

3. 游离氨基酸组分分析

上述 11 份'北川苔子茶'资源的氨基酸总量为 35.3 ~ 43.7 mg/g（表 2-14）。各份样品中，茶氨酸占游离氨基酸总量的 51% ~ 65%，其次依次是谷氨酸（2.9 ~ 4.7 mg/g）、谷氨酰胺（1.8 ~ 6.1 mg/g）、天冬氨酸（1.8 ~ 3.0 mg/g）和精氨酸（0.9 ~ 2.4 mg/g）。其他氨基酸含量较低，合计为 3.2 ~ 8.0 mg/g。

表 2–14 '北川苔子茶'的游离氨基酸组分含量（单位：mg/g）

样品号	The	Glu	Gln	Asp	Arg	其他氨基酸	总计
1	24.0	4.0	2.1	2.3	1.9	4.1	38.4
2	27.6	4.5	3.1	2.3	2.4	3.8	43.7
3	23.7	3.4	4.0	2.7	2.2	6.8	42.8
4	24.9	3.8	3.4	3.0	1.7	6.8	43.6
5	19.3	4.4	4.1	2.4	1.9	3.2	35.3
6	25.4	4.7	1.9	2.0	1.2	3.5	38.7
7	20.6	4.3	3.3	2.3	2.2	3.3	35.9
8	17.6	3.0	6.1	1.8	1.3	8.0	37.8
9	22.3	3.4	3.8	2.0	0.9	7.1	39.4
10	19.7	2.9	2.3	3.0	2.3	8.0	38.2
11	23.6	4.6	1.8	2.5	1.7	4.1	38.4

注：表中数据为每个居群多个单株的平均值。本表引自王馨语（2017）。

三、'北川苔子茶'和'南江大叶茶'遗传多样性比较分析

用 10 个 SSR 标记对 52 份'南江大叶茶'和 66 份'北川苔子茶'进行了基因多态性分析，结果见表 2–15。10 个标记总共检测到 47 条等位基因，平均 4.7 条每个位点，其中在'南江大叶茶'中每个位点检测到 4.5 条等位基因，高于'北川苔子茶'的 4.3 条。47 条等位基因中有 6 条属于某一群体的特有基因，其中，有 4 条只在'南江大叶茶'中检测到，而另外 2 条只在'北川苔子茶'中检测到。'南江大叶茶'和'北川苔子茶'的观测杂合度（observed heterozygosity，HO）分别是 0.624 和 0.584，香农系数（Shannon's information index，SI）分别是 1.172 和 1.091，基因多样性指数（gene diversity，GD）分别是 0.632 和 0.583；因此，'南江大叶茶'比'北川苔子茶'拥有更高的基因多样性。

表 2–15 两个群体的遗传数据比较

样品	N_A		H_O		SI		GD		F_{IS}		G_{ST}
	BCTZ	NJDY	BCTZ	NJDY	BCTZ	NJDY	BCTZ	NJDY	BCTZ	NJDY	
A114	3	3	0.508	0.588	0.667	0.680	0.416	0.469	−0.025	−0.021	0.002
A18	5	7	0.677	0.569	1.463	1.615	0.746	0.771	0.126	0.217	0.011
P05	4	4	0.621	0.615	1.124	1.123	0.616	0.625	−0.006	0.004	0.080
TM056	4	4	0.591	0.673	1.210	1.205	0.660	0.674	0.049	0.057	0.014
TM132	4	4	0.172	0.420	0.337	0.865	0.175	0.426	0.061	−0.013	0.044
TM169	3	3	0.569	0.481	0.961	0.977	0.554	0.600	−0.040	0.212	0.008
TM209	5	5	0.636	0.706	1.243	1.150	0.655	0.633	0.019	−0.115	0.036
TM237	3	4	0.508	0.750	0.836	1.210	0.489	0.651	0.004	−0.181	0.006

续表

样品	N_A		H_O		SI		GD		F_{IS}		G_{ST}
	BCTZ	NJDY	BCTZ	NJDY	BCTZ	NJDY	BCTZ	NJDY	BCTZ	NJDY	
CsFM1508	4	4	0.758	0.720	1.369	1.347	0.744	0.721	0.000	−0.015	0.006
CsFM1599	8	7	0.800	0.720	1.691	1.546	0.773	0.752	−0.034	0.038	0.003
Mean	4.3	4.5	0.584	0.624	1.091	1.172	0.583	0.632	0.015	0.018	0.021

注：N_A 为等位基因数，H_O 为观测杂合度，SI 为香浓系数，GD 为基因多样性指数，F_{IS} 为近交系数，G_{ST} 为遗传分化系数。本表引自 Tan *et al.*（2019）。

基于 10 个 SSR 标记基因型的数据计算得到'南江大叶茶'的近交系数（inbreeding coefficient，*FIS*）为 0.018，'北川苔子茶'为 0.015，均表现为非常低的近交水平。两个群体间是 Nei's 遗传分化系数（genetic differentiation coefficient，*GST*）为 0.021，说明这两个群体的分化并不明显。通过聚类分析也证实了这一点，如图 2-4 所示，根据 SSR 标记的基因型数据，118 份'南江大叶茶'和'北川苔子茶'被分为了 4 个大组。第 I 组有 28 份样品，其中 25 份为'南江大叶茶'，剩余 3 份为'北川苔子茶'；第 II 组为'北川苔子茶'和'南江大叶茶'的混合组，分别占 9 个和 11 个。第 III 组则以'北川苔子茶'为主，22 份样品中 18 份来自'北川苔子茶'；第 IV 组最大，包含 48 份样品，其中 36 份来自'北川苔子茶'，6 份'南江大叶茶'在第 VI 组中形成了一个亚组，而另外 6 份则与'北川苔子茶'混在了一起。总体来说，来自同一个群体的样品聚类得更近一些，但是聚类分析中'南江大叶茶'和'北川苔子茶'这两个来自川北地区的地方品种并不能被完全分开。这也体现了它们的分化程度并不高。

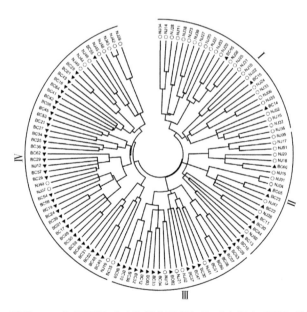

图 2-4 基于 SSR 分子标记对'北川苔子茶'和'南江大叶茶'的聚类分析

引自 Tan *et al.*（2019）。

第三节 '古蔺牛皮茶'

'古蔺牛皮茶'原产四川省泸州市古蔺县，地处盆地南缘向贵州高原过渡地带。其四季分明、冬无严寒、无霜期长，年降水量、湿度适中，日照较充足。'古蔺牛皮茶'因其叶大、厚且带革质而得名；主要分布在E105°46′~E105°48，N27°58′~N28°0′，海拔高度800~1 100 m的古蔺镇枣林村椒子沟、头道河村白沙坡和凤元坡一带。茶树多为野生、半野生状态，也有少量人工栽培的茶树。1985年，'古蔺牛皮茶'被认定为四川省省级地方品种。

为了系统地鉴定'古蔺牛皮茶'的形态特征、生化成分含量情况和遗传多样性，本团队于2012—2017年，多次实地调查了'古蔺牛皮茶'茶树资源的分布情况。根据调查结果，筛选出152株牛皮茶树进行系统研究，并根据不同的性状特征，将这152株牛皮茶初步分成8种类型，分别编号为Ⅰ类至Ⅷ类，并和当地同一生境的'四川中小叶'群体品种（记为CK）进行比较，结果如下。

一、'古蔺牛皮茶'的形态特征

1. 树型、树姿

在所调查的8个类型中只有Ⅴ、Ⅵ类分别为小乔木、乔木型，其余6个类型均为灌木（表2-16）。各类型牛皮茶树树体较高大，树体也较粗壮，这是因为供试茶树多处于野生和半野生状态。其树姿多为半开张，分枝密度多为中。牛皮茶的树型、树势等与灌木型的'四川中小叶'群体品种较相似（图2-5）。

表2-16 不同类型茶树树体性状

类型	树型	树姿	树高/m	树幅/m	分枝密度
Ⅰ	灌木	半开张	2.71	2.24	中
Ⅱ	灌木	开张	2.02	1.71	稀
Ⅲ	灌木	半开张	3.35	1.33	中
Ⅳ	灌木	半开张	2.22	1.75	稀
Ⅴ	小乔木	半开张	3.47	3.00	中
Ⅵ	乔木	直立	4.35	3.35	密
Ⅶ	灌木	半开张	2.65	2.54	中
Ⅷ	灌木	直立	2.23	2.21	中
CK	灌木	半开张	1.43	1.38	中

注：本表引自谢文钢（2016）。

图 2-5 '古蔺牛皮茶'

2. 芽叶性状

不同类型牛皮茶茶树的芽叶性状均有一定差异，芽叶色泽除Ⅱ类和Ⅵ类为黄绿色，其余类型均为绿色，茸毛以中等居多（表 2-17，图 2-6）。发芽密度为 42.57 ～ 98.05 个 /m²。一芽二叶长度和重量分别为 3.81 ～ 6.78 cm，0.17 ～ 0.36 g，一芽三叶长度和重量分别为 4.80 ～ 7.97 cm，0.29 ～ 0.53 g。Ⅵ类芽叶最肥壮，Ⅲ类和Ⅰ类次之，Ⅶ类芽叶最细弱，表明不同类型的新梢生长势和生长量有一定差异。

表 2-17　不同类型茶树芽叶性状特征

类型	芽叶色泽	芽叶茸毛	发芽密度 /（个 /0.11 m²）	一芽二叶		一芽三叶	
				长度 /cm	芽叶重 /g	长度 /cm	芽叶重 /g
Ⅰ	绿色	中	42.57	5.76	0.34	6.81	0.46
Ⅱ	黄绿色	多	58.33	5.62	0.31	6.65	0.48
Ⅲ	绿色	少	87.20	6.42	0.33	7.28	0.51
Ⅳ	绿色	中	55.73	3.95	0.23	5.38	0.36
Ⅴ	绿色	中	98.05	5.40	0.32	6.22	0.46
Ⅵ	黄绿色	少	49.83	6.78	0.36	7.97	0.53
Ⅶ	绿色	中	72.40	3.81	0.17	4.80	0.29
Ⅷ	绿色	中	65.40	4.46	0.33	5.48	0.48
CK	绿色	中	56.29	4.14	0.26	5.74	0.38

注：本表引自谢文钢（2016）。

图 2-6 '古蔺牛皮茶'新梢

3. 叶片性状

不同类型牛皮茶茶树成熟叶片的各性状指标均有一定差异（表 2-18）。叶面积为 17.75 ～ 43.93 cm²，多为中叶，大叶及小叶较少，叶形指数为 2.17 ～ 3.17，叶形除Ⅳ类茶树为披针形及Ⅲ类为长椭圆形外，其余为椭圆形。叶片多水平着生，叶色以绿色为主，少量深绿色、浅绿色；其叶尖除Ⅳ类为急尖外，均为渐尖。叶面多微隆起，叶身内折，叶质较硬，叶齿中锐、中密、浅，叶基楔形，叶缘微波。与对照相比，各类型牛皮茶茶树具有叶较大、叶质较硬带革质，叶脉和锯齿对数较多的特征。

表 2-18　不同类型茶树成熟叶片性状特征

性状	Ⅰ	Ⅱ	Ⅲ	Ⅳ	Ⅴ	Ⅵ	Ⅶ	Ⅷ	CK
叶长 /cm	9.46	11.09	9.09	10.86	10.67	12.39	7.76	11.07	9.62
叶宽 /cm	4.36	4.66	3.31	3.46	4.72	5.10	3.28	4.86	4.08
叶面积 /cm²	28.87	36.18	20.88	26.27	35.28	43.93	17.75	37.46	27.43
叶大小	中叶	中叶	中叶	中叶	中叶	大叶	小叶	中叶	中叶
叶形指数	2.17	2.38	2.76	3.17	2.25	2.42	2.37	2.28	2.36
叶形	椭圆	椭圆	长椭圆	披针	椭圆	椭圆	椭圆	椭圆	椭圆
叶色	浅绿	绿	绿	深绿	深绿	绿	绿	绿	绿
叶面	微隆起	微隆起	微隆起	平	隆起	隆起	微隆起	平	微隆起
叶质	中、硬	柔软	中	中	硬、中	硬	柔软	中	中
叶齿	锐、中、中	中、中、中	中、中、浅	中、中、浅	钝、稀、浅	钝、稀、浅	锐、密、浅	中、密、浅	中、中、浅
叶尖	渐尖	渐尖	渐尖	急尖	渐尖	渐尖	渐尖	渐尖	渐尖
叶片着生状态	水平	上斜	水平	水平	水平	下垂	水平	下垂	水平

注：本表引自谢文钢（2016）。

4. 花、果实和种子

‘古蔺牛皮茶’茶树的初花期为9月底，盛花期10月初至10月中旬，终花期在11月25日左右。‘古蔺牛皮茶’茶树的花萼数均为5～6枚，呈绿色，无茸毛；花瓣多白且薄，部分微绿色，花瓣数6.37～8.48枚，花冠直径2.95～4.19 cm，多为中花型；花柱长度1.13～1.49 cm，雌雄蕊相对高度低、等高、高均有；子房除Ⅴ类无茸毛外，均有茸毛，花柱3～4裂，浅裂，以3裂为主（表2-19）。与对照相比，Ⅴ和Ⅵ类牛皮茶树具有花大、柱头长且4裂、花瓣数较多等野生大茶树性状；其他6种类型具花瓣数少、中花、柱头多为3裂、花瓣部分微绿色等栽培型茶树性状。

表 2-19 不同类型‘古蔺牛皮茶’茶树茶花性状特征

性状	Ⅰ	Ⅱ	Ⅲ	Ⅳ	Ⅴ	Ⅵ	Ⅶ	Ⅷ	CK
花萼数/枚	5	5	5～6	5	5	5	5	5～6	5
花冠直径/cm	3.62	3.59	3.73	3.54	4.12	4.19	2.95	3.94	3.57
花瓣色泽	白色	白色	白	微绿色	白色	白色	白色	白色	白色
花瓣质地	薄	薄	薄	薄	中	中	薄	薄	薄
花瓣数/枚	6.60	6.37	6.60	7.13	8.18	8.48	6.70	6.40	6.00
花柱长度/cm	1.20	1.25	1.23	1.33	1.40	1.49	1.13	1.32	1.27
柱头开裂数/裂	3	3	3	3	4	4	3	3	3
花柱裂位	中等	浅裂	浅裂	浅裂	浅裂	浅裂	深裂	浅裂	中等
雌雄蕊相对高度	等高	高	高	高	低	低	低	等高	低
子房茸毛	有	有	有	有	无	有	有	有	有

注：本表引自谢文钢（2016）。

据谢文钢等（2016）观测，‘古蔺牛皮茶’的果实形状多为球形和肾形，部分三角形（表2-23）。果实直径1.70～2.38 cm，果皮厚度0.10～0.17 cm，果壳薄较韧，种子形状多球形，部分肾形和半球形。种皮呈棕褐色，种径为0.97～0.64 cm，个体间差异较大，百粒重73.87～126.42 g。

二、‘古蔺牛皮茶’的主要生化成分

1. 新梢主要生化成分分析

茶树鲜叶中主要生化品质成分的含量和配比决定茶叶的先天品质。测定结果显示，‘古蔺牛皮茶’春梢的茶多酚含量18.71%～30.16%，游离氨基酸总量2.20%～5.08%，咖啡碱含量3.45%～4.41%，水浸出物含量39.96%～45.18%，酚氨比值为3.68～12.95（表2-20）。除Ⅴ类、Ⅵ类及CK春梢红绿茶兼制外，其余类型春梢适制绿茶。

表 2–20　2014 年不同类型'古蔺牛皮茶'春梢的主要生化成分含量（单位：%）

类型	茶多酚	游离氨基酸总量	咖啡碱	水浸出物	氨/氨
Ⅰ	28.15	4.07	3.92	41.79	6.92
Ⅱ	18.71	5.08	3.71	43.17	3.68
Ⅲ	20.4	3.82	3.99	43.46	5.34
Ⅳ	25.41	4.50	3.45	42.13	5.65
Ⅴ	30.16	2.54	4.41	45.18	11.87
Ⅵ	28.48	2.20	4.13	43.02	12.95
Ⅶ	27.02	3.53	3.99	40.30	7.65
Ⅷ	24.08	3.19	3.84	39.96	7.56
CK	26.58	2.84	3.43	40.10	9.35

注：本表引自谢文钢（2016）。

2. 氨基酸组分分析

如表 2–21 所示，8 种类型牛皮茶茶树的春梢 19 种氨基酸组分总量为 13.63～32.08 mg/g。其中，茶氨酸含量为 6.72～19.07 mg/g，占组分总量的 49.30%～61.36%。而苯丙氨酸含量为 0.06～0.25 mg/g，所占比例为 0.19%～1.83%，Ⅵ类最高，Ⅴ次之，Ⅱ类最低。Ⅱ类组分总量和茶氨酸含量最高。

表 2–21　不同类型'古蔺牛皮茶'春梢氨基酸组分含量（单位：mg/g）

组分	Ⅰ	Ⅱ	Ⅲ	Ⅳ	Ⅴ	Ⅵ	Ⅶ	Ⅷ	CK
天冬酰胺	2.78	2.32	1.71	2.99	2.18	2.14	1.88	1.76	2.00
丝氨酸	0.52	0.67	0.40	0.50	0.34	0.24	0.55	0.56	0.45
谷氨酸	4.97	6.42	3.84	5.18	3.22	3.18	4.51	4.03	3.66
组氨酸	0.09	0.11	0.03	0.06	0.10	—	0.07	—	—
甘氨酸	0.03	0.05	0.04	—	0.07	0.02	0.03	0.04	0.05
精氨酸	0.90	1.32	0.50	0.89	0.65	0.52	0.75	0.42	0.19
苏氨酸	0.30	0.29	0.24	0.28	0.22	0.13	0.26	0.27	0.28
丙氨酸	0.25	0.33	0.25	0.23	0.19	0.11	0.25	0.20	0.24
脯氨酸	0.48	0.67	0.42	0.46	0.32	—	0.40	0.64	0.69
茶氨酸	16.02	19.07	13.07	17.53	8.62	6.72	13.73	12.31	10.77
色氨酸	0.10	0.10	0.15	0.07	0.16	0.03	0.12	0.11	0.11
缬氨酸	0.35	0.40	0.30	0.36	0.25	0.19	0.32	0.34	0.34
甲硫氨酸	0.01	0.02	0.01	0.02	0.06	—	0.04	—	—

组分	Ⅰ	Ⅱ	Ⅲ	Ⅳ	Ⅴ	Ⅵ	Ⅶ	Ⅷ	CK
赖氨酸	0.09	0.07	0.06	0.06	0.10	0.03	0.07	—	0.07
异亮氨酸	0.04	—	0.02	0.02	0.07	—	0.04	0.03	—
亮氨酸	0.09	0.06	0.07	0.06	0.10	0.03	0.07	0.08	0.07
苯丙氨酸	0.14	0.06	0.06	0.11	0.23	0.25	0.11	0.09	0.07
半胱氨酸	0.07	0.09	0.06	0.04	0.07	0.04	0.06	0.08	0.08
酪氨酸	0.14	0.03	0.07	0.11	0.13	—	0.11	0.07	0.09
总量	27.37	32.08	21.30	28.97	17.08	13.63	23.37	21.03	19.16

注：本表引自谢文钢（2016）。

3. 儿茶素组分分析

不同类型牛皮茶春梢儿茶素总量为 107.88 ～ 183.11 mg/g，其中Ⅴ类最高，Ⅵ类次之，Ⅱ类最低（表 2-22）。各类型的非酯型儿茶素含量为 23.29 ～ 38.11 mg/g，酯型儿茶素含量为 84.59 ～ 145.00 mg/g。EGCG 含量 58.87 ～ 84.11 mg，其中Ⅴ类最高，Ⅱ类最低。

表 2-22　不同类型'古蔺牛皮茶'春梢儿茶素组分含量（单位：mg/g）

组分	Ⅰ	Ⅱ	Ⅲ	Ⅳ	Ⅴ	Ⅵ	Ⅶ	Ⅷ	CK
GC	6.59	4.77	6.5	6.02	7.68	5.43	4.15	5.41	6.35
EGC	14.16	11.01	9.48	12.08	17.36	12.09	13.4	13.04	12.98
C	3.25	2.04	2.48	2.25	4.69	5.96	2.94	2.04	3.04
EC	7.11	5.47	5.25	7.56	8.38	7.54	7.62	5.36	6.48
EGCG	82.23	58.87	64.14	66.2	84.11	79.14	83.52	65.24	72.75
GCG	28.02	12.79	16.54	18.53	30.38	33.22	28.01	24.73	29.73
ECG	23.52	10.26	13.62	24.2	25.76	24.44	22.44	16.48	19.57
CG	3.90	2.67	2.17	3.91	4.75	4.84	2.43	4.53	5.88
总量	168.78	107.88	120.18	140.75	183.11	174.66	164.51	136.83	156.78

注：本表引自谢文钢（2016）。

三、'古蔺牛皮茶'核型分析

对'古蔺牛皮茶'进行染色体计数，结果表明其染色体数目为 $2n=2x=30$（图 2-7）。核型分析结果显示染色体的臂比值变化范围在 1.18 ～ 3.03（表 2-23）。第 2、第 3、第

7、第 8、第 10、第 12、第 13、第 14、第 15 九对染色体为中部着丝粒染色体（m），其中 12 号染色体伴有一对随体，第 4、第 5、第 6、第 9、第 11 五对染色体为近中部着丝粒染色体（sm），第 1 对染色体为近端部着丝粒染色体（st）。核型公式为 $2n=2x=30=18$ m（2SAT）+10 sm+2 st。染色体相对长度变化在 4.87% ～ 8.58%，其相对长度组成为 2L+6M2+6M1+1S，染色体着丝粒指数范围为 24.83% ～ 45.82%，最长染色体与最短染色体长度比为 1.761，臂比 >2 的染色体比例为 6.7%，核型不对称系数近 61%，核型类型为 2A 型。

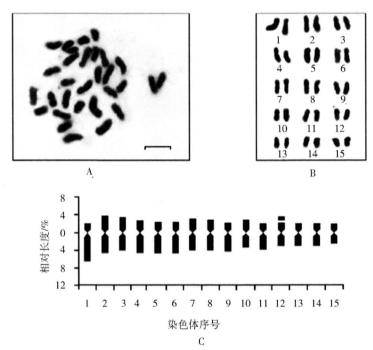

图 2-7　'古蔺牛皮茶'根尖染色体中期分裂相、核型图及模式图（引自孙勃 等，2018）

注：A：染色体中期分裂相图；B：染色体核型图；C：染色体模式图；图 B 中的数字 1 ～ 15 为染色体编号。

表 2-23　'古蔺牛皮茶'核型参数

染色体编号	相对长度 /%			相对长度系数	着丝粒指数 /%	臂比值	类型
	短臂	长臂	全长				
1	2.13	6.45	8.58	1.29	24.83	3.03	st
2	3.81	4.73	8.54	1.28	44.61	1.24	m
3	3.47	4.12	7.59	1.14	45.73	1.19	m
4	2.69	4.66	7.35	1.10	36.65	1.73	sm
5	2.52	4.76	7.28	1.09	34.59	1.89	sm
6	2.42	4.80	7.22	1.08	33.50	1.98	sm

续表

染色体编号	相对长度 /%			相对长度系数	着丝粒指数 /%	臂比值	类型
	短臂	长臂	全长				
7	3.20	3.92	7.12	1.07	44.95	1.22	m
8	2.88	4.01	6.89	1.03	41.76	1.39	m
9	2.24	4.16	6.40	0.96	35.06	1.85	sm
10	2.71	3.46	6.17	0.93	43.93	1.28	m
11	2.14	3.87	6.02	0.90	35.64	1.81	sm
12	2.47	3.09	5.56	0.83	44.37	1.25	m
13	2.06	3.17	5.23	0.78	39.30	1.54	m
14	2.09	3.08	5.17	0.78	40.38	1.48	m
15	2.23	2.64	4.87	0.73	45.82	1.18	m

注：引自孙勃等（2018）。

四、'古蔺牛皮茶'居群遗传多态性

本团队用 15 对 ISSR 引物对 7 个居群共 76 份'古蔺牛皮茶'进行了扩增，共扩增得到 135 条谱带，其中 122 条为多态性条带，多态性位点百分比为 90.4%。'古蔺牛皮茶'7 个居群的平均多态性为 64.66%，Nei's 基因多态性（H）指标为 0.256，Shannon's 遗传信息指数（I）为 0.392（表 2-24）。从遗传结构来看，'古蔺牛皮茶'居群的基因遗传分化指数（G_{st}）为 0.198，表明有 19.8% 的遗传变异存在于 7 个居群间，80.2% 的变异存在于居群内；基于居群间遗传分化系数计算的每代迁移数（即基因流 N_m）为 2.022。

表 2-24　不同'古蔺牛皮茶'群体中的 ISSR 遗传多态性

群体	Nei's 基因多态性 H	Shannon's 指数 I	等位基因数 N_a	有效等位基因数 N_e	多态位点数 NPL	多态位点比率 PPL/%
A	0.200	0.307	1.644	1.334	87	64.44
B	0.816	0.263	1.570	1.301	77	57.04
C	0.218	0.333	1.689	1.365	93	68.89
D	0.202	0.314	0.307	1.323	95	70.37
E	0.212	0.323	1.674	1.356	91	67.41
F	0.214	0.326	1.682	1.356	92	68.15
G	0.187	0.282	1.563	1.316	76	56.30

续表

群体	Nei's基因多态性 H	Shannon's指数 I	等位基因数 N_a	有效等位基因数 N_e	多态位点数 NPL	多态位点比率 PPL/%
平均	0.203	0.307	1.447	1.334		64.66
总计	0.256	0.392	1.867	1.417		64.66

注：本表引自刘绍杰等（2014）。

第四节 '崇州枇杷茶'

'崇州枇杷茶'是四川省崇州市（旧称崇庆县）特产、中国地理标志产品，也是四川最重要的地方茶树品种资源之一，因叶似枇杷叶而得名。'崇州枇杷茶'种植历史悠久，从唐宋时期开始，崇州的三郎、文锦江、怀远、街子、鸡冠山等沿山地区广为种植，清朝以后面积逐步萎缩。据清朝光绪版《崇州州志》"物产篇"记载："枇杷茶高一丈，二丈，叶粗大、名粗毛茶，近有取其嫩尖充普洱者，味亦颇类……"，清代即以此茶为原料制作"龙门茶"入贡，颇受称赞。

'崇州枇杷茶'野生大茶树主要分布于 N30°44′～N30°48′、E104°03′～E103°28′ 区域内。枇杷茶野生大茶树多分布于崇州市文井江镇、鸡冠山乡、三郎镇、苟家、万家、怀远镇等常绿阔叶林与针叶、阔叶混交林中，部分生长在农耕地内外、村旁或路旁，呈零星分布状态。

2009 年，本团队实地调查了崇州野生枇杷茶树的分布情况，共发现枇杷茶树资源 953 株，其中乔木 462 株、小乔木 387 株、灌木 104 株，具体地理位置见表 2-25。为了解这些野生'崇州枇杷茶'的主要形态和遗传特征，从中筛选出分布较广、数量较多、外部形态特征具代表性的野生茶树共计 202 株，根据对茶树形态性状第一主成分分析贡献最大者的树型和叶尖、第二主成分分析贡献最大者的花瓣数和花柱分裂数，再结合叶脉对数、锯齿对数等，将野生大茶树初分为 6 个类型。分别编号为 A 类（小乔木型 31 株）、B 类（小乔木型 44 株）、C 类（乔木型 29 株）、D 类（乔木型 47 株）、E 类（灌木型 33 株）、F 类（乔木型 18 株）。除核型分析以四川主栽品种'名山白毫 131'为对照外，其余实验均以当地主栽品种'巴渝特早'为对照，研究结果分别如下。

表 2-25 '崇州枇杷茶'野生大茶树地理分布

镇	村	组	经纬度	海拔/m	灌木/棵	乔木/棵	小乔木/棵
文井江镇	万家社区	2.6.7.8.9	N30°46′16.44″，E103°23′53.93″	1 002	/	49	10
	大坪村	1.2.3.4.5	N30°45′51.71″，E103°25′16.86″	910	3	41	16

镇	村	组	经纬度	海拔/m	灌木/棵	乔木/棵	小乔木/棵
文井江镇	清泉村	5	N30°44′01.55″，E103°26′20.02″	855	1	3	2
	铁索村	1.2.3	N30°46′03.64″，E103°24′23.32″	819	25	69	51
	大同村	1.3.4.7	N30°46′19.57″，E103°24′58.92″	946	13	52	28
	马家社区	3	N30°44′56.55″，E103°27′34.28″	712	14	82	34
三郎镇	茶园村	10.11.12.13.14	N30°48′19.35″，E103°27′41.44″	1 106	2	10	14
鸡冠山镇	苟家村	1.2.3	N30°47′54.80″，E103°23′10.86″	914	17	62	101
	赵家村	1.2.5	N30°46′12.58″，E104°03′32.16″	507	/	3	/
怀远镇	富强村	1.5.6	N30°44′8.23″，E103°28′22.42″	709	29	91	131
总计	—	—	—	—	104	462	387

注：本表引自王春梅（2012）。

一、‘崇州枇杷茶’植物学特征和生物学特性

1. 树型、树姿

‘崇州枇杷茶’树野生大茶树树体均偏高，乔木型大茶树树高 425.8～694.2 cm，树姿多直立、半开张，主干明显，主干直径 15.90～29.19 cm。小乔木型大茶树树高 357.5～441.5 cm，树姿多半开张，主干明显，主干直径 18.43～21.28 cm。灌木型茶树则无明显主干，一级分枝数约 8 个，直径为 8.11～9.02 cm（表 2-26，图 2-8）。

表 2-26　野生‘崇州枇杷茶’树体性状（单位：cm）

类型	树型	树姿	树高	主干直径	一级分枝直径
CK	小乔木	半开张	114.2～131.5	5.87	3.12
A	小乔木	半开张	357.5～399.1	18.43	9.19
B	小乔木	半开张	401.4～441.5	21.28	11.99
C	乔木	直立	640.0～694.2	29.19	13.05
D	乔木	直立	425.8～471.2	27.21	10.78
E	灌木	半开张	241.1～277.9	—	8.11
F	乔木	半开张	289.2～344.1	15.90	7.59

注：本表引自王春梅（2012）。

图 2-8 '崇州枇杷茶' 野生大茶树

2. 新梢性状

枇杷茶野生大茶树发芽期较早，比当地其余栽培型茶树品种发芽早 10 ～ 15 d。不同类型枇杷茶树的芽叶性状、新梢长度、重量和发芽密度均有一定差异（表 2-27，图 2-9）。B 类和 E 类茶树的芽叶肥大而长，其中，E 类茶树平均单个一芽二叶重可超过 1.0 g，长度可超过 10 cm，但发芽密度较稀。芽叶黄绿色或淡绿色，少茸毛，与 '巴渝特早'（CK）相比存在明显差异。

表 2-27 野生'崇州枇杷茶'树芽叶性状特征

测量指标	CK	A	B	C	D	E	F
一芽二叶长 /cm	3.94	5.00	7.82	6.93	5.76	11.15	6.27
一芽二叶重 /（单个，g）	0.17	0.33	0.58	0.41	0.42	1.05	0.31
一芽三叶长 /cm	5.57	5.81	9.82	8.19	7.26	12.16	7.70
一芽三叶重 /（单个，g）	0.27	0.53	0.99	0.67	0.72	1.39	0.46
芽叶色泽	绿色	淡绿色	黄绿色	淡绿色	黄绿色	淡绿色	黄绿色
芽叶茸毛	多	少	少	少	少	少	少
发芽密度 /（个 / 尺²）	128.01	75.33	55.11	36.12	43.33	62.66	67.66

注：本表引自王春梅（2012）。

图 2-9 '崇州枇杷茶'新梢与叶片

3. 叶片性状

野生'崇州枇杷茶'叶形有长椭圆形、近圆形、披针形、圆形（表 2-28、图 2-9）。叶长为 12.08 ～ 21.57 cm，叶宽为 4.52 ～ 8.61 cm，叶面积为 40.93 ～ 130.40 cm²，大部分属大叶或特大叶。叶色绿色或深绿色，叶脉对数 7.66 ～ 9.50 对，锯齿对数 22.4 ～ 28.51 对，叶尖多渐尖，少量急尖。叶面多数微隆起，少量平。叶身平稍内折，叶质中、硬、柔软均有。叶齿锐度 70.2% 为中或钝，叶齿密度多为中偏稀，叶齿深度中或浅，叶基 80.11% 为楔形。与 CK 相比，枇杷茶野生大茶树具有叶大、叶脉对数、锯齿对数均偏少的特征。

表 2-28 野生'崇州枇杷茶'成熟叶片性状特征

测量指标	CK	A	B	C	D	E	F
叶长 /cm	7.83	12.36	16.16	17.91	12.20	21.57	12.08
叶宽 /cm	3.73	5.78	7.49	4.52	5.39	8.61	4.78
叶面积 /cm²	20.49	51.88	86.28	57.02	46.64	130.40	40.93

测量指标	CK	A	B	C	D	E	F
叶片大小	中叶	大叶，中叶	特大叶	大叶，特大叶	大叶	特大叶	大叶，中叶
叶形指数	0.81	2.11	2.16	3.94	2.28	2.51	2.54
叶形	椭圆	椭圆、近圆	椭圆	披针	椭圆、长椭圆	椭圆、长椭圆	椭圆、长椭圆
叶色	深绿	绿	深绿，绿	深绿	浅绿、绿	绿	绿
叶面	微隆起	微隆起	微隆	平，微隆起	平，微隆起	平	平，微隆起
叶身	稍平	稍内折	内折	内折稍平	内折	稍内折	内折
叶质	较硬	中	硬	中较硬	中	柔软	中较硬
叶齿锐度	中较锐	中，钝	中或钝	锐偏中	中偏锐	中	中
叶齿密度	略密	中偏稀	中，稀	稀	中较稀	稀	中
叶齿深度	中	中较浅	中偏浅	中或浅	浅	中	中
叶基	楔形	楔形，近圆形	楔形	楔形	楔形，近圆形	楔形	楔形
叶尖	渐尖	钝尖，渐尖	渐尖	急尖	急尖	渐尖	渐尖
叶缘	微波较平	微波	微波，波	微波略平	微波稍平	微波	微波，波

注：本表引自王春梅（2012）。

4.茶花、果实和种子的形态特征

'崇州枇杷茶'的初花期为9月中下旬，盛花期9月底至10月中旬，终花期在10月20日左右。如表2-29所示，其花萼数为5～6枚，绿色，无茸毛；花瓣多白色，花瓣数7.00～8.53枚，花冠直径3.71～4.80 cm，多为大花、中花型；花柱长度1.18～1.80 cm，除少量雌蕊低于雄蕊外，大部分雌蕊均高于雄蕊；子房有茸毛、无茸毛均有，花柱2～5裂，浅裂，以3（4）裂为主。具有花冠和花药大而无味、花瓣数多、子房茸毛有或无、花柱分裂数多样等野生大茶树性状。其实形状多为三角形和球形，种径大小0.93～1.26 cm，个体间差异较大，百粒重73.46～136.56 g。

表2-29　不同类型野生'崇州枇杷茶'茶花性状特征

测量指标	CK	A	B	C	D	E	F
花萼数/枚	5	5～6	5～6	5	6	6	5
花萼色泽	绿色	绿色	绿色	绿色	绿色	绿色	绿色
花萼茸毛	无	无	无	无	无	无	无
花冠直/cm	2.76	4.35	4.80	4.13	3.71	3.96	4.04
花瓣色泽	白色	白色	白色	白色	白色	白色	白色
花瓣质地	薄	薄	薄	薄	薄	薄	薄
花瓣数/枚	5.33	8.53	8.06	7.00	7.86	7.66	7.46

测量指标	CK	A	B	C	D	E	F
花柱长度 /cm	1.12	1.51	1.80	1.62	1.31	1.49	1.18
柱头开裂数 / 个	3	4	3～5	2～3	3～4	3	3
花柱裂位	浅裂	浅裂	浅裂	浅裂	浅裂	浅裂	浅裂
雌蕊高度 /cm	1.36	1.7	2.03	1.90	1.52	1.4	1.4
雄蕊高度 /cm	1.23	1.46	1.9	1.80	1.51	1.48	1.48
花药	小、芳香味	大、无味	较大无味	大、无味	大、无味	大、无味	较大无味
子房茸毛	有	无	无	有	有	无	有

注：本表引自王春梅（2012）。

二、'崇州枇杷茶'主要品质成分

1. '崇州枇杷茶'主要生化成分分析

生化成分测试结果如表 2-30 所示，与'巴渝特早'（CK）相比，'崇州枇杷茶'的水浸出物含量、咖啡碱、茶多酚含量偏高，内含物质基础更为丰富，可以作为选育高儿茶素、高咖啡碱等特异成分的育种材料。F 类型春梢氨基酸含量为 5.69%，酚氨比值为 4.67，具备制高鲜绿茶的物质基础；夏秋季多酚类物质和儿茶素含量明显上升，夏秋茶酚氨比值增加到 7.98～10.99，远高于对照品种的 5.52～7.03，具备制红茶的物质基础。综上，'崇州枇杷茶'春茶适制绿茶，夏秋茶适制红茶。

表 2-30　'崇州枇杷茶' 2010 年春、夏、秋茶主要生化成分含量（单位：%）

类型	季节	茶多酚	游离氨基酸	咖啡碱	水浸出物	水分	儿茶素总量 /（mg/g）	酚 / 氨
CK	春	21.63	3.95	3.47	36.19	3.21	113.21	5.46
	夏	24.02	3.41	3.36	38.27	4.49	153.05	7.03
	秋	21.57	3.96	4.02	32.79	4.26	130.59	5.52
A	春	30.61	3.22	4.72	40.58	5.86	154.61	9.48
	夏	37.16	2.58	4.62	43.70	6.86	194.00	14.38
	秋	31.86	2.20	4.06	36.09	5.03	150.29	14.49
B	春	24.23	3.08	4.79	42.88	4.72	133.31	7.86
	夏	35.53	2.46	4.14	45.57	5.83	196.99	14.43
	秋	31.77	2.18	4.18	36.56	4.17	154.55	14.59

类型	季节	茶多酚	游离氨基酸	咖啡碱	水浸出物	水分	儿茶素总量 /（mg/g）	酚/氨
C	春	27.65	3.38	4.53	41.39	5.20	118.57	8.17
	夏	34.94	2.77	4.01	44.20	5.46	207.88	12.59
	秋	29.14	2.29	4.04	34.89	4.85	169.48	12.80
D	春	25.34	3.75	4.07	39.37	5.25	143.29	6.77
	夏	35.75	3.10	4.02	41.87	6.81	193.93	11.52
	秋	32.92	2.36	4.13	33.31	2.97	136.19	13.94
E	春	25.96	2.76	4.75	44.11	4.27	154.04	9.39
	夏	34.21	2.01	4.80	47.28	5.61	236.47	17.02
	秋	34.74	1.74	4.28	43.65	4.75	177.86	19.99
F	春	26.21	5.69	4.80	39.89	4.63	105.85	4.67
	夏	34.84	3.17	4.46	43.65	6.37	151.91	10.99
	秋	21.83	2.74	4.14	34.56	3.18	142.24	7.98

注：本表引自王春梅（2012）。

2. 新梢氨基酸组分分析

测定了 6 个'崇州枇杷茶'类群氨基酸组分含量，其游离氨基酸总量在 18.51 ～ 31.57 mg/g，其中茶氨酸含量在 4.80 ～ 11.34 mg/g（表 2–31）。和'巴渝特早'（CK）相比，'崇州枇杷茶'氨基酸总量稍低，且茶氨酸占氨基酸总量的比例也较低；然而在多数类群中，γ– 氨基丁酸的含量却显著高于对照。

表 2–31 '崇州枇杷茶' 18 种主要氨基酸组分含量

组分	CK	A	B	C	D	E	F
谷氨酸	3.99	3.73	2.60	5.05	3.23	2.28	4.05
天冬酰胺	0.38	0.42	0.28	0.30	0.29	0.15	0.52
丝氨酸	0.54	0.64	0.47	0.46	0.47	0.52	0.54
谷氨酰胺	4.92	3.69	3.79	4.11	13.77	3.22	7.50
组氨酸	0.34	0.11	0.10	0.23	0.10	0.11	0.22
甘氨酸	0.047	0.035	0.034	0.044	0.032	0.032	0.029
苏氨酸	0.36	0.42	0.24	0.30	0.37	0.28	0.26
精氨酸	0.60	1.45	0.91	1.41	1.18	0.18	2.26
丙氨酸	0.36	0.34	0.27	0.29	0.42	0.27	0.35
茶氨酸	14.80	4.80	6.57	10.13	7.99	7.55	11.34
酪氨酸	0.33	0.28	0.06	0.18	0.12	0.04	0.22

组分	CK	A	B	C	D	E	F
γ－氨基丁酸	0.15	0.24	0.25	0.37	0.35	0.16	0.30
缬氨酸	0.27	0.23	0.10	0.11	0.07	0.03	0.23
色氨酸	0.44	0.29	0.10	0.20	0.11	0.22	0.19
苯丙氨酸	0.07	0.31	0.29	0.23	0.27	0.14	0.34
异亮氨酸	0.19	0.23	0.07	0.09	0.05	0.01	0.19
亮氨酸	0.34	0.35	0.17	0.19	0.11	0.04	0.37
赖氨酸	0.49	0.39	0.26	0.27	0.22	0.20	0.39
总量	31.37	19.50	18.51	26.01	30.97	16.92	31.57

注：本表引自王春梅（2012）。

3. 新梢儿茶素组分分析

'崇州枇杷茶'样品中的儿茶素总量在 79.25 ～ 110.68 mg/g，平均值与对照相当（表 2-32）。其中 EGCG 含量最为丰富，为 32.93 ～ 56.63 mg/g，其次是 EGC，这和大多数常用栽培茶树品种一致。

表 2-32 '崇州枇杷茶'儿茶素组分含量（单位：mg/g）

组分	CK	A	B	C	D	E	F
EGC	11.00	19.36	22.63	31.23	14.73	18.63	12.7
C	1.30	1.46	1.46	1.96	1.36	1.26	1.36
EC	4.16	4.66	5.76	10.30	5.20	4.66	5.03
EGCG	45.06	48.96	56.63	32.93	40.73	53.43	41.33
GCG	3.33	1.23	13.70	16.56	1.66	2.66	3.13
ECG	24.33	20.76	10.50	14.36	13.40	22.93	15.70
总量	89.18	96.43	110.68	107.34	77.08	103.51	79.25
儿茶素品质指数	630.82	360.12	296.64	151.42	367.48	409.88	449.06

注：本表引自王春梅（2012）。

三、'崇州枇杷茶'核型分析

对 6 种不同类型'崇州枇杷茶'野生大茶树进行核型分析，核型公式均为 $2n=2x=30=22m+8sm$（表 2-33）。平均臂长为 1.44 ～ 1.53，其大小顺序为 CK>E 类 >B 类 >C 类 >D 类 >A 类 >F 类；核型不对称系数（As.K%）为 58.28% ～ 59.66%; 最长染色体与最短染色体的比值为 1.46 ～ 1.91，值越小表明染色体整齐性越高。'崇州枇杷茶'染色体臂形态较粗、略短，衡量对称性各指标数据均低于对照，处于更高一级别的与具 2B 核型的 '名山白毫131' 和'龙井43号'相比，枇杷茶树核对称性 2A 型。

表2-33　不同类型崇州野生枇杷茶树核型分析

茶树类型	核型公式	平均臂长	As.K／%	最长染色体／最短染色体	臂比大于2∶1的染色体比例	核型类型
名山白毫131	2n=2x=30=22m+8sm+2st	1.88	63.95	1.99	33%	2B
A	2n=2x=30=22m+8sm	1.46	58.91	1.91	7%	2A
B	2n=2x=30=22m+8sm	1.51	59.89	1.90	7%	2A
C	2n=2x=30=22m+8sm	1.50	59.40	1.70	13%	2A
D	2n=2x=30=22m+8sm	1.49	59.66	1.59	7%	2A
E	2n=2x=30=22m+8sm	1.53	59.90	1.54	7%	2A
F	2n=2x=30=22m+8sm	1.44	58.28	1.46	7%	2A

注：As.K%，核型不对称系数，简称T.C值。本表引自王春梅等（2012）。

第五节　'荥经枇杷茶'

荥经县高山森林中散落着大小不一的野生大茶树，因叶片较大而被称'荥经枇杷茶'，主要分布于29°N、102°E、海拔1 000～1 200 m的自然群落中，现存部分大茶树生长于农户房前屋后及周边树林中。本团队从中筛选出分布较为集中，且外部形态特征较具有代表性的野生大茶树来作为研究对象，并根据主要形态特征，将其分为5种不同类型，分别编号为A类、B类、C类、D类和E类，以当地处于同一生境的'四川中小叶'群体种茶树作为对照（CK），进行比较研究。

一、'荥经枇杷茶'植物学特征和生物学特性

1. 树型、树姿

'荥经枇杷茶'以乔木型为主，小乔木和灌木型也占有一定比例。树姿多呈高大直立，或半开张，树高39.33～186.67 cm，主干围径42.00～55.66 cm，叶片着生状态稍下垂居多，分枝密度以居中为主（表2-34、图2-10）。与同一环境中生长的'四川中小叶'群体种茶树（CK）有着明显的区别。

表2-34　不同类型'荥经枇杷茶'野生大茶树树型、树姿比较

类型	树型	树姿	树高／cm	主干围径／cm	叶片着生状态	分枝密度
CK	乔木	半开张	76.50	48.50	水平稍下垂	较密
A	乔木	直立	96.00	55.66	稍下垂	中
B	乔木	直立	186.67	49.12	水平稍下垂	中

续表

类型	树型	树姿	树高 /cm	主干围径 /cm	叶片着生状态	分枝密度
C	乔木	半开张	122.50	43.00	水平稍上斜	中
D	灌木	半开张	39.33	42.00	稍下垂	中
E	小乔木	半开张	55.67	45.33	水平	中

注：本表引自唐建敏（2012）。

图 2-10 '荥经枇杷茶'野生大茶树

2. 芽叶性状

'荥经枇杷茶'野生大茶树芽叶色泽以绿色和黄绿色居多，茸毛居少，发芽密度比较稀，芽叶较肥大，长而重（表 2-35）。春梢一芽二叶的长度 4.05～7.96 cm，春梢一芽二叶的重 0.31～0.49 g/ 个。成熟新梢展叶数 4.57～7.08 片，当年生成熟新梢长度 26.94～36.91 cm，其生长量绝大部分大于对照茶树，生长势旺盛（图 2-11）。

表 2-35 '荥经枇杷茶'野生大茶树春梢芽叶性状

性状	芽叶色泽	芽叶茸毛	一芽二叶长 cm	一芽二叶重 g	一芽三叶长 cm	一芽三叶重 g	成熟新梢长度 / cm
CK	绿色	少	3.92	0.33	5.40	0.44	27.16
A	绿色	少	5.16	0.49	6.60	0.51	36.91

性状	芽叶色泽	芽叶茸毛	一芽二叶长/cm	一芽二叶重/g	一芽三叶长/cm	一芽三叶重/g	成熟新梢长度/cm
B	浅绿色	少	5.98	0.31	6.45	0.55	26.99
C	黄绿色	多	6.58	0.48	8.06	0.64	28.18
D	绿色	少	7.96	0.43	7.12	0.91	26.94
E	黄绿色	多	4.05	0.41	5.52	0.58	30.84

注：本表引自唐建敏（2012）。

图2-11 '荥经枇杷茶'新梢

3. 叶片形态特征

'荥经枇杷茶'野生大茶树的叶片叶形以椭圆形为主，叶色多数为绿色，叶长在12.59～15.79 cm，叶宽在5.07～6.58 cm，叶面积为46.26～69.96 cm²，大部分为大叶或特大叶（表2-36）。叶面多数呈微隆起，也有隆起或平滑的；叶缘多数呈微波，少数出现较平或是波；叶尖多数属于渐尖，少量急尖或钝尖；叶质少数是硬或是柔软的；叶基多为楔形。

表 2-36 '荥经枇杷茶'野生大茶树成熟叶片的形态特征

性状	不同类型茶					
	CK	A	B	C	D	E
叶长 /cm	10.95	15.79	14.75	14.63	12.59	12.77
叶宽 /cm	4.51	6.58	6.00	5.07	5.57	5.55
叶面积 /cm²	35.12	69.96	63.10	52.83	46.26	51.33
叶形指数	2.26	2.45	2.43	2.49	2.44	2.33
叶形大小	中叶	特大叶、大叶	特大叶、大叶	大叶	大叶	大叶
叶形	椭圆	椭圆	椭圆	椭圆	椭圆	椭圆
叶色	深绿、绿	绿、深绿	绿、浅绿	绿	绿、浅绿	绿
叶面	微隆，平	平，微隆	微隆，隆起	微隆	微隆，平	平，微隆
叶质	中	中	中偏硬	中偏柔	柔软	硬
叶基	楔形	楔形	楔形	楔形	楔形	楔形
叶尖	渐尖	渐尖	渐尖，急尖	渐尖	渐尖，急尖	渐尖，钝尖
叶缘	微波，波	微波	微波，较平	微波	微波，较平	微波，波

注：本表引自唐建敏（2012）。

4. 花、果实和种子的形态特征

表 2-37 为荥经枇杷野生大茶树花多形态特征的调查结果。和对照相比，'荥经枇杷茶'的茶花较大，花冠直径 4.61 ～ 4.81 cm，花萼数 4.50 ～ 5.03 枚，花萼数多数为 5 枚，无茸毛，以绿色为主；花瓣颜色多数呈乳白色，质地较薄，花瓣数 7.37 ～ 8.92 枚，以 7 枚居多；花柱长度 1.37 ～ 1.68 cm，其柱头分裂数为 2 ～ 5 裂，均为浅裂；子房上多数有茸毛，雌蕊高于雄蕊（表 2-37）。其果实性状以三角形居多，种子形状以似肾形居多，球形次之，直径大小为 0.96 ～ 1.22 cm。

表 2-37 '荥经枇杷茶'野生大茶树不同类型茶花形态

性状	不同类型					
	CK	A	B	C	D	E
花萼数 / 枚	4.94	5.03	5.03	5.02	5.00	4.50
花冠直径 /cm	4.25	4.69	4.77	4.61	4.63	4.81
花瓣数 / 枚	7.58	7.37	7.72	7.66	8.92	7.47
花柱长度 /cm	1.54	1.65	1.68	1.55	1.37	1.55
柱头开裂数 / 裂	3	3 ～ 4	3	3 ～ 4	2 ～ 3	2 ～ 3
花萼色泽	绿色	绿色	绿色	绿色	绿色	绿色
花瓣色泽	白色	白色	白色	白色	白色	白色
花柱裂位	浅裂	浅裂	浅裂	浅裂	浅裂	浅裂

性状	不同类型					
	CK	A	B	C	D	E
花萼茸毛	无	无	无	无	无	无
花瓣质地	薄	薄	薄	薄	薄	薄
子房茸毛	有	无	有	有	无	有
雌雄蕊相对高度	高	高	高	高	高	高

注：本表引自唐建敏（2012）。

二、主要生化成分含量

1. 常规主要生化成分含量

以当地同一生境的'四川中小叶'群体种为对照，采制 5 个类型的'荥经枇杷茶'一芽二叶生化样品检测生化成分。结果表明（表 2-38），'荥经枇杷茶'水浸出物含量 34.02%～47.02%，氨基酸含量 2.18%～4.45%，茶多酚含量 28.41%～38.75%，咖啡碱含量 3.12%～4.48%，儿茶素含量 119.24%～158.28%。与对照相比，水浸出物含量、咖啡碱、儿茶素、氨基酸等常规生化成分含量相差不大，酚氨比值为 6.52～15.51，高于川种的 7.26～13.23，表明内含化学物质成分较丰富，且具备制优质红茶的物质基础。

表 2-38　不同类型'荥经枇杷茶'新梢主要生化成分含量（单位：%）

季节	类型	水浸出物	游离氨基酸	茶多酚	儿茶素 /（mg/g）	咖啡碱	酚氨比
春季	CK	36.95	3.60	27.58	125.20	3.11	7.66
	A	40.08	4.45	29.01	119.24	3.23	6.52
	B	40.40	3.91	27.50	128.40	3.12	7.03
	C	40.27	3.58	33.73	132.59	3.21	9.42
	D	39.41	3.62	31.99	126.36	3.23	8.34
	E	36.40	3.04	33.04	143.77	3.30	10.87
夏季	CK	36.26	3.52	35.10	131.64	4.35	9.97
	A	39.75	3.88	37.92	158.28	4.48	9.77
	B	41.45	3.71	36.08	153.96	4.36	9.73
	C	37.94	3.45	38.75	149.49	3.14	11.23
	D	44.69	3.55	33.75	152.59	4.18	9.51
	E	35.30	3.01	38.39	152.59	4.44	12.75

续表

季节	类型	水浸出物	游离氨基酸	茶多酚	儿茶素 /（mg/g）	咖啡碱	酚氨比
秋季	CK	34.94	2.24	29.64	129.60	4.18	13.23
	A	46.53	2.18	33.38	122.11	3.18	15.31
	B	50.19	2.66	28.41	140.16	3.76	10.68
	C	47.02	2.88	36.54	144.48	3.74	12.69
	D	34.02	2.25	34.89	134.93	4.17	15.51
	E	35.74	2.45	35.18	134.63	4.45	14.36

注：本表引自唐建敏（2012）。

2. 新梢氨基酸组分

表 2-39 反映了不同类型枇杷茶茶树春梢芽叶中氨基酸的组成、含量及总量。从表中可以看出，20 种氨基酸含量为 10.26 ～ 15.80 mg/g，各类型茶树茶氨酸含量均高于对照，其中 A 类茶树的茶氨酸含量尤为突出，是对照的 273.3%，且茶氨酸所占比例最高为 46.52%。

表 2-39　不同类型'荥经枇杷茶'野生大茶树春梢氨基酸组分比较（单位：mg/g）

组分	CK	A	B	C	D	E
天门冬氨酸	1.14	1.07	0.96	1.13	1.13	1.06
谷氨酸	2.15	1.94	1.82	2.38	1.60	2.49
天冬酰胺	0.12	0.09	0.11	0.14	0.11	0.14
丝氨酸	0.51	0.32	0.29	0.33	0.42	0.45
谷氨酰胺	3.13	3.07	2.65	2.82	2.06	2.84
组氨酸	0.06	0.08	0.05	0.04	0.04	0.03
甘氨酸	0.03	0.02	0.02	0.02	0.03	0.02
苏氨酸	0.23	0.15	0.10	0.05	0.06	0.04
精氨酸	0.96	0.52	0.69	0.73	0.81	0.75
丙氨酸	0.26	0.29	0.20	0.24	0.28	0.32
茶氨酸	2.69	7.35	4.60	5.87	2.97	3.79
酪氨酸	0.01	0.06	0.04	0.03	0.02	0.03
γ- 氨基丁酸	0.12	0.23	0.12	0.08	0.20	0.16
甲硫氨酸	0.06	0.04	0.03	0.06	0.06	0.04
缬氨酸	0.05	0.05	0.07	0.04	0.03	0.05

组分	CK	A	B	C	D	E
色氨酸	0.05	0.08	0.06	0.05	0.03	0.02
苯丙氨酸	0.12	0.09	0.17	0.14	0.09	0.06
异亮氨酸	0.04	0.03	0.06	0.03	0.01	0.05
亮氨酸	0.11	0.09	0.13	0.10	0.08	0.12
赖氨酸	0.20	0.23	0.31	0.17	0.23	0.21
总量	12.40	15.80	12.48	14.46	10.26	12.67

注：本表引自唐建敏（2012）。

3. 新梢儿茶素组分

不同类型枇杷茶春梢鲜叶中儿茶素组分含量如表2-40所示，儿茶素总量在8.65～11.4 mg/g，只有 A 类低于对照，其余均高于对照，高 5.17%～31.03%。

表 2-40　不同类型'荥经枇杷茶'野生大茶树春梢中儿茶素组分比较

组分	CK	A	B	C	D	E
总量	8.70	8.65	9.33	10.24	9.15	11.4
EGC	1.07	0.98	0.85	1.94	0.77	2.06
C	0.13	0.19	0.09	0.21	0.23	0.16
EC	0.45	0.56	0.45	0.50	0.55	0.55
EGCG	5.33	5.13	5.30	5.53	5.31	6.71
GCG	0.32	0.39	1.04	0.27	0.76	0.43
ECG	1.40	1.40	1.60	1.79	1.53	1.50

注：本表引自唐建敏（2012）。

三、核型分析

对 A～E 类荥经枇杷野生大茶树及 CK 的染色体核型的主要特征进行研究，结果如表2-41所示，各类茶树均有 15 对染色体，核型公式为 $2n=30=20m+10sm$ 或 $2n=2x=30=22m+8sm$。A～E 类及 CK 类茶树染色体相对长度范围分别为 5.70～8.61 μm、5.34～8.54 μm、5.29～8.21 μm、5.30～8.89 μm、5.29～8.93 μm、5.33～8.17 μm，均属于中小型染色体。依照 Arano 的方法计算核型不对称系数（As.K.%）可知，6 类茶树平均臂比分别为 1.59、1.56、1.49、1.65、1.61、1.52，不对称系数分别为 59.38%、58.10%、56.12%、63.06%、60.08%、57.13%。最长与最短染色体比值分别为 1.66、1.64、1.59、1.71、1.69、1.61，臂

比值大于 2 : 1 的染色体占全部染色体的 0.20%。根据 Stebbins 的核型分类标准，6 类茶树均为 2A 型，属对称核型。

表 2-41 不同类型'荥经枇杷茶'核型的主要特征

茶树类型	核型公式	平均臂长	As.K/%	最长染色体 / 最短染色体	相对长度范围 / μm	核型类型
CK	$2n=2x=30=20m+10sm$	1.59	59.38	1.66	5.70 ～ 8.61	2A
A	$2n=2x=30=20m+10sm$	1.56	58.10	1.64	5.34 ～ 8.54	2A
B	$2n=2x=30=20m+10sm$	1.49	56.12	1.59	5.29 ～ 8.21	2A
C	$2n=2x=30=22m+8sm$	1.65	63.06	1.71	5.30 ～ 8.89	2A
D	$2n=2x=30=22m+10sm$	1.61	60.08	1.69	5.29 ～ 8.93	2A
E	$2n=2x=30=22m+10sm$	1.52	57.13	1.61	5.33 ～ 8.17	2A

注：本表引自唐建敏（2012）。

第六节 雷波野生茶树

雷波县位于四川省西南边缘地区，地处金沙江下游北岸，属亚热带山地立体气候，最低海拔 380 m，最高海拔 4 076 m，气温垂直变化明显，生物类型十分丰富，被誉为"南北动植物基因库"。雷波县茶树栽培历史悠久，拥有较为丰富的野生或古茶树群体资源。根据本团队考察及当地茶农、茶企介绍，雷波境内野生大茶树主要分布在 28°29′32″N ～ 28°30′49″N，103°28′07″E ～ 103°29′52″E，海拔 1 003 ～ 1 291 m 的自然群落中。该群落有超过 2 000 亩的野生茶树集中分布区，生长着众多的野生茶树，其中部分茶树高近 10 m，树干直径在 10 cm 以上的有数百株，以大叶种、小乔木型为主，小叶种、灌木型也有少量分布，资源类型和遗传多样性十分丰富。本小结以上述群体中选取的 50 份野生茶树单株为研究对象，观测其形态特征，测定了其主要品质成分，并进行了 SSR 亲缘关系鉴定，以进一步发掘育种材料、推动其保护和利用工作。

一、雷波野生大茶树的植物学特征特性

1. 树型、树姿

所观测的 50 份雷波野生大茶树树型以乔木型为主，兼有小乔木型和灌木型，树高 3.1 ～ 7.8 m，主干直径 9 ～ 24 cm（图 2-12）。在长时间的自然选择过程中，已经表现出对此地区环境适应的遗传特性，生长势较强，受病虫害侵扰较轻，分枝中等或较密。

图 2-12　雷波野生大茶树

2. 叶片性状

据观测雷波野生大茶树叶长 9.6 ～ 13.2 cm，叶宽 3.2 ～ 6.3 cm，叶型以中等椭圆形为主，兼有阔椭圆形、窄椭圆形（图 2-13）。芽叶茸毛中偏稀，叶片颜色以中等绿色及深绿色为主，未发现浅绿叶色。叶尖以渐尖为主，少部分为急尖。

3. 茶花的性状特征

从茶花器官特征来看（图 2-13），花瓣颜色均为白色，花萼以无茸毛居多，少数为有茸毛，花较大，花冠直径 4.5 ～ 6.8 cm，在四川野生茶树群体中为最大。花柱 3 ～ 4 裂，以 3 裂为主，花柱分裂位置高。综合来看，在观测的 50 份茶树资源中有 41 份野生茶树（占观测材料的 82%）子房有茸毛，花柱 3 裂，叶大，叶面隆起性强，叶质较柔软。另有 9 份野生茶树材料（18%）子房无茸毛，花柱 3（4）裂，叶片革质。

图 2-13　雷波野生大茶树的花和叶

二、雷波野生茶树主要品质成分

1. 新梢主要生化成分分析

对 50 份雷波野生茶树资源新梢主要生化成分进行测定，结果见表 2-42。其游离氨基酸含量为 1.64% ～ 4.29%，平均 2.58%；咖啡碱含量为 3.75% ～ 5.30%，平均 4.62%；茶多酚含量为 13.97% ～ 20.82%，平均 16.99%；儿茶素含量为 87.61 ～ 161.20 mg/g，平均 120.59 mg/g；水浸出物含量为 35.10% ～ 48.60%，平均 41.39%；酚氨比为 3.41 ～ 12.67，平均为 7.00。有 38 份资源的酚氨比小于 8,12 份资源的酚氨比在 8 ～ 15。其咖啡碱含量 ≥ 5.0% 的特异资源有 9 份，具有较大选育出高咖啡碱资源的潜力。

2. 新梢儿茶素组分分析

测定了 50 份雷波野生茶树资源春季新梢儿茶素的组分及含量。其儿茶素总量在 94.25 ～ 235.62 mg/g，平均值 177.36 mg/g，其中 EGCG 含量最为丰富，为 47.31 ～ 136.33 mg/g，和大多数常见茶树资源不同的是组分 GC 的含量高于 EGC 的含量。

表2-42 50份雷波野生茶树资源的生化成分含量（单位：%）

编号	游离/氨基酸	咖啡碱	茶多酚	儿茶素	水浸出物	酚氨比	编号	氨基酸	咖啡碱	茶多酚	儿茶素	水浸出物	酚氨比
LB101	2.19	4.47	18.55	11.49	43.03	8.46	LB302	2.92	3.80	18.13	12.45	44.53	6.22
LB102	1.91	5.01	18.74	12.89	41.73	9.77	LB303	2.79	4.42	16.68	11.03	37.01	5.97
LB103	2.20	4.27	17.95	12.94	43.06	8.13	LB304	1.89	5.24	18.20	14.31	41.37	9.63
LB104	2.56	4.57	18.66	14.40	45.85	7.30	LB305	2.21	5.15	17.52	14.12	44.02	7.93
LB105	1.83	4.46	18.67	14.93	43.22	10.18	LB306	2.42	4.80	19.11	12.74	43.10	7.91
LB106	1.96	4.28	15.80	11.15	40.63	8.08	LB307	2.62	4.95	15.67	12.76	41.33	5.99
LB107	1.74	3.75	16.29	10.82	35.87	9.34	LB308	2.74	4.87	15.47	11.77	41.77	5.65
LB108	1.90	5.16	19.71	15.06	46.26	10.39	LB309	2.46	5.30	16.63	11.17	38.56	6.76
LB109	3.05	4.73	15.65	13.19	42.92	5.13	LB310	2.50	4.85	18.61	13.42	44.19	7.44
LB110	2.46	5.15	15.50	10.36	35.87	6.30	LB311	2.35	4.05	16.43	12.28	41.37	6.98
LB111	1.71	4.52	19.38	15.80	44.19	11.35	LB312	2.55	4.72	14.14	9.26	39.33	5.53
LB113	2.29	4.92	18.87	13.80	44.29	8.25	LB313	4.09	4.41	13.97	10.59	39.54	3.41
LB114	1.64	4.37	20.82	16.12	48.60	12.67	LB401	2.44	4.57	17.92	11.53	46.19	7.35
LB115	4.29	4.55	14.83	10.61	43.43	3.46	LB402	3.44	4.21	15.01	12.13	39.64	4.37
LB116	2.76	4.05	17.63	11.58	43.25	6.39	LB403	2.62	4.80	17.95	12.54	43.67	6.84
LB201	2.29	5.25	15.48	10.88	38.60	6.76	LB404	3.02	4.49	16.76	12.24	43.19	5.54
LB202	2.21	4.28	17.59	11.96	39.99	7.95	LB405	3.27	4.39	18.49	12.90	46.26	5.66
LB203	3.51	4.85	17.35	8.92	41.67	4.94	LB406	1.82	4.43	19.15	13.12	38.95	10.52
LB204	2.50	4.88	16.64	10.24	35.10	6.65	LB407	2.81	4.06	14.39	10.00	36.37	5.13
LB205	3.47	4.72	16.89	11.53	42.24	4.87	LB408	2.86	3.83	14.47	10.51	37.46	5.06

续表

编号	游离/氨基酸	咖啡碱	茶多酚	儿茶素	水浸出物	酚氨比
LB206	2.20	4.77	15.23	12.36	37.60	6.91
LB207	2.62	4.33	16.98	8.76	38.39	6.49
LB208	4.18	5.03	14.37	10.21	38.26	3.44
LB209	3.11	4.68	15.59	11.07	38.81	5.01
LB210	2.22	4.24	16.96	11.77	39.18	7.65
LB211	2.21	5.21	16.48	13.38	43.73	7.47
LB301	2.63	4.86	17.58	13.25	42.01	6.69

编号	氨基酸	咖啡碱	茶多酚	儿茶素	水浸出物	酚氨比
LB409	2.43	4.67	16.67	9.64	41.60	6.87
LB410	2.50	4.96	16.98	10.54	44.07	6.80
LB411	2.69	4.89	17.02	12.48	38.27	6.33
最小值	1.64	3.75	13.97	8.76	35.10	3.41
最大值	4.29	5.30	20.82	16.12	48.60	12.67
平均值	2.58	4.62	16.99	12.06	41.39	7.00
变异系数	23.7%	8.5%	9.5%	14.1%	7.5%	28.6%

注：本表引自周斌（2020）。

三、基于SSR标记的遗传多样性及亲缘关系分析

1.雷波野生茶树群体遗传多样性分析

本团队利用15对多态性高、特异性强的SSR引物，对50份雷波野生茶树资源进行毛细管电泳及遗传多样性分析，结果见表2–43。15对引物共检测到76个等位基因和148种基因型，平均每对引物检测到等位基因（A）5.066 7个；每对引物检测到的基因型有2～20种，平均9.886 7种。该群体的杂合度（He）为0.10～0.84，平均0.446 7；基因多样性（H）和扩增位点的多态性信息含量（PIC）分别为0.095 0～0.822 4和0.090 5～0.797 3，平均0.605 9和0.556 1。与四川其他地区的野生茶树群体相比，雷波野生茶树群体拥有更高的基因多样性。

表2–43　15对引物对雷波50份野生茶树资源DNA的扩增结果

位点	等位基因数（A）	基因型	基因多样性（H）	杂合度（He）	多态性信息含量（PIC）
CsFM1051	7	12	0.735 6	0.460 0	0.695 8
CsFM1058	8	20	0.820 4	0.840 0	0.796 8
CsFM1384	4	5	0.504 6	0.140 0	0.412 6
CsFM1550	4	8	0.632 8	0.600 0	0.561 2
CsFM1158	3	5	0.452 6	0.280 0	0.373 8
CsFM1504	6	11	0.672 2	0.220 0	0.614 0
CsFM1509	8	13	0.720 6	0.720 0	0.676 5
CsFM1599	6	13	0.726 6	0.660 0	0.687 4
CsFM1604	3	6	0.469 8	0.320 0	0.417 4
CsFM1609	4	8	0.622 6	0.560 0	0.558 4
TM200	3	4	0.422 4	0.200 0	0.360 8
TM056	6	13	0.747 2	0.360 0	0.708 0
TM162	2	2	0.095 0	0.100 0	0.090 5
CsFM1349	5	9	0.644 2	0.460 0	0.590 5
TM618	7	19	0.822 4	0.780 0	0.797 3
总数	76	148	—	—	—
平均	5.066 7	9.866 7	0.605 9	0.446 7	0.556 1

注：本表引自周斌（2020）。

2.雷波野生茶树群体亲缘关系分析

为了分析雷波野生茶树群体与其他野生茶树群体间的亲缘关系，除了50份雷波野生茶树资源，我们还从四川崇州（CZ）、大邑（DY）、古蔺（GL）、荥经（YJ）及云南凤庆（FQ）5个野生茶树群体中分别选取7～11份材料，以及'福鼎大白茶'等12个栽

培无性系品种为比较对象。基于 Nei's 遗传距离，用 UPGMA 法进行个体间的聚类分析，结果如图 2-14 所示。大部分来自雷波的材料聚在了一起，但也有少量单株分散在四川其他野生茶树群体中，如 LB206、LB412、LB316 与荥经野生茶树混在了一起，而 LB208、LB314、LB209 与'崇州枇杷茶'聚在了一起。栽培种茶树与野生茶树差异较为明显，除了紫嫣与 LB317 材料，紫娟与凤庆材料具有较近外，其余的各自聚为两个不同的类。凤庆（FQ）的野生茶树与其他茶树有较少的交叉，除了 FQ10 其余的材料单独聚为一类。

基于群体之间的遗传距离利用 UPGMA 法进行聚类分析，构建聚类图如图 2-15 所示，栽培种茶树聚为一类，云南凤庆县的野生茶树聚为一类，四川境内 5 个地区（崇州、古蔺、荥经、大邑、雷波）的野生茶树被聚为一类，说明本研究分析的野生茶树样与栽培种茶树之间存在较大差异，四川境内的野生茶树和云南的野生茶树亲缘关系较远。

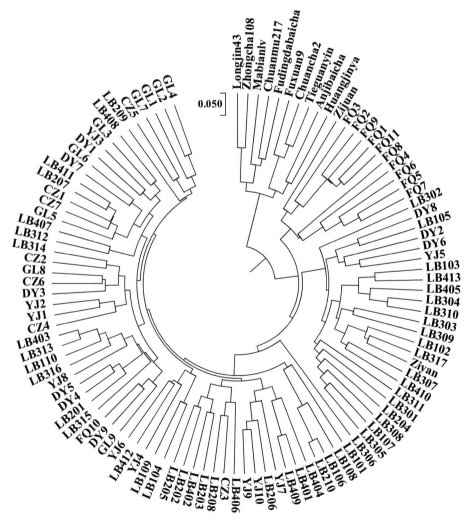

图 2-14　108 份茶树资源亲缘关系图

注：引自周斌（2020）。

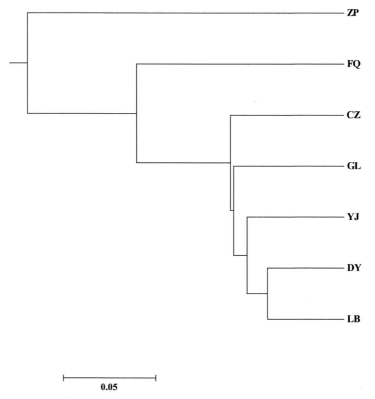

图 2-15　基于遗传距离的 7 个茶树群体 UPGMA 聚类图（周斌，2020）

注：FQ- 凤庆；GL- 古蔺；CZ- 崇州；DY- 大邑；YJ- 荥经；LB- 雷波；ZP- 栽培种

第七节　其他四川地方茶树种质资源

除了前述 6 种代表性的地方品种，全省各茶区分布的其他茶树资源，一般统称为'四川中小叶'群体种。为了深入研究这一大类茶树种质资源，从 2008 年起四川农业大学茶树育种团队开始在全省各个茶区，包括名山县、沐川县、荥经县、北川县、青川县等 10 余个区（县），收集选取其中有代表性的单株经扦插繁育，统一移栽到四川省名山茶树良种繁育场种质资源圃（图 1-5），共计 109 份。系统观测了这 109 份材料的形态特征，测定了茶多酚、儿茶素等生化成分，结果论述如下。

一、'四川中小叶'群体种的形态特征

对 109 份'四川中小叶'供试茶树资源材料的 24 个描述型性状按标准对其分级赋值，根据赋值结果统计不同描述型性状的分布及其出现的频率，并计算多样性指数（H），结果见表 2-44。24 个描述型性状中，树型、先端形状、边缘波折程度、边缘锯齿、基部性

状、花萼外部花青甙、雌雄蕊高度比、子房茸毛密度、柱头裂位等 19 个性状在其每个描述级别上均有分布，但分布并不均匀。而芽茸毛、花萼茸毛、花瓣色泽、子房茸毛、叶柄基部花青苷性状这 5 个性状基本上只分布到个别项上，极少部分分布于其他项上。茶树资源的描述型性状的多样性指数 H，反映了性状在不同级别之间的分布情况，供试材料的 24 个描述型性状的多样性指数分布在 0 ～ 1.17，平均为 0.67，其中一芽一叶始期、一芽二叶颜色、叶片形状、先端形状、柱头裂位这 5 个性状的多样性指数均高于 1，表现出丰富的遗传多样性。但芽茸毛、子房茸毛、叶柄基部花青苷的多样性指数都为 0，表明这些性状特征单一，且这三个性状是'四川中小叶'茶树群体种比较稳定的形态特征。

表 2-44 '四川中小叶'描述型性状分布及多样性

性状	分布	样本数	频率 /%	多样性指数（H）	性状	分布	样本数	频率 /%	多样性指数（H）
树姿	1	14	12.84		上表面	1	24	22.02	
	3	85	77.98	0.94	隆起	2	66	60.55	0.93
	5	10	9.17			3	19	17.43	
树型	1	96	88.07		先端形状	1	22	20.18	
	3	12	11.01	0.39		2	47	43.12	1.05
	5	1	0.92			3	40	36.70	
生长势	3	57	52.29		边缘波折	1	58	53.21	
	5	40	36.70	0.67	程度	2	48	44.04	0.79
	7	12	11.01			3	3	2.75	
分枝密度	3	14	12.84		边缘	1	8	7.34	
	5	37	33.94	0.96	锯齿	3	62	56.88	0.87
	7	58	53.21			5	39	35.78	
一芽一叶始期	3	43	39.45		基部	1	81	74.31	
	5	41	37.61	1.07	形状	2	27	24.77	0.60
	7	25	22.94			3	1	0.92	
一芽二叶颜色	2	22	20.18		花萼外部茸毛	1	108	99.08	0.5
	3	30	27.52	1.17		9	1	0.92	
	4	52	47.71		花萼花青苷	1	84	77.06	0.53
	5	5	4.59			9	25	22.94	
茸毛密度	3	24	22.02		花瓣	1	2	1.83	0.09
	5	68	62.39	0.92	色泽	2	107	98.17	
	7	17	15.60		子房	9	109	100.00	0.00
					茸毛				

续表

性状	分布	样本数	频率（%）	多样性指数（H）	性状	分布	样本数	频率（%）	多样性指数（H）
形状	1	27	24.77		雌雄蕊高度比	1	9	8.26	
	2	54	49.54	1.04		3	67	61.47	0.86
	3	28	25.69			5	33	30.28	
绿色程度	3	1	0.92		子房茸毛密度	5	22	20.18	
	5	32	29.36	0.66		7	87	79.82	0.50
	7	76	69.72			3	19	17.43	
横切面状态	1	57	52.29		柱头裂位	5	48	44.04	1.03
	2	35	32.11	0.99		7	42	38.53	
	3	17	15.60		叶柄基部花青苷	1	109	100.00	0.00
芽茸毛	9	109	100.00	0.00					

注：本表引自李晓松（2018）。

109 份供试材料数量性状的变异系数平均为 15.82%，一芽三叶长度、叶片长度、叶片宽度、花梗长度、花冠直径、花柱长度的平均变异系数分别为 11.84%、12.47%、13.84%、20.36%、15.25%、21.14%。从变异幅度来看，一芽三叶长度的变异范围为 7.90～14.2 cm，叶片长度为 6.89～13.62 cm，叶片宽度为 2.71～6.08 cm，花梗长度为 0.60～1.64 cm，花冠直径为 2.18～4.52 cm，花柱长度为 0.60～0.98 cm。供试材料数量性状多样性指数差异较大，介于 2.08～0.77，平均为 1.84，其中一芽三叶长多样性指数最大（2.08），花柱长度则最小（0.77），除花柱长度之外，其他数量性状的遗传多样性指数均大于 2，这些结果说明数值型性状也呈现出明显的遗传多样性（表 2-45）。

表 2-45 数值型性状统计分析结果及多样性指数（单位：cm）

性状	最小值	最大值	平均值	标准差	变异系数	多样性指数
一芽三叶长度	7.90	14.2	10.81	1.28	11.84	2.08
长度	6.89	13.62	10.71	1.34	12.47	2.05
宽度	2.71	6.08	4.48	0.62	13.84	2.05
花梗长度	0.60	1.64	1.07	0.22	20.36	2.04
花冠直径	2.18	4.52	3.20	0.49	15.25	2.04
花柱长度	0.60	0.98	1.07	0.83	21.14	0.77

注：本表引自李晓松（2018）。

二、'四川中小叶'群体种的茶多酚和儿茶素含量

109份'四川中小叶'供试材料的茶多酚含量范围在21.59%～30.56%，平均为25.15%，其中，有6份样品高于28%。进一步测定这20份材料夏茶儿茶素组分，结果见表2-46。其夏茶的儿茶素组分总量在21.83%～25.04%，平均为23.38%，且均高于对照品种'福鼎大白茶'（为17.65%）。其中含量较高的依次是前进04、蒙阳06、蒙顶山09、新店04、前进03（含量高于24%）。EGCG含量范围介于9.81%～16.24%，平均为13.66%，蒙顶山09最高，其次是前进04、蒙阳06、蒙阳04、前进03（高于15%）；酯型儿茶素的含量为16.18%～20.21%，均高于对照'福鼎大白茶'。

表2-46　20份高茶多酚'四川中小叶'资源儿茶素组分含量（单位：%）

名称	GC	EGC	C	EC	EGCG	GCG	ECG	CG	儿茶素总量	酯型儿茶素
前进04	0.49	2.10	0.28	1.23	15.92	0.51	3.94	0.57	25.04	19.86
北川09	0.12	2.62	0.21	1.42	12.97	0.33	4.80	0.29	22.75	17.77
新店04	0.26	2.57	1.14	2.44	10.63	1.46	5.55	0.33	24.37	16.18
蒙阳08	0.12	1.71	0.14	0.97	14.91	0.49	5.22	0.37	23.93	20.13
安县02	0.16	1.99	0.27	1.28	10.99	0.67	5.98	0.56	21.90	16.97
名山03	0.26	2.52	0.16	1.09	14.78	0.50	4.08	0.54	23.94	18.86
天全05	0.23	3.51	0.15	1.05	14.68	0.29	3.07	0.18	23.15	17.75
前进03	0.24	3.24	0.19	1.12	15.29	0.43	3.33	0.30	24.13	18.62
荥经02	0.24	2.61	0.15	1.02	14.24	0.98	3.47	0.27	22.97	17.71
蒙阳07	0.31	2.85	0.14	1.28	13.83	0.27	4.24	0.56	23.48	18.07
蒙阳06	0.18	1.81	0.17	0.99	15.33	1.78	3.99	0.18	24.44	19.32
平乐01	0.24	2.75	0.14	1.29	12.53	1.50	4.32	0.30	23.09	16.85
蒙阳04	0.29	2.11	0.13	1.01	15.60	0.95	3.81	0.41	24.31	19.41
雨城04	0.62	2.76	0.23	0.74	14.77	0.47	3.06	0.42	23.07	17.83
红星07	0.31	2.82	0.10	1.14	14.51	0.69	2.50	0.21	22.28	17.01
蒙顶山07	0.14	1.40	0.22	0.90	12.80	0.56	5.03	0.77	21.83	17.83
红星03	0.2	2.49	0.18	1.18	13.30	0.34	5.21	0.74	23.64	18.51
蒙顶山09	0.13	1.28	0.18	0.75	16.24	1.48	3.97	0.39	24.41	20.21
雨城03	0.57	1.42	0.26	1.18	13.99	0.88	3.91	0.29	22.50	17.90
中里02	0.20	1.96	0.23	1.95	9.81	1.07	6.65	0.51	22.38	16.46
福鼎大白茶	0.16	2.69	0.09	1.11	9.71	0.63	2.72	0.55	17.65	12.43

注：本表引自李晓松（2018）。

参考文献

李慧，2017.'南江大叶茶'种质资源形态、生化及遗传多样性的分析［D］.雅安：四川农业大学.

李晓松，2018.四川中小叶茶树群体种形态多样性及遗传多样性的初步研究［D］.雅安：四川农业大学.

刘绍杰，迟琳，谢文钢，等，2014.'古蔺牛皮茶种质资源遗传多态性［J］.作物学报，40（12）：2118-2127.

孙勃，田玉肖，徐建萍，等，2018.'古蔺牛皮茶'染色体制片条件优化及核型分析［J］.分子植物育种，16：2577-2582.

唐建敏，2012.野生'崇州枇杷茶'种质资源的调查研究［D］.雅安：四川农业大学.

唐建敏，汪婷，郭雅丹，等，2014.'崇州枇杷茶'野生大茶树染色体核型分析［J］.贵州农业科学，42（1）：12-15.

王春梅，2012.四川'崇州枇杷茶'野生大茶树种质资源调查研究［D］.雅安：四川农业大学.

王馨语，2017.'北川苔子茶'种质资源的形态学、生化成分以及遗传多样性研究［D］.雅安：四川农业大学.

谢文钢，2015.'古蔺牛皮茶'种质资源植物学特征和生化特性的初步研究［D］.雅安：四川农业大学.

周斌，2020.雷波野生茶树资源形态特征调查和生化及遗传多样性分析［D］.雅安：四川农业大学.

第三章　四川选育与推广的茶树品种

第一节　茶树品种选育概况

四川十分重视茶树良种的选育和推广应用工作。早在 1951 年，在雅安市名山县的蒙山茶场设立西康省茶叶试验站后，就开始采用系统育种方法选育茶树新品种。1962 年起，四川省茶叶研究所开始进行以茶树变种间杂交为主要途径的红茶新品种选育工作。1956—1965 年，四川省灌县茶叶试验站和西康省茶叶试验站组织科研人员对全省主要茶区的茶树种质资源进行调查整理和收集保存，并对农艺性状较为突出，有较大栽培面积的'筠连早白尖''古蔺牛皮茶''崇州枇杷茶''南江大叶种'4 个地方品种，进行了产量、品质、适应性等主要性状的鉴定和评价。1984 年、1985 年，这 4 个地方品种被四川省农作物品种审定委员会认定为省级优良品种，同时，在 1984 年，'筠连早白尖'品种还被全国农作物品种审定委员会茶树专业委员会认定为国家级良种。

1987—1994 年，四川省茶叶研究所经过连续 20 多年的研究，采用杂交育种，先后育成'蜀永 1 号''蜀永 2 号''蜀永 3 号''蜀永 307 号''蜀永 401 号''蜀永 703 号''蜀永 808 号''蜀永 906 号'8 个品种，并于 1987 年、1994 年通过全国农作物品种审定委员会审定，成为国家级茶树新品种。1995 年，四川省茶叶研究所又分别从'南江大叶''崇州枇杷茶'和宜宾'早白尖'等地方群体种通过单株选育，育成'南江 1 号''南江 2 号''崇枇 71–1'和'早白尖 5 号'4 个绿茶新品种，1995 年这 4 个品种通过四川省农作物品种审定委员会审定，成为省级茶树新品种。

20 世纪 70 年代以来，四川名山县蒙山茶场、四川农业大学和四川省农牧厅合作，以单株分离方法，经系统选育育成了'蒙山 9 号''蒙山 11 号''蒙山 16 号''蒙山 23 号'4 个蒙山系列绿茶新品种，1989 年被四川省农作物品种审定委员会审定为省级茶树良种。此外，'北川中叶种'也在 1989 年通过审定。1978—1997 年，名山县农业局茶叶技术推广站与联江乡茶树良种繁育场合作，从四川中小叶群体种中系统选育了'名山早 311'和

‘名山白毫131’2个品种，于1995年审定为省级良种。

2000年以来，茶树新品种的选育工作得到了四川省科技厅、四川省农业农村厅等部门的大力支持，通过实施四川省茶树育种攻关课题、四川省茶叶创新团队育种课题等，四川省茶叶研究所、四川农业大学、名山区农业农村局、四川一枝春茶业公司和四川花秋茶业公司等单位从‘四川中小叶’‘南江大叶茶’等群体种采用系统选育方法选育茶树品种。到2021年7月，四川省通过国家审（鉴、认）定的品种有4个（‘名山白毫131’‘特早213’‘天府28号’和‘花秋1号’），通过四川省审定的茶树品种有31个（‘巴山早’‘乌蒙早’‘天府茶11号’‘宜早1号’‘云顶绿’‘云顶早’‘川农黄芽早’‘马边绿1号’‘川沐28’‘川沐217’‘川茶2号’‘川茶3号’‘川茶4号’‘峨眉问春’‘天府茶1号’‘天府茶2号’‘天府茶3号’‘天府红1号’‘天府红2号’‘川茶5号’‘川黄1号’，（包括上述4个国审品种）。2016年实行非主要农作物登记以来，至2022年12月，获农业农村部登记品种16个（‘紫嫣’‘川茶6号’‘蒙山5号’‘川茶10号’‘川沐318’‘天府5号’‘天府6号’‘彝黄1号’‘甘露1号’‘金凤1号’‘金凤2号’‘蒙山6号’‘蒙山8号’‘川茶2号’‘川茶3号’和‘川茶5号’），获植物新品种保护权的品种1个（‘紫嫣’）。本章主要介绍四川省近20年选育茶树品种的特征特性和栽培要点，以指导全省各茶区推广适种适制的新品种。

第二节　选育品种主要特征特性介绍

一、国家审（认、鉴）定品种

1. ‘名山白毫131’ *Camellia sinensis* (L.) O. Kuntze ‘Mingshan Baihao 131’

（1）品种来源与分布　四川省名山县茶业局从‘四川中小叶’群体种单株选育而成。在四川、重庆和贵州有较大面积种植。2006年通过全国茶树品种鉴定委员会鉴定，编号：国品鉴茶20060010。

（2）特征特性　属灌木型，中叶类，早生种。植株主干不明显，树姿半开展，分枝较密。叶片呈水平状着生，椭圆形，叶色绿，叶面平，叶缘微波状，叶尖圆钝，叶质柔软。春季萌发期较早，一芽二叶期为3月11日，比对照‘福鼎大白茶’早1 d。发芽整齐，新梢持嫩性强，芽叶黄绿色（图3-1），春、夏、秋梢均无紫芽，茸毛特多，一芽三叶百芽重67.1 g（2012年四川雅安名山区观测）。萼片绿色，4～5枚、有毛；花瓣乳白色、6～8瓣，花冠直径4.2～6.2 cm，花柱长1.1～2.0 cm，1/4或1/3处分叉，分叉数3个，子房有茸毛，雌蕊高于雄蕊。果实中等大小，一般2～4室。成龄茶园每亩可年产干茶163.5 kg。2011年四川雅安名山区取样，春梢一芽二叶含茶多酚15.1%，氨基酸3.2%，咖啡碱3.3%，水浸出物34.6%（杨亚军 等，2014）。2020年，四川宜宾取样春梢一芽二叶含茶多酚17.8%、氨基酸4.5%、咖啡碱3.5%、水浸出物46.3%。适制茶类：绿茶。成品绿茶外形紧结绿润显毫，内质清香纯正持久，滋味鲜浓尚醇。抗茶蚜线螨和小绿叶蝉，但抗茶饼病能力较弱，抗寒性强。

（3）适栽地区 四川省各茶区、西南、江南、江北绿茶产区。

（4）栽培要点 因该品种分枝角度较大，在树冠培养时应注意低位定型修剪。

2.'特早213' *Camellia sinensis*（L.）O. Kuntze 'Tezao 213'

（1）品种来源与分布 又名名选213。四川省名山县农业局茶技站、四川省农业科学院茶叶研究所、四川省优农中心从'四川中小叶'群体种单株选育而成。主要在雅安、乐山和宜宾等茶区种植。2012年通过全国茶树品种鉴定委员会鉴定，编号：国品鉴茶2012001。

（2）特征特性 属灌木型，中叶类，特早生种。树姿较直立，分枝密。叶片呈梢上斜状着生，长椭圆形，叶色绿，叶面平整、叶缘微波状，叶尖钝尖，叶质柔软。春季萌发期特早，一芽二叶期为2月28日，比对照'福鼎大白茶'早12天。芽叶分枝密度中等，发芽整齐，新梢黄绿色（图3-1），持嫩性强，嫩叶叶身背卷，茸毛中等，一芽三叶百芽重66.1 g，夏梢略带紫芽（2012年四川雅安名山区观测）。萼片绿色，5～6枚，有毛；花瓣乳白色、6～7瓣，花冠直径2.9 cm，花柱长1.4～1.9 cm，1/4或1/3处分叉，分叉数3个，子房有茸毛，雌蕊高于雄蕊。果实小。产量较高，成龄茶树茶园鲜叶亩产540 kg。2011年四川雅安名山区取样，春梢一芽二叶含茶多酚16.0%，氨基酸2.7%，咖啡碱4.1%，水浸出物39.8%（杨亚军 等,2014）。2021年四川沐川县取样，春梢一芽二叶含氨基酸4.9%，茶氨酸1.7%、咖啡碱3.6%，茶多酚16.5%，儿茶素14.8%，水浸出物44.3%、可溶性糖4.7%。适制茶类：绿茶。成品绿茶外形绿润显毫，香气浓郁，滋味鲜醇，品质优良。感螨，抗寒性和抗旱性强。

（3）适栽地区 四川省各绿茶产区及西南绿茶产区。

（4）栽培要点 建议与中、晚生品种搭配种植，同时因发芽特早，注意防御倒春寒。

3.'天府茶28号' *Camellia sinensis*（L.）O. Kuntze 'Tianfucha 28'

（1）品种来源与分布 由四川省农业科学院茶叶研究所、四川省苗溪茶场从四川芦山县种植的'四川中小叶'群体种中单株选育而成。主要在川西茶区种植。2003年通过四川省农作物品种审定委员会审定，编号：川审茶树2003003。2014年8月通过全国农业技术推广服务中心茶树新品种鉴定，编号：国品鉴茶2014187。

（2）特征特性 属灌木型，大叶类，早生种。树姿直立或半开展，分枝稀。叶片呈水平状着生，长椭圆形，叶色黄绿，叶面平整，叶身平展，叶缘微波状，叶尖渐尖，叶齿浅，叶质厚软。春季萌发期早，一芽二叶期为3月8日，比对照'福鼎大白茶'早4 d。新梢持嫩性强，嫩叶叶身背卷、黄绿色（图3-1），茸毛较多，一芽三叶百芽重81.6 g（2012年四川雅安名山区观测）。萼片绿色、5枚、有毛，花瓣乳白色、6瓣，花冠直径3.3～4.2 cm，花柱长1.1～1.5 cm，1/4或1/3处分叉，分叉数3个，子房有茸毛，雌蕊等于雄蕊，果实大。成龄茶园每亩可年产干茶139 kg。2013年四川雅安名山区取样，春梢一芽二叶含茶多酚19.6%，氨基酸4.7%，咖啡碱4.5%，水浸出物47.8%（杨亚军 等，2014）。适制茶类：绿茶。成品绿茶外形条索壮实，银毫显露，香气浓郁持久，汤色嫩绿明亮，滋味鲜醇回甘，叶底嫩匀成朵。抗寒性、抗旱性及抗病虫能力均较强。

（3）**适栽地区**　四川省盆地周边海拔 1 200 m 以下绿茶茶区。

（4）**栽培要点**　按常规茶园栽培管理。

'名山白毫 131'　　　　　　'天府茶 28 号'　　　　　　'特早 213'

图 3-1　3 个国家级品种的一芽二叶

4. '花秋 1 号' *Camellia sinensis*（L.）O. Kuntze 'Huaqiu 1'

（1）**品种来源与分布**　由四川省花秋茶业有限公司从四川邛崃市种植的'四川中小叶'群体种中单株选育而成，地方茶树群体种中选育而成。主要在邛崃市种植。2003 年通过四川省农作物品种审定委员会审定，编号：川审茶树 2003004。2014 年通过全国农业技术推广服务中心茶树新品种鉴定，鉴定编号：国品鉴茶 2014002。

（2）**特征特性**　属小乔木型，中叶类，早生种。植株主干较明显，树姿半开展，分枝密。叶片呈上斜状着生，椭圆形，叶色绿，叶面微隆，叶缘平直。春季萌发期早，一芽二叶期为 3 月 16 日，比对照'福鼎大白茶'早 2 d。芽叶生育力较强，绿色或黄绿色，肥壮，茸毛多，一芽三叶百芽重 72.5 g（2012 年四川邛崃观测）。萼片绿褐色、5 枚，有毛；花瓣乳白色、6 ～ 8 瓣，花冠直径 2.9 ～ 4.5 cm，花柱长 1.0 ～ 1.7 cm，1/3 处分叉，分叉数 3 个，子房有茸毛，雌蕊等于或高于雄蕊。果实特大。成龄茶园每亩可年产干茶 150 kg。2011 年四川邛崃取样，春梢一芽二叶含茶多酚 12.5%，氨基酸 4.8%，咖啡碱 2.8%，水浸出物 40.0%（杨亚军 等，2014）。适制茶类：绿茶、红茶。成品绿茶外形紧结弯曲较绿带毫，汤色浅绿，香气清香，滋味清爽，叶底黄绿明亮整齐显芽。成品红茶香气高，滋味浓郁，汤呈"冷后浑"。抗寒性强。

（3）**适栽地区**　四川省各茶区。

（4）**栽培要点**　按常规茶园栽培管理。

二、省级审定品种

1. '蒙山 9 号' *Camellia sinensis*（L.）O. Kuntze 'Mengshan 9'

（1）**品种来源与分布**　由四川省名山县蒙山茶场、四川农业大学和四川省农牧厅农场管理局从名山区蒙顶山种植的'四川中小叶'群体种中单株选育而成。主要在四川川西、川南茶区种植。1989 年通过四川省农作物品种审定委员会审定。

（2）特征特性 属灌木型，大叶类，中生种。植株适中，树姿半开展，分枝较密。叶片呈梢上斜状着生，椭圆形，叶色深绿，有光泽，叶面隆起，叶质较厚。春季萌发期早，一芽二叶期为3月11日，比对照'福鼎大白茶'早1 d。茶芽肥壮，易采单芽，嫩梢黄绿色（图3-2），一芽三叶百芽重58.2 g（2012年四川名山观测）。萼片绿色、5枚、有毛；花瓣乳白色、6～8瓣；花冠直径3.0～4.7 cm，花柱长1.3～1.8 cm，1/2或1/3处分叉，分叉数3个，子房有茸毛，雌蕊高于雄蕊。果实较大。产量高，成龄茶树茶园每亩产干茶150 kg。2011年四川名山取样，春梢一芽二叶含茶多酚17.8%，氨基酸3.5%，咖啡碱3.1%，水浸出物32.6%（杨亚军 等，2014）。2020年四川宜宾取样，春梢一芽二叶含茶多酚19.7%，氨基酸5.6%，咖啡碱3.65%，水浸出物42.3%。适制茶类：绿茶，成品绿茶滋味浓厚鲜醇，花香持久。抗寒性和适应性强。

（3）适栽地区 四川绿茶产区。

（4）栽培要点 低山区宜选择弱光照地块种植，加强水肥管理并及时分批采摘。

2. '蒙山11号' *Camellia sinensis*（L.）O. Kuntze 'Mengshan 11'

（1）品种来源与分布 由四川省名山县蒙山茶场、四川农业大学和四川省农牧厅农场管理局从名山区蒙顶山种植的'四川中小叶'群体种中单株选育而成。主要在名山区种植。1989年通过四川省农作物品种审定委员会审定。

（2）特征特性 属灌木型，中叶类，特早生种。植株适中，树姿半开展，分枝较密。叶片呈梢上斜状着生，椭圆形，叶色绿，叶面微隆，叶身梢内折，叶缘微波状，叶尖渐尖。春季萌发期特早，一芽二叶期为3月5日，比对照'福鼎大白茶'早7 d。芽叶生育力较强，黄绿色（图3-2），一芽三叶百芽重57.5 g（2012年四川名山观测）。萼片绿色、5～6枚、有毛，花瓣乳白色、6～9瓣，花冠直径2.7～3.9 cm，花柱长1.1～1.5 cm，1/4或1/3处分叉，分叉数3个，子房有茸毛，雌蕊高于雄蕊。果实中等大小。成龄茶园每亩产干茶147 kg。2013年四川名山取样，春梢一芽二叶含茶多酚22.0%，氨基酸3.0%，咖啡碱3.4%，水浸出物45.4%（杨亚军 等，2014）。适制茶类：绿茶，成品绿茶香气纯正，滋味醇厚，品质优良。抗茶跗线螨能力较强，抗寒性较强。

（3）适栽地区 四川绿茶产区。

（4）栽培要点 建议与中、晚生品种搭配种植和控制徒长。

3. '蒙山16号' *Camellia sinensis*（L.）O. Kuntze 'Mengshan 16'

（1）品种来源与分布 由四川省名山县蒙山茶场、四川农业大学和四川省农牧厅农场管理局从名山区蒙顶山种植的'四川中小叶'群体种中单株选育而成。主要在名山区种植。1989年通过四川省农作物品种审定委员会审定。

（2）特征特性 属灌木型，中叶类，早生种。植株适中，树姿半开展，分枝密度中等。叶片呈上斜状着生，椭圆形，叶色绿，叶面微隆，叶身微内折，叶缘微波状，叶尖渐尖，叶质较厚软。春季萌发期早，一芽二叶期为3月9日，比对照'福鼎大白茶'早3 d。芽叶生育力较强，持嫩性强，黄绿色（图3-2），一芽三叶百芽重52.0 g（2012年四川名山观测）。萼片绿色、5～6枚、少毛，花瓣浅白黄色、6瓣，花冠直径2.7～3.6 cm，分叉数3个，子房茸毛多。成龄茶园每亩产干茶135 kg。2013年四川名山取样，春梢一芽二叶含茶多酚 22.2%，氨基酸 4.0%，咖啡碱 3.9%，水浸出物 47.5%（杨亚军 等，2014）。适制茶类：绿茶，成品绿茶栗香持久，滋味醇爽，品质优良。抗寒性较强，抗茶跗线螨能力较强。

（3）适栽地区　四川绿茶产区。

（4）栽培要点　应注意控制树高，并需与中、晚生品种搭配种植。

4. '蒙山 23 号' *Camellia sinensis*（L.）O. Kuntze 'Mengshan 23'

（1）品种来源与分布　由四川省名山县蒙山茶场、四川农业大学和四川省农牧厅农场管理局从名山区蒙顶山种植的'四川中小叶'群体种中单株选育而成。主要在名山区种植。1989 年通过四川省农作物品种审定委员会审定。

（2）特征特性　属灌木型，中叶类，早生种。植株适中，树姿半开展，分枝较密。叶片呈向上斜状着生，椭圆形，叶色绿，叶面隆起，叶缘微波状，叶尖渐尖，叶质较厚软。春季萌发期早，一芽二叶期为 3 月 10 日，比对照'福鼎大白茶'早 2 d。芽叶生育力强，黄绿色，一芽三叶百芽重 54.3 g（2012 年四川名山观测）。萼片绿色，5～6 枚，少毛，花瓣浅白黄色、5～6 瓣，花冠直径 2.6～3.8 cm，分叉数 3 个，子房茸毛多。2013 年四川名山取样，春梢一芽二叶含茶多酚 19.7%，氨基酸 5.2%，咖啡碱 3.6%，水浸出物 48.7%（杨亚军等，2014）。成龄茶园每亩产干茶 146 kg。适制茶类：绿茶，成品绿茶香气清高，鲜醇爽口。抗寒性较强，抗茶跗线螨能力较强。

（3）适栽地区　四川绿茶产区。

（4）栽培要点　顶端优势较强，注意控制树高。需与中、晚生品种搭配种植。

'蒙山 9 号'　　　　　　　'蒙山 11 号'　　　　　　　'蒙山 16 号'

图 3–2　蒙山系列 3 个品种一芽二叶

5. '名山早 311' *Camellia sinensis*（L.）O. Kuntze 'Mingshanzao 311'

（1）品种来源与分布　由四川省名山县农业局从四川省名山区境内的'四川中小叶'群体种中单株选育而成。主要在川西茶区种植。1997 年通过四川省农作物品种审定委员会审定，编号：川农种字（1997）第 20 号。

（2）特征特性　属灌木型，中叶类，特早生种。植株主干不明显，树姿较直立，分枝密。叶片呈上斜状着生，椭圆形，叶色深绿，叶面微隆，叶缘平直，叶尖渐尖，叶质柔软。春季萌发期特早，一芽二叶期出现在 3 月 4 日，比对照'福鼎大白茶'早 8 d。发芽整齐，密度大，芽叶持嫩性强，黄绿色，多毫，一芽三叶百芽重 59.8 g（2012 年四川名山观测）。

萼片绿色、5 枚、有毛，花瓣乳白色、7～10 瓣，花冠直径 4.2～5.3 cm，花柱长 1.3～1.7 cm，1/4 或 1/3 处分叉，分叉数 3 个，子房有茸毛，雌蕊高于雄蕊。果实中等大小。成龄茶园每亩可产干茶 100 kg。2011 年四川名山取样，春梢一芽二叶含茶多酚 17.6%，氨基酸 3.0%，咖啡碱 4.2%，水浸出物 33.2%（杨亚军 等，2014）。适制茶类：绿茶，成品绿茶外形紧细绿润，内质清香带栗，滋味鲜醇。抗寒性强，抗螨、小绿叶蝉能力较强。

（3）适栽地区　四川绿茶产区。

（4）栽培要点　注意品种的早、中、晚搭配。

6.‘天府茶 11 号’ *Camellia sinensis*（L.）O. Kuntze ‘Tianfucha 11’

（1）品种来源与分布　四川省农业科学院茶叶研究所和四川省苗溪茶场从四川省芦山县种植的‘四川中小叶’群体种中单株选育而成。主要在四川川西茶区种植。2003 年通过四川省农作物品种审定委员会审定，编号：川审茶树 2003002。

（2）特征特性　属灌木型，大叶类，早生种。树姿直立或半开展，分枝密度稀。叶片呈上斜状着生，椭圆形，叶色绿，光泽性强，叶面半隆起，叶身内折，叶缘平直，叶尖渐尖，叶齿浅，叶质较厚软。春季萌发期特早，一芽二叶期为 3 月 5 日，比对照‘福鼎大白茶’早 7 d。芽叶黄绿色，持嫩性强，茸毛少（图 3-3），一芽三叶百叶重 68.6 g（2012 年四川名山观测）。萼片绿色、5 枚、有毛，花瓣乳白色、6～9 瓣，花冠直径 3.5～4.6 cm，花柱长 1.1～1.7 cm，1/3 或 1/2 处分叉，分叉数 3 个，子房有茸毛，雌蕊高于或等于雄蕊，果实中等大小。成龄茶园每亩可产干茶 116.6 kg。2013 年四川名山区取样，春梢一芽二叶含茶多酚 15.4%，氨基酸 5.9%，咖啡碱 4.1%，水浸出物 46.6%（杨亚军 等，2014）。适制茶类：绿茶，成品绿茶香高味醇，耐冲泡，汤色嫩绿明亮，有独特的栗香和品种香。抗寒性和抗旱性较强，抗病虫能力较强。

（3）适栽地区　四川绿茶产区。

（4）栽培要点　应加强水肥管理。

图 3-3　‘天府茶 11 号’一芽二叶、蓬面新梢

7.‘巴山早’ *Camellia sinensis*（L.）O. Kuntze ‘Bashanzao’

（1）品种来源与分布　又名广山茶。由万源市科技局和四川省农业科学院茶叶研究所从万源市种植的‘四川中小叶’群体种中单株选育而成。主要在川北茶区种植。2007 年通过四川省农作物品种审定委员会审定，编号：川审茶树 2007001。

（2）**特征特性** 属小乔木型、中叶类，特早生品种。植株较高大，树姿半开展。叶片呈上斜状着生，椭圆形，节间长，叶色深绿，叶面隆起，叶缘微波状，叶尖钝尖，叶质厚。春季萌发期早，一芽二叶期为3月11日，比对照'福鼎大白茶'早6 d。芽叶生育力强，发芽整齐，密度中，春梢黄绿色，夏秋梢带紫芽，茸毛中，一芽三叶百芽重86.5 g（2012年四川万源观测）。花瓣乳白色、6～8瓣，花冠直径3.0～3.8 cm，子房茸毛中等。成龄茶园每亩可产干茶160 kg左右。2013年四川万源取样春梢一芽二叶含茶多酚22.6%，氨基酸4.4%，咖啡碱4.1%，水浸出物45.4%（杨亚军 等，2014）。适制茶类：绿茶、红茶，成品绿茶外形绿润，有栗香、滋味醇爽回甘。抗寒性和抗旱性较强。

（3）**适栽地区** 四川绿茶产区。

（4）**栽培要点** 应适当增加种植密度，重施有机肥，采养结合。

8. '川农黄芽早' *Camellia sinensis*（L.）O. Kuntze 'Chuannong Huangyazao'

（1）**品种来源与分布** 四川农业大学和名山县红岩乡农技站从'四川中小叶'群体种中单株选育而成。主要在川西、川南茶区种植。2010年4月通过四川省农作物品种审定委员会审定，编号：川审茶树2009001。

（2）**特征特性** 属灌木型，中叶类，特早生种。植株主干不明显，树姿半开展，分枝较密。叶片呈上斜状着生，椭圆形，叶面平整，叶缘微波状，叶尖钝尖，叶身内折叶质柔软。春季萌芽期较早，一芽二叶期为3月6日，比对照'福鼎大白茶'早8 d。芽叶持嫩性强，发芽整齐，茸毛中等，春梢为嫩黄色（图3-4），夏、秋梢均为黄绿色，一芽三叶百芽重65.1 g（2009年四川雅安观测）。成龄茶园每亩可产干茶174 kg左右。2008年四川名山区采样，春梢一芽二叶含氨基酸4.2%，咖啡碱3.2%，茶多酚15.8%，儿茶素11.2%，水浸出物48.1%。2020年、2021年四川宜宾取样，春梢一芽二叶平均含茶多酚19.8%，氨基酸4.2%，咖啡碱3.4%，水浸出物39.6%，儿茶素16.4%。适制茶类：绿茶、黄茶，成品绿茶外形嫩绿带翠，汤色嫩绿明亮，滋味醇厚，较甘鲜，叶底嫩黄明亮，抗寒性和抗旱性较强，抗病虫能力较强。

（3）**适栽地区** 四川绿茶、黄茶产区。

（4）**栽培要点** 按常规茶园栽培管理，建议与中生品种搭配种植，春季注意预防倒春寒。

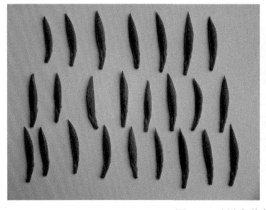

图3-4 '川农黄芽早'单芽与新梢

9.‘乌蒙早’ *Camellia sinensis*（L.）O. Kuntze‘Wumengzao’

（1）品种来源与分布　四川早白尖茶业公司和四川省农业科学院茶叶研究所从四川宜宾乌蒙山野生大茶树群体种中单株选育而成。主要在川南茶区种植。2011 年通过四川省农作物品种审定委员会审定，编号：川审茶树 2011001。

（2）特征特性　属小乔木型，中叶类，特早生品种。植株主干明显，树枝直立或半开展，分枝密（图 3-5）。叶片成梢上斜状着生，椭圆形，叶色绿，叶片厚。春季萌发期特早，一芽二叶期为 2 月 26 日，比对照‘福鼎大白茶’早 8 d。芽叶生育力强，育芽能力极强，顶芽、腋芽和侧芽可同时萌发生长，持嫩性较强，发芽整齐，肥大，白毫显露，一芽三叶百芽重 88.6 g（2010 年在四川高县观测）。花 6～9 瓣，花冠直径 3.4～4.7 cm，子房茸毛多。成龄茶树茶园每亩可产干茶 117 kg 以上。2013 年四川高县取样，春梢一芽二叶含茶多酚 20.6%，氨基酸 4.5%，咖啡碱 3.4%，水浸出物 48.3%（杨亚军 等，2014）。适制茶类：绿茶，成品绿茶外形扁直绿润显毫，内质清香持久，汤色嫩绿明亮、滋味鲜爽回甘。抗寒性和抗旱性均较强，抗病虫能力较强。

（3）适栽地区　四川绿茶及红茶产区。

（4）栽培要点　注意增施有机肥，加强营养调控、树势调控管理。

图 3-5　‘乌蒙早’母树

10.‘川沐 28’ *Camellia sinensis*（L.）O. Kuntze‘Chuanmu 28’

（1）品种来源与分布　由四川一枝春茶业有限公司和四川农业大学从‘四川中小叶’群体种中单株选育而成。主要在川西、川北茶区种植，且是沐川县的主栽茶树品种。2010 年 3 月通过四川省农作物品种审定委员会审定，编号：川审茶树 2010 002。

（2）特征特性　属半乔木型，大叶类，早生种。树姿半开展，叶片呈上斜状着生，椭圆形，叶色绿，有光泽，叶面隆起，叶基楔形，叶身内折，叶质柔软。春季萌发期早，一芽二叶期为 3 月 12 日，比对照‘福鼎大白茶’早 3 d。发芽整齐，芽叶肥壮，呈黄绿色，茸毛特多，易采单芽（图 3-6）；一芽三叶百芽重约 103.0 g（2008 年四川名山观测）。花瓣浅黄色、分叉数 3 个，子房茸毛多，无果实。成龄茶园鲜叶亩产量 400.98 kg。2010 年沐川县取样，春梢一芽二叶水浸出物含量为 43.8%，茶多酚 12.1%，游离氨基酸总量 4.15%，咖啡碱 3.7%，儿茶素总量 10.25%。2020 年、2021 年四川宜宾取样，春梢一芽二叶平均含茶多酚 18.92%，氨基酸 4.45%，咖啡碱 3.73%，水浸出物 42.55%，儿茶素 16.17%。适制茶类：绿茶和红茶，成品绿茶外形壮结显毫、绿翠，汤色嫩绿、清澈明亮，香气高鲜带栗香，滋味鲜醇较甘。抗寒性和抗旱性较强。

（3）适栽地区　四川绿茶及红茶、黑茶产区。

（4）栽培要点　按常规茶园栽培管理。

图 3-6　'川沐 28'单芽和加工的名茶

11. 马边绿 1 号 *Camellia sinensis*（L.）O. Kuntze 'Mabianlv 1'

（1）品种来源与分布　由马边县农业局和四川农业大学从'四川中小叶'群体种中单株选育而成。主要在四川川西茶区种植，且是马边县的主栽茶树品种。2019 年 3 月通过四川省农作物品种审定委员会审定，编号：川审茶树 2010001。

（2）特征特性　属半乔木型，中叶类，早生种。植株主干较明显，树姿半开展，分枝密。叶片呈近水平着生，叶长椭圆形；叶身平，叶面隆起，叶缘微波状，成叶中等绿色，富光泽；叶质厚，较柔软，叶尖渐尖。春季萌发期早，一芽二叶期为 3 月 15 日，比对照'福鼎大白茶'早 2 d。茶芽肥壮，茸毛多，易采独芽（图 3-7），新梢绿色，持嫩性强，一芽三叶百芽重约 93.0 g（2008 年雅安名山观测）。成龄茶树茶园鲜叶亩产量 427.87 kg。2008 年名山区取样，春梢一芽二叶含水浸出物 43.60%，游离氨基酸总量 5.5%，咖啡碱 4.6%，茶多酚 14.3%，儿茶素 14.84%。2020 年、2021 年在四川宜宾取样，春梢一芽二叶两年平均含茶多酚 17.7%，氨基酸 4.5%，咖啡碱 3.9%，水浸出物 39.1%。适制绿茶，成品绿茶外形壮结显毫，滋味醇和较鲜爽，汤色嫩绿明亮。抗寒性强，耐旱性和适应性较强。

（3）适栽地区　四川绿茶、黑茶产区。

（4）栽培要点　按常规茶园栽培管理。川西茶区种植注意防倒春寒。

图 3-7 '马边绿 1 号'单芽

12. 云顶早 Camellia sinensis（L.）O. Kuntze 'Yundingzao'）

（1）品种来源与分布 南江县农业局和四川省农业科学院茶叶研究所从南江县野生'南江大叶茶'群体种中单株选育而成。主要在南江县推广种植。2012 年通过四川省农作物品种审定委员会审定，编号：川审茶树 2012001。

（2）特征特性 属灌木型，中叶类，早生种。树姿开展，分枝较密，节间长。叶片呈梢上斜状着生，椭圆形，叶色翠绿，富光泽，叶缘微波状，锯齿大小较均匀，叶身背卷，叶渐尖梢长。春季萌发期早，一芽二叶期为 3 月 28 日，比对照'福鼎大白茶'相同。芽叶生育力强，发芽整齐，密度大；新梢黄绿色，持嫩性强，茸毛多，一芽三叶百芽重 61.8 g（2010 年四川南江观测）。子房有茸毛，柱头 3 裂。成龄茶树茶园每亩可产干茶 160 kg 以上。2013 年四川南江取样，春梢一芽二叶含茶多酚 20.7%，氨基酸 5.0%，咖啡碱 4.3%，水浸出物 47.3%（杨亚军 等，2014）。适制茶类：绿茶、红茶，成品绿茶外形扁直较润，黄绿带毫，香气鲜浓持久，汤色嫩绿明亮，滋味鲜醇回甘。抗寒性、抗旱性和抗病虫能力均较强。

（3）适栽地区 四川绿茶及红茶产区。

（4）栽培要点 注意增施有机肥，加强营养调控、树势调控管理。

13. '川沐 217' Camellia sinensis（L.）O. Kuntze 'Chuanmu 217'

（1）品种来源与分布 四川一枝春茶业有限公司和四川农业大学从四川沐川引种的'浙农 117'茶树品种生产园中的变异株单株选育而成。2013 年 2 月四川省农作物品种审定委员会审定通过，编号：川审茶树 2012002。

（2）特征特性 属半乔木型，中叶类，早生种，抗旱型品种。植株主干较明显，树姿半开展，分枝较密；叶片呈梢上斜着生，叶披针形，叶色绿，叶面微隆起，光泽性强，叶缘微波状，叶身梢背卷，叶质硬，叶尖渐尖。春季萌发期早，一芽二叶期为 3 月 18 日，比对照'福鼎大白茶'相同；芽叶绿色，成叶深绿色，茸毛少，发芽整齐，茶芽较长，紧实饱满，易采独芽。一芽三叶百芽重 52.3 g（2012 年四川名山观测）。萼片深绿色，5 枚，无毛，花瓣乳白色，6 瓣，花冠直径 3.46～3.70 cm，花柱长 1.10～1.18 cm，1/3 处分叉，分叉数 3 个，子房有茸毛，雌蕊等于雄蕊；果实中等大小，一般 1～3 室。成龄茶园全年鲜叶亩产量 424.7 kg。2012 年四川沐川取样，春梢一芽二叶含水浸出物 43.53%，氨基酸 2.94%，咖啡碱 4.05%，儿茶素总量 18.92%，茶多酚 25.03%。2020 年、2021 年在四川宜宾取样，春梢一芽二叶平均含茶多酚 21.0%，氨基酸 3.9%，咖啡碱 4.1%，水浸出物 37.5%，儿茶素 15.61%。适制绿茶、红茶，成品绿茶汤色嫩绿，香气清香，滋味醇厚，耐冲泡。抗旱性强，抗寒性、抗病虫和适应性较强。

（3）适栽地区　四川绿茶产区。

（4）栽培要点　按常规茶园栽培管理。

14.'宜早 1 号'*Camellia sinensis*（L.）O. Kuntze 'Yizao 1'

（1）品种来源与分布　由四川峰顶寺茶业公司和四川省农业科学院茶叶研究所从四川高县种植的'四川中小叶'群体种中单株选育而成。主要在四川宜宾茶区种植。2013 年通过四川省农作物品种审定委员会审定，编号：川审茶树 2012003。

（2）特征特性　属灌木型，中叶类，特早生品种。树姿开展或半开展，分枝较密。叶片呈上斜状着生，椭圆形，叶色绿，叶面微隆起，叶尖钝尖，叶质柔软。春季萌发期特早，一芽二叶期为 2 月 16 日，比对照'福鼎大白茶'早 18 d。芽叶生育力强，发芽较整齐，肥大，白毫显露，易脱落，持嫩性较强，一芽三叶百芽重 52.3 g（2010 年四川高县观测）。产量较高，成龄茶树茶园每亩可产干茶 112 kg 以上。花冠直径 2.8～3.8 cm，花瓣白色，6～7 瓣，子房茸毛中等。2013 年四川高县取样，春梢一芽二叶含茶多酚 22.6%，氨基酸 4.0%，咖啡碱 4.0%，水浸出物 46.0%（杨亚军 等，2014）。适制绿茶，成品绿茶栗香持久、滋味鲜醇回甘，汤色黄绿明亮。抗寒性较差，抗病虫能力较强，适应性较广。

（3）适栽地区　四川绿茶产区。

（4）栽培要点　注意增施有机肥和补充氮肥，及时按标准分批留叶采，注意采养结合。川西、川北茶区种植，要注意防治倒春寒。

15.'云顶绿'*Camellia sinensis*（L.）O. Kuntze 'Yundinglv'

（1）品种来源与分布　南江县农业局和四川省农业科学院茶叶研究所从四川南江野生'南江大叶茶'群体种中单株选育而成。2012 年通过四川省农作物品种审定委员会审定，编号：川审茶树 2012004。

（2）特征特性　属灌木型，中叶类，早生品种。树姿开展，分枝较密。叶片呈上斜状着生，椭圆形，叶色绿，富光泽，叶缘微波状，锯齿大小较均匀，叶渐尖梢长。春季萌发期中等，一芽二叶期为 4 月 1 日，比对照'福鼎大白茶'晚 2 d。芽叶生育力强，发芽整齐，密度大，新梢黄绿色，持嫩性强，茸毛多（图 3-8），一芽三叶百芽重 68.2 g（2010

年四川南江观测）。子房有茸毛，柱头 3 裂。成龄茶园每亩可产干茶 152 kg 以上。2013年四川南江取样，春梢一芽二叶含茶多酚 23.4%，氨基酸 4.8%，咖啡碱 3.6%，水浸出物 48.6%（杨亚军 等，2014）。适制绿茶、红茶。成品绿茶嫩香浓郁持久，汤色嫩绿较明亮，滋味鲜爽。抗寒性、抗旱性及抗病虫能力均强，适应性广。

（3）适栽地区　四川绿茶及红茶产区。

（4）栽培要点　注意增施有机肥，加强营养调控、树势调控管理。

图 3-8　'云顶绿'蓬面新梢

16. '峨眉问春' *Camellia sinensis*（L.）O. Kuntze 'Emeiwenchun'

（1）品种来源与分布　由乐山市峨眉山茶茶业协会、四川农业大学和乐山师范学院从峨眉山中小叶群体种中单株选育而成。主要在乐山、宜宾和泸州茶区种植。2014 年通过四川省农作物品种审定委员会审定，编号：川审茶 2014001。

（2）特征特性　属灌木型，中叶类，特早生种。树姿半开展，分枝较密。节间较长，芽叶夹角大，易采独芽（图 3-9）。叶片呈上斜状着生，椭圆形，嫩叶黄绿色，成叶绿色，有光泽，叶面微隆起，叶缘微波状，叶尖钝尖，叶身平。春季萌发期特早，一芽二叶期为 1 月 20 日，比对照'福鼎大白茶'平均早 20 d（2011 年四川宜宾观测）。全年生长期较长，年萌发 5 ~ 6 轮，新梢休止期比对照'福鼎大白茶'平均晚 40 d。萼片绿色，5 枚，花瓣白色，7 瓣，子房有茸毛，雌蕊高于雄蕊。成龄茶园鲜叶亩产量 173.7 kg。2012 年四川峨眉山市取样，春梢一芽二叶水浸出物含量为 43.78%，茶多酚 23.81%，氨基酸 4.11%，咖啡碱 3.02%，可溶性糖 2.51%。2021 年四川宜宾取样，春梢一芽二叶含茶多酚 20.2%，氨基酸 3.8%，咖啡碱 3.9%，水浸出物 42.7%，儿茶素 14.1%。适制绿茶，成品绿茶色泽绿润，香气栗香高长，汤色黄绿明亮，滋味鲜爽回甘，叶底黄绿明亮。感小绿叶蝉，抗寒性、抗旱性均较强。

（3）适栽地区　四川绿茶产区，特别是泸州、宜宾等早茶生产茶区。

（4）栽培要点　因发芽早，秋冬季应推迟修剪，早春注意防霜冻。早春早施催芽肥，每年秋末冬初重施基肥。

图 3-9　'峨眉问春'茶芽与生产茶园

17.'川茶 4 号' *Camellia sinensis*（ L.）O. Kuntze 'Chuancha 4'

（1）品种来源与分布　由四川农业大学、雅安市雨城区科技和知识产权局从'四川中小叶'群体种中单株选育而成。主要在雅安市雨城区种植。2015 年 2 月通过四川省农作物品种审定委员会审定，编号：川审茶 2015003。

（2）特征特性　属灌木型，中叶类，中生种。植株主干不明显，树姿半开展。叶片呈上斜状着生，椭圆形，叶色绿，叶身梢内折，叶面微隆起，叶缘微波状，叶质柔软，叶尖渐尖。春季萌芽期中，一芽二叶期为 3 月中旬，比对照'福鼎大白茶'晚 5 d。新梢绿色，茸毛较少，发芽密度较高，一芽三叶百芽重 51.7 g。成龄茶树茶园亩产鲜叶 487.2 kg。春梢一芽二叶生化样含水浸出物 42.62%，氨基酸 4.23%，咖啡碱 3.58%、茶多酚 14.70% 和儿茶素总量 11.63%。2020 年、2021 年四川宜宾取样，春梢一芽二叶生化样含茶多酚 20.9%，氨基酸 4.1%，咖啡碱 4.4%，水浸出物 40.4%，儿茶素 17.2%。适制绿茶。成品绿茶外形紧细显毫，色泽深绿润，汤色浅绿明亮，清香带嫩香，滋味鲜醇爽口。抗病虫能力强，抗寒性和抗旱性均较强。

（3）适栽地区　四川绿茶产区。

（4）栽培要点　需加强肥水管理。

18.'天府茶 1 号' *Camellia sinensis*（ L.）O. Kuntze 'Tianfucha 1'

（1）品种来源与分布　由四川省农业科学院茶叶研究所和雅安市名山区藕花苗木种植农民专业合作社从'四川中小叶'群体种中单株选育而成，曾用名蜀科 1 号。主要在川西茶区种植。2015 年 2 月通过四川省农作物品种审定委员会审定，编号：川审茶 2015004。

（2）特征特性　属小乔木型、中叶类、早生种。植株主干明显，树姿半开展，分枝较低。叶椭圆形，叶色深绿，有光泽，叶片较厚，叶面半隆起，叶缘微波状，锯齿较深，叶尖钝圆，叶脉较粗。春季萌芽期早，一芽二叶期为 4 月 6 日，与对照'福鼎大白茶'相同（郫县观测）。产量高，成龄茶树茶园亩产鲜叶 457.2 kg。春梢一芽二叶生化样含水浸出物约 47.2%，咖啡碱 3.83%，茶多酚 23.0%，游离氨基酸 4.4%，可溶性糖 5.0%，儿茶素总量 16.9%（四川郫县取样）。2021 年四川雅安名山取样，春梢一芽二叶含氨基酸 5.1%，茶氨酸 2.3%，咖啡碱 4.0%，茶多酚 19.2%，儿茶素 16.1%，水浸出物 42.1%，可溶性糖 4.2%。适制茶类：绿茶、红茶和白茶。成品绿茶外形银绿披毫，香气浓郁持久，滋味鲜醇回甘。抗旱性和抗病虫能力强。

（3）适栽地区 四川绿茶、红茶和白茶产区。

（4）栽培要点 按常规茶园栽培管理。

19. '天府茶 2 号' *Camellia sinensis*（L.）O. Kuntze 'Tianfucha 2'

（1）品种来源与分布 由四川省农业科学院茶叶研究所和雅安市名山区农发苗木繁育农民专业合作社从'四川中小叶'群体种中单株选育而成，曾用名蜀优 1 号。主要在川西茶区种植。2015 年 2 月通过四川省农作物品种审定委员会审定，编号：川审茶 2015005。

（2）特征特性 属灌木型、中叶类、特早生种。植株主干不明显，分枝低，树姿半开展。叶呈椭圆形，嫩叶黄绿，成叶绿色，有光泽，叶片较厚，叶面平，叶缘微波状，锯齿较浅，叶尖钝圆；春季萌发期早，一芽二叶期为 3 月 25 日，比对照'福鼎大白茶'早 8 d（郫县观测）。发芽整齐，芽形细长，有茸毛，持嫩性强，一芽二叶百芽重 23.7 g。成龄茶园亩产鲜叶 469.2 kg。春梢一芽二叶生化样含水浸出物约 45.3%，咖啡碱 3.56%，茶多酚 22.4%，游离氨基酸 4.6%，可溶性糖 3.8%。儿茶素总量 13.6%（在四川郫县取样）。适制绿茶，成品绿茶外形紧结绿润，香气栗香浓郁，滋味鲜爽醇厚。抗旱性和抗寒性优于对照。

（3）适栽地区 四川绿茶产区。

（4）栽培要点 按常规茶园栽培管理。

20. '天府茶 3 号' *Camellia sinensis*（L.）O. Kuntze 'Tianfucha 3'

（1）品种来源与分布 由四川省农业科学院茶叶研究所、雅安市名山区农发苗木繁育农民专业合作社从'四川中小叶'群体种中单株选育而成，曾用名蜀优 85 号。主要在川西茶区种植。2015 年 2 月通过四川省农作物品种审定委员会审定，编号：川审茶 2015006。

（2）特征特性 属灌木型、中叶类、早生种。植株主干不明显，分枝部位较低，树姿开展，分枝密度中等；叶呈椭圆形，叶色翠绿，有光泽，叶脉较粗，10～13 对，叶质柔软较厚，半隆起，叶缘微波状，锯齿浅，叶尖渐尖。春季萌发期早，一芽二叶期为 3 月 29 日，与对照'福鼎大白茶'相同（郫县观测）。嫩叶黄绿，发芽整齐，有茸毛，一芽二叶百芽重 24 g。成龄茶园亩产鲜叶 451.2 kg。春梢一芽二叶生化样含水浸出物约 43.5%，咖啡碱 3.5%，茶多酚 20.1%，游离氨基酸 3.6%，可溶性糖 3.0%，儿茶素总量 11.39%（四川郫县取样）。适制绿茶。成品绿茶外形翠绿油润，香气浓郁持久，滋味醇厚回甘。有较强的抗逆性和适应性。

（3）适栽地区 四川绿茶产区。

（4）栽培要点 按常规茶园栽培管理。

21. '天府红 1 号' *Camellia sinensis*（L.）O. Kuntze 'Tianfuhong 1'

（1）品种来源与分布 四川峰顶寺茶业有限公司和四川省农业科学院茶叶研究所从四川高县种植的'福鼎大白茶'群体种中单株选育而成。主要在川南茶区种植。2016 年通过四川省农作物品种审定委员会审定，编号：川审茶 2016002。

（2）**特征特性**　属灌木型，中叶类，特早生种。植株主干较明显，树姿半开展，分枝较密（图 3-10）；叶形长椭圆，叶脉 9～12 对，叶色绿，叶质柔软。春季萌动期较早，一芽二叶期为 2 月 8 日，比对照'福鼎大白茶'早 5 d（郫县观测）。发芽较整齐，芽叶肥大、白毫显露，持嫩性较强。一芽二叶百芽重 52.0 g，一芽三叶百芽重 97.2 g。成龄茶园亩产鲜叶 463.2 kg。春梢一芽二叶生化样含茶多酚 19.80%，氨基酸含量 4.40%，水浸出物 41.50%，儿茶素 3.92%，EGCG 含量 0.64%，咖啡碱含量 4.47%（郫县取样）；2020年四川宜宾取样，春梢一芽二叶含茶多酚 19.4%，氨基酸 4.3%，咖啡碱 3.5%，水浸出物 42.4%，儿茶素 16.5%。适制红茶，成品红茶外形条索紧细，色泽乌润，香气甜香浓郁持久，滋味鲜醇回甘，汤色红亮，抗寒性较强。

（3）**适栽地区**　四川红茶产区。

（4）**栽培要点**　采用常规栽培管理。

图 3-10　'天府红 1 号'茶树

22.'天府红 2 号' *Camellia sinensis*（L.）O. Kuntze 'Tianfuhong 2'

（1）**品种来源与分布**　由宜宾市乌蒙韵茶业股份有限公司和四川省农业科学院茶叶研究所采用单株选择，系统育种方法从四川筠连的'福鼎大白茶'群体种中选育而成。2016年通过四川省农作物品种审定委员会审定，编号：川审茶 2016003。

（2）**特征特性**　属小乔木型，中叶类，特早生种。植株主干明显、树姿半开展、分枝密，叶形长椭圆，叶面较平整，叶缘微波状，叶色绿，叶片厚。春季萌动期较早，一芽二叶期为 2 月 18 日，比对照'福鼎大白茶'早 8 d（郫县观测）。新梢持嫩性强，发芽整齐，芽形肥大、满披白毫。一芽二叶百芽重 50.0 g。成龄茶园亩产鲜叶 455.2 kg。春梢一芽二叶生化样含茶多酚 22.60%，氨基酸 5.90%，咖啡碱 5.52%，可溶性糖 1.40%，水浸出物 45.60%。适制红茶。成品红茶具有外形紧细，金毫显露；香气高长持久带兰花香；汤色红亮；滋味鲜爽醇厚；叶底红匀等特点。抗寒性较强。

（3）**适栽地区**　四川红茶产区。

（4）**栽培要点**　采用常规栽培管理。

23.'川黄 1 号' *Camellia sinensis*（L.）O. Kuntze 'Chuanhuang 1'

（1）**品种来源与分布**　四川农业大学、成都市玉川子黄金芽茶业有限公司和蒲江县农业和林业局等单位从四川省蒲江县种植的'福鼎大白茶'中单株选育而成，主要在川西茶区种植。2016 年 3 月通过四川省农作物品种审定委员会审定，编号：川审茶 2015002。

（2）特征特性 属灌木型，中叶类，晚生种。植株主干不明显，树姿半开展，分枝较密。叶片呈上斜着生，椭圆形，成叶由绿黄色逐渐转变为绿色，老叶浅绿色，叶面平展，叶质柔软，叶缘平，叶尖渐尖，叶身内折。春季萌发期晚，一芽二叶期为 3 月 24 日，比对照'福鼎大白茶'晚 16 d（2013 年四川蒲江观测）。新梢嫩黄色，持嫩性强（图 3-11），发芽较整齐，茸毛少，茶芽较肥壮，一芽三叶百芽重 51.72 g。萼片绿色，花瓣白色，6 ～ 7 瓣，花柱 3 裂浅裂，子房茸毛较多，雌蕊与雄蕊等高。产量中等，但高于省外引进的特色品种'黄金芽''中黄 1 号'品种，成龄茶园鲜叶亩产量为 348 kg。春梢一芽二叶生化样含水浸出物 45.1%，茶多酚 17.60%，儿茶素总量 12.63%，咖啡碱 3.38%，游离氨基酸总量为 4.39%（2015 年四川蒲江取样）。适制茶类：绿茶、黄茶；成品绿茶紧秀嫩黄尚润，内质嫩香带毫香，汤色绿明亮，滋味较鲜浓甘爽；成品黄茶外形紧秀嫩黄，香气嫩香带毫香，汤色黄亮，滋味尚鲜且浓，叶底嫩黄明亮柔软。抗旱性强，抗寒性和抗病虫性均较强。

（3）适栽地区 四川绿茶、黄茶产区。

（4）栽培要点 因花果多，应加强氮肥供应。

图 3-11 '川黄 1 号'新梢与生产园

24. '三花 1951' *Camellia sinensis*（L.）O. Kuntze 'Sanhua1951'

（1）品种来源与分布 四川省农业科学院茶叶研究所、四川省三花茶业有限公司、蒲江县农业和林业局以及四川农业大学采用单株选择，系统育种方法从四川蒲江中小叶群体种中单株选育而成。主要在蒲江县和名山区种植。2016 年 3 月通过四川省农作物品种审定委员会审定，编号：川审茶 2015001。

（2）特征特性 属灌木型、中叶类、特早生种。树姿半开展，分枝较密，叶片呈上斜着生，椭圆形，叶渐尖梢长，翠绿色，富光泽，叶侧脉较明显，9 ～ 12 对；叶片较厚，叶面半隆起，叶缘微波状，叶质较柔软。春季萌发期早，一芽二叶期为 3 月 18 日，比对照'福鼎大白茶'早 1 d（2014 年四川蒲江县观测）。芽头肥大，黄绿色，茸毛多，一芽二叶百芽重平均 38.1 g。成龄茶园亩产鲜叶 174.06 kg。春梢一芽二叶生化样约含水浸出物含量 45.37%，咖啡碱 4.28%，茶多酚 20.6%，游离氨基酸 2.8%，可溶性糖 3.91%，儿茶素总量 13.21%（2014 年四川蒲江县取样）。2021 年四川雅安名山区取样，春梢一芽二叶含氨基酸 4.9%，茶氨酸 2.5%，咖啡碱 4.0%，茶多酚 18.3%，儿茶素 15.6%，水浸出物 46.4%，可溶性糖 3.7%。适制茶类：白茶和花茶。成品绿茶外形色泽嫩绿油润，条索壮实紧结；香气嫩香，滋味回甘；成品茉莉花茶香气鲜浓持久；滋味甘醇；花香明显。抗螨、抗蚜、抗小绿叶蝉等虫害能力较强，抗旱性及耐热性较弱。

（3）适栽地区　四川绿茶、白茶产区。

（4）栽培要点　注意防干旱和热害。

三、农业农村部登记品种

1.'紫嫣' *Camellia sinensis*（L.）O. Kuntze 'Ziyan'

（1）品种来源与分布　四川农业大学和四川一枝春茶业有限公司从四川沐川的'四川中小叶'群体种中单株选育而成。主要在沐川县种植。2017 年 9 月获植物新品种权登记证书，品种权号：CNA20210455。2018 年 6 月获得农业农村部非主要农作物品种登记证书，编号：GDP 茶树（2018）510007。

（2）特征特性　属灌木型，中叶类，晚生种。植株生长势中等，树姿势半开展（图 3-12）。叶片呈向上斜着生，中椭圆形，叶色深紫，叶面隆起，叶身平，叶质较硬，叶齿钝，叶缘微波状。春季萌发期晚，一芽二叶期为 3 月 26 日，比对照'福鼎大白茶'晚 13 d，比对照'紫鹃'晚 1 d（2015 年四川沐川观测）。嫩梢芽、叶、茎紫色（图 3-12），茸毛较密，一芽三叶长百芽重 46.1 g。开花多，萼片紫红色，5 枚，无毛，花柱 3～5 裂，分裂位置中裂，子房有茸毛，果实较小。春梢一芽二叶生化样茶多酚含量 20.4%，氨基酸含量 4.4%，咖啡碱含量 4.0%，水浸出物含量 45.5%，花青素含量为 2.73%（2016 年四川沐川取样）。据中国农业科学院茶叶研究所测定，绿茶花青素含量 2.68%～3.28%（2019 年四川沐川取样）。2020 年四川宜宾取样，春梢一芽二叶生化样含茶多酚 19.6%，氨基酸 4.15%，咖啡碱 4.1%，水浸出物 45.37%，儿茶素 18.11%。第 1 生长周期亩产 241 kg，比对照'紫鹃'增产 4%；第 2 生长周期亩产 319 kg，比对照'紫鹃'增产 5%。适制茶类：绿茶、红茶和白茶；成品绿茶外形匀整，色青黛，汤色蓝紫清澈，有嫩香、蜜糖香，滋味浓厚尚回甘，叶底柔软，色靛青。中抗茶炭疽病，感茶小绿叶蝉抗性，抗寒性较强。

（3）适栽地区　四川绿茶、红茶产区。

（4）栽培要点　建议种植在肥力中等或肥力较高土壤上。该品种开花结实能力强，应加强肥培管理，勤采多采，并适当修剪，以减少花果数量，同时需采取疏花疏果的措施，建议在每年 8—9 月时，对茶园喷施浓度为 1 000 mg/L 的乙稀利溶液疏花疏果。

图 3-12 '紫嫣'母树与新梢

2. '川茶 6 号' *Camellia sinensis*（L.）O. Kuntze 'Chuancha 6'

（1）品种来源与分布　由四川农业大学、四川省茶业集团股份有限公司和名山茶树良种繁育场从四川崇州野生'崇庆枇杷茶'中单株选育而成。主要在崇州市种植。2018 年获得农业农村部非主要农作物品种登记证书，编号：GDP 茶树（2018）510008。

（2）特征特性　属小乔木型，大叶类，早生种。植株生长势强，树姿半披张，分枝较密。叶片呈上斜状着生，中等椭圆形。春季萌发期早，一芽二叶期为 3 月中旬，比对照'福鼎大白茶'早 4～6 d（2015 年、2016 年四川名山观测）。春季新梢黄绿色，有茸毛，芽头肥壮，一芽三叶长 11.3 cm，百芽质量 53.5 g。夏、秋季新梢略带紫芽。萼片绿色，5 枚，无茸毛，花瓣白色，5 瓣，花冠直径 4.5 cm，花柱长 1.42 cm，分裂部位高，子房茸毛密。春梢一芽二叶生化样含茶多酚 19.37%，氨基酸 4.0%，咖啡碱 3.93%，水浸出物 45.52%（2016 年、2017 年四川名山取样）。2020 年、2021 年在四川宜宾取样，春梢一芽二叶含茶多酚 21.9%，氨基酸 3.6%、咖啡碱 4.6%，水浸出物 42.9%，儿茶素 18.36%。第 1 生长周期亩产 380 kg，比对照'福鼎大白茶'增产 10%；第 2 生长周期亩产 452 kg，比对照'福鼎大白茶'增产 11%。适制绿茶、红茶。成品绿茶外形肥壮、较紧实绿润；嫩香高长；汤色绿亮；味醇厚。成品红茶外形肥壮显金毫；香气甜浓；汤色红浓亮；滋味浓甜；叶底红匀。抗茶炭疽病，中抗茶小绿叶蝉，抗寒性强。

（3）适栽地区　四川绿茶、红茶产区。

（4）栽培要点　适宜在四川海拔 1 200 m 以下的茶区种植。该品种持嫩性强，注意防治螨类为害，高山阴湿茶区还须加强茶饼病的防治，同时注意防御高温干旱。

3. '蒙山 5 号' *Camellia sinensis*（L.）O. Kuntze 'Mengshan 5'

（1）品种来源与分布　四川省名山茶树良种繁育场、四川农业大学从'四川中小叶'群体种中单株选育而成。2019 年获得农业农村部非主要农作物品种登记证书，编号：GPD 茶树（2019）510001。

（2）特征特性　属小乔木型，中叶类，特早生种。植株生长势强，树姿势半开展。叶片呈梢上斜状着生，窄椭圆形，叶缘微波状，叶质柔软，叶尖渐尖，叶齿深、密；春季萌发期较早，一芽二叶期为3月上旬，比对照'福鼎大白茶'早14～16 d（2016年、2017年四川雅安观测）。春季新梢黄绿色，有茸毛，持嫩性强，一芽三叶长8.91 cm，百芽重53.85 g；夏、秋季新梢略带紫芽。萼片绿色，5枚，无茸毛；花瓣白色，6瓣；花冠直径3.78 cm；花柱长0.82 cm，分叉数3个，分裂位置高，子房有茸毛；雌蕊与雄蕊等高；种子为主肾形。春梢一芽二叶生化样含茶多酚19.9%，氨基酸4.6%，咖啡碱含量3.5%，水浸出物含量50.5%。适制茶类：绿茶、红茶。成品绿茶外形细嫩、披豪嫩绿，内质嫩香带毫香，汤色嫩绿明亮，滋味醇厚回甘，叶底嫩绿。第1生长周期亩产369 kg，比对照'福鼎大白茶'增产12%；第2生长周期亩产427 kg，比对照'福鼎大白茶'增产20%。感炭疽病，感小绿叶蝉；在四川茶区抗寒性和抗旱性中等，抗寒性强，适应性较强。

（3）适栽地区　四川绿茶、红茶产区。

（4）栽培要点　应加强肥培管理；注意防治小绿叶蝉和螨类为害。

4.'川茶10号'*Camellia sinensis*（L.）O. Kuntze 'Chuancha10'

（1）品种来源与分布　四川农业大学、峨眉山市绥山镇沈山村村民委员会和四川省峨眉山市竹叶青茶业有限公司从四川峨眉山的'四川中小叶'群体种中单株选育而成，主要在四川峨眉山市种植。2021年3月获得农业农村部非主要农作物品种登记证书，编号：GDP茶树（2021）510001。

（2）特征特性　灌木，中生种，生长势强，树姿半开张。叶片中等椭圆形，向上着生。在四川川西茶区春季发芽期较对照'福鼎大白茶'晚5～7 d；春梢黄绿色，茸毛较多，芽头肥壮，一芽三叶长10.0 cm、百芽重61.1 g，夏季新梢略带紫芽。盛花期早，花冠直径3.0 cm，花萼外部无茸毛，子房茸毛较密。春茶1芽2叶生化样含茶多酚22.9%，氨基酸4.6%，咖啡碱3.5%，水浸出物47.7%，适制绿茶、红茶。成品绿茶外形壮实深绿润；香气栗香带清香；汤色嫩绿明亮；滋味浓醇甘爽；叶底肥嫩、绿匀齐。第1生长周期亩产451 kg，比对照'福鼎大白茶'增产25%；第2生长周期亩产488 kg，比对照'福鼎大白茶'增产16%。中抗炭疽病，感小绿叶蝉；抗寒性较强，抗旱性中等。

（3）适栽地区　四川绿茶产区。

（4）栽培要点　注意防治小绿叶蝉和螨类为害。

5.'川沐318'*Camellia sinensis*（L.）O. Kuntze 'Chuanmu 318'

（1）品种来源与分布　由四川一枝春茶业有限公司、四川农业大学采用单株选择，系统育种方法从四川乐山的中小叶群体种中选育而成。2021年获得农业农村部非主要农作物品种登记证书，编号：GDP茶树（2021）510002。

（2）特征特性　灌木型，中叶，晚生种。植株生长势较强，树姿半开展。叶片呈上斜状着生，中椭圆形，子房有茸毛，花萼外部无茸毛。花柱3裂，花柱分裂位置高，雌蕊高于雄蕊高度。春季一芽一叶期一般为3月17—22日，比对照'福鼎大白茶'发芽期晚9～13 d。新梢前期生长较缓慢，易采独芽。春季新梢绿色，有茸毛，一芽三叶百芽重52.3 g。2018年四川沐川取样。春梢一芽二叶含茶多酚21.61%，氨基酸4.55%，咖啡碱3.64%，水浸出物45.41%。2020年、2021年四川宜宾取样，春梢一芽二叶含茶多酚22.8%，氨基酸3.8%，咖啡碱3.8%，水浸出物42.0%，儿茶素19.0%。适制茶类：绿茶、红茶；成品绿茶外形紧结，香气嫩香带花香，汤色绿明亮，滋味浓厚回甘，叶底绿尚亮，但干茶色泽呈墨绿色。成品红茶外形紧实、乌润、显金毫，香气甜香浓郁，且带花香，汤色橙红明亮，滋味高甜浓郁，叶底肥嫩、红匀明亮，风味独特。第1生长周期亩产364 kg，比对照'福鼎大白茶'减产0.4%；第2生长周期亩产381 kg，比对照'福鼎大白茶'减产4%。感小绿叶蝉，中抗炭疽病，抗寒性较强。

（3）适栽地区　四川绿茶、红茶产区。

（4）栽培要点　适宜在海拔1 200 m以下的四川茶区种植。建议与早、中生品种搭配种植。

6.'天府5号'*Camellia sinensis*（L.）O. Kuntze'Tianfu 5'

（1）品种来源与分布　四川省农业科学院茶叶研究所、洪雅县农业农村局和洪雅县观音茶叶专业合作社从'四川中小叶'群体种中单株选育而成。主要在川西、川北茶区种植。2021年3月获得农业农村部非主要农作物品种登记证书，编号：GDP茶树（2021）510005。

（2）特征特性　灌木型，中叶类，早芽种。树姿半开张，生长势强，分枝部位低，

分枝密度密。叶片向上着生，叶片形状窄椭圆形，叶片长9.4 cm，叶片宽3.53 cm；叶色绿；叶片先端形状尖锐。在四川乐山市洪雅市开采期一般为2月下旬，一芽二叶盛期一般在3月上旬或中旬。新梢发芽密度高，茸毛中，一芽三叶长5.67 cm、百芽重31.2 g。盛花期为每年10月中旬。内轮花瓣颜色白色，花瓣数5～6枚，花冠直径中（3.7 cm），子房有茸毛，密度中等，花柱分裂位置高，雌蕊低于雄蕊高度。春梢一芽二叶含茶多酚20.2%，氨基酸5.13%，咖啡碱3.3%，水浸出物47.13%，适制绿茶、红茶，制绿茶紧结黄绿较润；栗香浓郁持久；汤色嫩绿明亮；滋味鲜爽醇厚。制红茶紧结较润显金毫；汤色橙红明亮；甜香，滋味甜浓醇厚。第1生长周期亩产382 kg，比对照'福鼎大白茶'增产6%；第2生长周期亩产337 kg，比对照'福鼎大白茶'减产2%。抗小绿叶蝉，抗炭疽病，抗寒性强。

（3）适栽地区　四川绿茶、红茶产区。

（4）栽培要点　宜种植在肥力中等或肥力较高土壤上，不宜种植在贫瘠的土壤上。建议与中生种搭配种植。

7.'天府6号'*Camellia sinensis*（L.）O. Kuntze'Tianfu 6'

（1）品种来源与分布　四川省农业科学院茶叶研究所、洪雅县农业农村局和洪雅县观音茶叶专业合作社从'四川中小叶'群体种中单株选育而成。主要在川西茶区种植。2021年3月获得农业农村部非主要农作物品种登记证书，编号：GDP茶树（2021）510004。

（2）特征特性　灌木型，中叶类，早芽种。树姿半开张，生长势强，分枝部位低，分枝密度密。叶片向上着生，叶片形状窄椭圆形，叶片长9.4 cm，叶片宽3.53 cm；叶色绿；叶片先端形状尖锐。在四川乐山市洪雅市开采期一般为2月下旬，一芽二叶盛期一般在3月上旬或中旬。新梢发芽密度高，茸毛中，一芽三叶长5.67 cm、百芽重31.2 g。盛花期为每年10月中旬。内轮花瓣颜色白色，花瓣数5～6枚，花冠直径中（3.7 cm），子房有茸毛，密度中等，花柱分裂位置高，雌蕊低于雄蕊高度。春梢一芽二叶含茶多酚20.2%，

氨基酸 5.13%，咖啡碱 3.3%，水浸出物 47.13%，适制绿茶、红茶，制绿茶紧结黄绿较润；栗香浓郁持久；汤色嫩绿明亮；滋味鲜爽醇厚；制红茶紧结较润显金毫；汤色橙红明亮；甜香，滋味甜浓醇厚。第 1 生长周期亩产 382 kg，比对照'福鼎大白茶'增产 6%；第 2 生长周期亩产 337 kg，比对照'福鼎大白茶'减产 2%。抗小绿叶蝉，抗炭疽病，抗寒性强。

（3）适栽地区　四川绿茶、红茶产区。

（4）栽培要点　宜种植在肥力中等或肥力较高土壤上。建议与中生种搭配种植。早春注意防治蚜虫为害。

8.'彝黄 1 号' *Camellia sinensis*（L.）O. Kuntze 'Yihuang 1'

（1）品种来源与分布　由马边彝族自治县农业农村局、马边建新茶业农民专业合作社从四川马边'四川中小叶'群体种中单株选育而成，主要在马边彝族自治县种植。2021 年 3 月获得农业农村部非主要农作物品种登记证书，编号：GPD 茶树（2021）510033。

（2）特征特性　小乔木型，小叶类，中生种。树姿半开张，生长势中，分枝部位低，分枝密度中。叶片长 8.2 cm、宽 2.8 cm，叶片呈水平着生，叶片形状窄椭圆形，叶色黄，叶面平整，叶缘微波状，叶质柔软，叶尖钝尖。在四川乐山市马边县开采期一般为 3 月中旬，一芽二叶盛期一般在 3 月下旬。发芽密度中，茸毛中。一芽三叶长 6.3 cm、百芽重 22.4 g，夏秋季新梢颜色金黄。盛花期为每年 9 月下旬。春梢一芽二叶含茶多酚 15.1%，氨基酸 7.8%，咖啡碱 4.7%，水浸出物 43.4%。适制茶类绿茶、红茶，制作烘青绿茶，感官品质色泽"三黄"突出，即干茶金黄、汤色嫩黄、叶底玉黄，外形芽叶成朵匀齐，嫩香带奶香，汤色嫩黄明亮，滋味鲜爽，叶底玉黄明亮。第 1 生长周期亩产 378 kg，比对照'福鼎大白茶'减产 5%；第 2 生长周期亩产 385 kg，比对照'福鼎大白茶'减产 3%。感小绿叶蝉，中抗炭疽病。抗（寒）旱性与对照'福鼎大白茶'相似。

（3）适栽地区　四川绿茶、红茶产区。

（4）栽培要点　加强营养调控、树势调控及绿色防控管理，不宜重施氮肥。

9.'甘露 1 号' *Camellia sinensis*（L.）O. Kuntze 'Ganlu 1'

（1）品种来源与分布　四川省农业科学院茶叶研究所和四川省名山茶树良种繁育场从'四川中小叶'群体种中单株选育而成。主要在四川名山区种植。2022 年 8 月获得农业农村部非主要农作物品种登记证书，编号：GPD 茶树（2022）510037。

（2）特征特性　灌木型，中叶类，早生种。树姿半开展，生长势强，分枝部位中，分枝密度中等。叶片向上着生，中等椭圆形，叶色绿黄，先端尖锐。在四川雅安市春季开采期一般为 2 月下旬，一芽二叶盛期一般在 3 月下旬，比对照福鼎大白茶早 6 d。发芽特早，发芽整齐，发芽密度中等，茸毛中等，芽形肥大，新梢绿黄色，一芽三叶长度 8.6 cm、百芽重 93.2 g。新梢易采摘，适宜机械化采摘。萼片绿色，5 枚，无茸毛，花瓣白色，花冠直径 3.9 cm，花柱短到中，分裂位置中到高，子房有茸毛，雌蕊与雄蕊等高。春梢一芽二叶含茶多酚 21.7%，氨基酸 4.2%，咖啡碱 4.1%，水浸出物 50.4%。适制茶类：绿茶、红茶、黑茶、白茶、黄茶。成品绿茶外形卷曲绿润、显毫；香气高鲜带栗香；汤色嫩绿明亮；滋味甘鲜浓醇；叶底嫩厚黄绿、芽叶完整。第 1 生长周期亩产 483 kg，比对照福鼎大白茶增产 20%；第 2 生长周期亩产 517 kg，比对照福鼎大白茶增产 27%。抗茶炭疽病、茶小绿叶蝉，在四川茶区抗旱性和抗寒性较强。

（3）适栽地区　四川绿茶、红茶、白茶和黑茶的产区。

（4）栽培要点　宜采用单行双株或双行单株方式种植，在使用机采的茶园应适时增加施肥量。

10. '金凤 1 号' *Camellia sinensis*（L.）O. Kuntze 'Jinfeng 1'

（1）品种来源与分布　由四川省农业科学院茶叶研究所和旺苍县茶产业技术研究所从'四川中小叶'群体种中单株选育而成，主要在川西茶区种植。2022 年 8 月获得农业农村部非主要农作物品种登记证书，编号：GPD 茶树（2022）510038。

（2）特征特性　灌木型，中叶类，中生种。树姿半开展，生长势中等，分枝部位中，分枝密度中等。叶片呈上斜状着生，中等椭圆形，叶色浅绿。在四川川西茶区开采期一般为 3 月中旬，一芽二叶盛期一般为 3 月下旬。发芽整齐，发芽密度中等，茸毛少，新梢葵花黄色，展叶后新梢成花朵状（图 3–13），成熟叶片呈金黄色。一芽三叶长度 5.8 cm、百芽重 32.0 g。萼片绿色，5 枚，无茸毛，花瓣白色，花冠直径 3.8 cm，花柱短，分裂位置高，子房有茸毛，雌蕊低于或等高雄蕊。春梢一芽二叶含茶多酚含量 22.4%，氨基酸含量 4.9%，咖啡碱含量 3.8%，水浸出物含量 45.8%。适制绿茶、红茶和黄茶。成品绿茶外形卷曲金黄有毫；香气嫩香带花香；汤色嫩黄明亮；滋味鲜爽醇和；叶底嫩黄明亮；芽叶完整。产量中等，第 1 生长周期亩产 341 kg，比对照'中黄 1 号'增产 29%；第 2 生长周期亩产 351 kg，比对照'中黄 1 号'增产 26%。中抗茶炭疽病、茶小绿叶蝉。抗旱性和抗寒性较强。

（3）适栽地区　四川绿茶、红茶和黄茶产区。

（4）栽培要点　由于黄化品种对光照非常敏感，在太阳光线较强的地区栽培可适当进行遮阳种植。

图 3–13　'金凤 1 号'一芽二叶与蓬面新梢

11. '金凤 2 号' *Camellia sinensis*（L.）O. Kuntze 'Jinfeng 2'

（1）品种来源与分布　四川省农业科学院茶叶研究所和雅安市名山区欣菊苗木种植农

民专业合作社从'四川中小叶'群体种中单株选育而成，主要在川西茶区种植。2022年8月获得农业农村部非主要农作物品种登记证书，编号：GPD茶树（2022）510039。

（2）特征特性　灌木型，中叶类，早生种。树姿半开展，生长势中等，分枝部位中，分枝密度中等。叶片呈向上着生，窄椭圆形，成叶黄绿相间，先端尖锐。在四川雅安市开采期一般为2月下旬，一芽二叶盛期一般在3月上旬，比对照福鼎大白茶早11 d。发芽整齐，新梢黄绿色，茸毛少。一芽三叶长8.1 cm、百芽重41.7 g。萼片绿色，5枚，无茸毛，花瓣白色，花冠直径3.9 cm，花柱短到中，分裂位置高，子房有茸毛，雌蕊高于雄蕊。春茶一芽二叶含茶多酚含量20.3%，氨基酸含量3.9%，咖啡碱含量4.3%，水浸出物含量51.0%。适制绿茶、红茶和黄茶。成品绿茶外形卷曲；黄绿油润显毫；香气清高显花香；汤色嫩黄明亮；滋味清鲜醇厚；叶底嫩黄明亮；芽叶完整成朵。产量中等，第1生长周期亩产302 kg，比对照'中黄1号'增产15%；第2生长周期亩产311 kg，比对照中黄1号增产12%。中抗茶炭疽病和茶小绿叶蝉，抗旱性和抗寒性较强。

（3）适栽地区　四川绿茶、红茶和黄茶产区。

（4）栽培要点　由于黄化品种对光照非常敏感，在太阳光线较强的地区栽培可以搭建遮阳棚，既可以遮挡部分阳光，又可以减少土壤水分蒸发，待茶树成园或光照减弱后，再撤去遮阳棚。在夏秋季光照太强的地方也可适当遮阳，避免强光灼烧幼嫩新梢。

12.'蒙山6号'*Camellia sinensis*（L.）O. Kuntze 'Mengshan6'

（1）品种来源与分布　四川省名山茶树良种繁育场和四川省农业科学院茶叶研究所从'四川中小叶'群体种中单株选育而成。主要在雅安茶区种植。2022年8月获得农业农村部非主要农作物品种登记证书，编号：GPD茶树（2022）510042。

（2）特征特性　小乔木型，中叶类，早芽种。树姿半开张，生长势强，分枝部位低，分枝密度密。叶片向上着生，叶片窄椭圆形，叶片长度10.3 cm、宽度4.41 cm；叶片先端形状钝，叶表面隆起强，叶边缘波状强，边缘锯齿中，叶基楔形。在四川川西地区开采期一般为3月上旬，一芽二叶盛期一般在3月下旬。发芽密度高，茸毛多。一芽三叶长7.6 cm、百芽重34.1 g。盛花期为每年10月中旬。花瓣颜色白色，花冠直径3.84 cm，子房有茸毛，花萼外部无茸毛，花柱长度0.8 cm，花柱分裂位置低，雌蕊低于雄蕊的高度。春季1芽2叶含茶多酚含量20.3%，氨基酸含量3.9%，咖啡碱含量3.2%，水浸出物含量46.1%，水溶性碳水化合物含量3.2%。适制绿茶、红茶和黑茶，且适制高档绿茶，尤其适制卷曲形名优茶，属绿茶品质型品种。制绿茶，外形紧结嫩绿润显锋毫；内质嫩香带毫香；汤色嫩绿明亮；滋味浓醇鲜；叶底嫩绿。制红茶，外形紧结多金毫；汤色橙红明亮；香气高甜；滋味醇厚回甘。第1生长周期亩产243 kg，比对照福鼎大白减产2%；第2生长周期亩产288 kg，比对照福鼎大白增产3.8%。中抗假眼小绿叶蝉、炭疽病，抗寒性强，适应性较强。

（3）适栽地区　四川绿茶、红茶和黑茶的产区。

（4）栽培要点　该品种原产于海拔约1 000 m的高山茶园中，适宜在四川茶区海拔1 200 m以下的地域或山区种植。早春催芽肥宜早施多施，注意防治小绿叶蝉和螨类为害。建议与中生品种搭配种植。

13. '蒙山 8 号' *Camellia sinensis*（L.）O. Kuntze 'Mengshan 8'

（1）品种来源与分布　四川省名山茶树良种繁育场、四川省农业科学院茶叶研究所和四川峰顶寺茶业有限公司从'四川中小叶'群体种中单株选育而成。主要在雅安茶区种植。2022 年 8 月获得农业农村部非主要农作物品种登记证书，编号：GPD 茶树（2022）510043。

（2）特征特性　小乔木，中叶类，早芽种。树姿半开展，生长势强，分枝部位低，分枝密度密。叶片长 11.4 cm、宽度 4.3 cm；叶片窄椭圆形，叶片向上着生。新梢开采期一般为 3 月中旬，一芽二叶盛期一般在 3 月中下旬。发芽密度中，茸毛中。一芽三叶长 6.9 cm、百芽重 33.5 g，夏、秋季新梢略带紫芽。盛花期为每年 11 月中旬，花瓣数 5 ～ 6 瓣，花冠直径约 3.8 cm，花柱长度 0.9 cm，花柱开裂位置低，柱头 3 裂，雌雄蕊等高或雌蕊高于雄蕊。春季新梢一芽二叶茶多酚含量 21.93%，氨基酸含量 4.30%，咖啡碱含量 4.0%，水浸出物含量 50.9%，水溶性碳水化合物含量 3.1%。适制绿茶、红茶等。制绿茶，外形紧细匀整绿润；嫩香持久带栗香；汤色嫩绿明亮；浓醇爽口；叶底细嫩多茸明亮。制红茶，外形紧结多金毫；橙红明亮；甜香，滋味浓厚回甘叶底柔软。第 1 生长周期亩产 234 kg，比对照福鼎大白减产 3%；第 2 生长周期亩产 296 kg，比对照福鼎大白增产 6%。中抗炭疽病，感小绿叶蝉，在四川茶区抗寒性强。

（3）适栽地区　四川绿茶、红茶和黑茶的产区。

（4）栽培要点　宜种植在肥力中等或较高的土壤上。建议与早生品种搭配种植。

14. 川茶 2 号 *Camellia sinensis*（L.）O. Kuntze 'Chuancha 2'

（1）品种来源与分布　四川农业大学、四川一枝春茶业有限公司和名山茶树良种繁育场从峨眉山双福乡种植的'四川中小叶'群体种中单株选育而成。主要在乐山、雅安和宜宾市推广。非主要农作物品种登记号：（2022）510047– 川茶 2 号。原四川省农作物品种审定委员会审定证书编号：川审茶 2013001。

（2）特征特性　属灌木型、中叶类、早生种。树姿半开展，分枝较密（图 3-14）；叶椭圆形，叶脉 7 ～ 9 对，叶面平展，叶尖钝尖。春茶萌发期早一芽二叶期为 3 月 19 日，比对照'福鼎大白茶'早 3 d。春、夏、秋嫩梢均绿色，无紫芽，持嫩性强，茸毛中等，发芽密度大，一芽三叶百芽重 56.1 g（2013 年雅安名山观测）。新梢发芽整齐，且再生能力强，适宜机采。2013 年沐川取样，春梢一芽二叶生化样含氨基酸含量 5.1%，水浸出物含量 48.0%，茶多酚 17.0%。2020 年四川在宜宾取样，春梢一芽二叶生化样含茶多酚 18.3%、氨基酸 6.3%、咖啡碱 3.5%、水浸出物 40.7%，儿茶素 15.1%。适制茶类：绿茶，成品绿茶外形色泽绿润显毫，汤色绿明亮，滋味鲜醇爽口，嫩香高长。第 1 生长周期亩产 324 kg，比对照'福鼎大白茶'增产 12%；第 2 生长周期亩产 413 kg，比对照'福鼎大白茶'增产 14%。中抗假眼小绿叶蝉，中抗炭疽病。在四川茶区抗旱性中等，抗寒性强。

（3）适栽地区　四川、重庆绿茶产区。

（4）栽培要点　该品种生长势旺盛，发芽密度和分枝密度均高，应加强肥水管理。

图 3-14 '川茶 2 号'整株和蓬面新梢

15. 川茶 3 号 *Camellia sinensis*（L.）O. Kuntze'Chuancha 3'

（1）品种来源与分布　　由四川农业大学和四川省名山茶树良种繁育场采用单株选择、系统育种方法从峨眉山市双福乡种植的'四川中小叶'群体种中单株选育而成。主要在乐山市、宜宾市推广。2014 年 2 月通过四川省农作物品种审定委员会审定，编号：川审茶 2013002。2022 年 9 月获得农业农村部非主要农作物品种登记证书，编号：GPD 茶树（2022）510048。

（2）特征特性　　属灌木型，中叶类，特早生种。植株主干不明显，树姿半开展，分枝较密；叶片呈上斜状着生，长椭圆形，叶色深绿，有光泽，叶面较平展，叶缘微波状，叶尖渐尖，叶身内折。春季萌发期特早，一芽二叶期为 2 月 21 日，比对照'福鼎大白茶'早 10 d。茶芽肥壮，茸毛较多，一芽三叶百芽重 68.9 g（2011 年雅安名山观测）；春梢黄绿色，持嫩性较强，夏秋梢略带紫芽。2012 年四川名山取样，春梢一芽二叶含水浸出物 60.6%、茶多酚 19.3%、氨基酸 4.5%、儿茶素总量 14.1%。2020 年、2021 年四川宜宾取样，春梢一芽二叶平均含茶多酚 20.8%、氨基酸 4.6%、咖啡碱 4.4%、水浸出物 42.0%，儿茶素 17.1%。适制绿茶。成品绿茶外形绿润扁平重实匀齐，汤色嫩绿明亮，香气鲜嫩，滋味嫩鲜回甘。抗逆性强。第 1 生长周期亩产 429 kg，比对照'福鼎大白茶'增产 17%；第 2 生长周期亩产 435 kg，比对照'福鼎大白茶'增产 15%。感小绿叶蝉，抗炭疽病。在四川茶区抗寒性和抗旱性较强。

（3）适栽地区　　四川绿茶产区。

（4）栽培要点　　适宜在四川海拔 1 200 m 以下的茶区种植。该品种发芽特早，在易发生倒春寒的茶区应加强防御；同时秋冬季管理时，避免越冬芽在冬季提早萌发，影响翌年春茶产量和品质，修剪宜在 10 月中旬后进行。

16. 川茶 5 号 *Camellia sinensis*（L.）O. Kuntze'Chuancha 5'

（1）品种来源与分布　　由四川农业大学、四川省元顶子茶场和四川省茶业集团股份有限公司从'南江中小叶'群体种中单株选育而成。主要在川北茶区种植，是南江县的主推品种。2016 年 2 月通过四川省农作物品种审定委员会审定，编号：川审茶 2016001。2022

年 12 月获得农业农村部非主要农作物品种登记证书，编号：GPD 茶树（2022）510054。

（2）特征特性　属小乔木型，大叶类，中生种。植株主干较明显，树姿半披张，分枝较密。叶片呈上斜着生，椭圆形，叶色绿，叶面微隆起，叶缘较平，叶基较钝，叶身内折，叶质较厚软，叶尖渐尖；萼片绿色，5 枚，有毛，花瓣白色，6 瓣，花冠直径约为 4.2 cm，花柱 3 裂，分裂位置浅，子房茸毛较多，茶果直径为 2.23 cm。春季萌发期晚，一芽二叶期为 4 月 8 日，比对照'福鼎大白'晚 5 d（2015 年四川南江观测）。新梢绿色，茶芽肥壮，芽叶茸毛较多，持嫩性强，发芽整齐，光泽性较强；一芽三叶百芽重 78.0 g，芽头肥壮，易采独芽（图 3-15）。2015 年四川南江县取样，春梢一芽二叶生化样含水浸出物 41.2%、游离氨基酸 4.8%、咖啡碱 3.2%、茶多酚 14.0%。2020 年四川宜宾取样，春梢一芽二叶生化样含茶多酚 17.28%、氨基酸 4.6%、咖啡碱 3.7%、水浸出物 38.2%。适制绿茶、红茶和黑茶。成品绿茶滋味较鲜浓甘爽，香气嫩香带毫香。第 1 生长周期亩产 353 kg，比对照'福鼎大白茶'增产 10%；第 2 生长周期亩产 394 kg，比对照'福鼎大白茶'增产 10%。感小绿叶蝉，感炭疽病。在四川茶区抗寒能力强，抗干旱能力较强。

（3）适栽地区　四川绿茶、红茶和黑茶的产区。

（4）栽培要点　该品种生长势旺盛，对肥培条件要求较高，宜种植在肥力中等或肥力较高土壤上。该品种的持嫩性强，注意防治螨类为害，高山阴湿茶区还须加强茶饼病的防治。建议与早生品种搭配种植。

图 3-15　'川茶 5 号'单芽和蓬面新梢

参考文献

杨亚军，梁月荣，2014. 中国无性系茶树品种志［M］. 上海：上海科学技术出版社 .

第四章　四川主要引进茶树品种介绍

四川省在自主选育和推广茶树品种的同时，为丰富品种资源，十分重视省外品种和种质资源的引进工作。早在20世纪50年代初，四川开始试验性引种，先后引进'云南大叶茶''福鼎大白茶''毛蟹''槠叶齐''湘波绿'和'福云6号'等品种种子或茶苗。其中，'云南大叶茶'引种驯化工作成效显著，至20世纪70年代该品种在全省共种植了约35万亩。20世纪70—80年代，四川各茶区还从福建、湖南、浙江和广东等省调进大量茶籽，如雅安市从福建、浙江、云南调进茶种超过200万kg，推广种植了一些省外群体品种茶树。

1985—2010年，四川先后从浙江、福建和台湾等茶区引进'梅占''乌牛早''平阳特早''龙井长叶''龙井43号''巴渝特早''黔湄419'和'青心乌龙'等40多个品种。2010年以来，茶树良种的引进力度不断加强，四川省茶叶研究所、四川农业大学茶学系和名山茶树良种繁育场、四川一枝春茶业公司、旺苍县农业农村局、四川茶业集团等单位先后引进国家级、省级品种（系）400余个，从中筛选了适宜四川搭配种植的品种10余个，如'巴渝特早''福鼎大白茶''乌牛早''中黄1号''黄金芽'和'紫娟'等，并推广示范了一定面积。省外品种的引进和推广，为四川茶区实现多品种、多茶类、不同区域种植提供了丰富的品种资源。为帮助四川省茶叶科研工作者和技术人员了解适宜四川省推广省外品种，以合理推广种植，本章着重介绍在四川省有一定推广面积的省外品种的特征特性、适栽地区和栽培要点。

第一节　省外引进的绿茶、红茶品种

一、绿茶品种

1. '巴渝特早' *Camellia sinensis* (L.) O. Kuntze 'Bayu Tezao'

（1）品种来源与分布　由重庆市农业技术推广总站于1975—2004年从'福鼎大白

茶'群体种单株选育而成。又名'福选9号',在重庆、四川有大面积种植,为四川省主栽品种。2005年通过重庆市农作物品种审定委员会审定,编号:渝认经2005002。2014年通过全国农业技术推广服务中心茶树新品种鉴定,鉴定编号:国品鉴茶2014001。

(2)特征特性　小乔木型,中叶类,特早生种。树姿半开展,分枝较密(图4-1)。叶片呈上斜状着生,椭圆形,叶色深绿,叶面微隆,叶身内折,叶质较硬。2010年在重庆永川茶叶科学研究所试验基地观测,一芽二叶期出现在2月28日,比'福鼎大白茶'早2 d。在四川名山区栽培,采独芽比'福鼎大白茶'早7 d以上,芽叶生育力和持嫩性均强,春梢绿色,茸毛较多,一芽三叶百芽重60.0 g,夏秋梢略带紫芽。花冠直径2.7 cm,萼片5枚、无毛,花瓣白色、6~7瓣,子房茸毛中等,花柱3浅裂。2010年和2012年在重庆永川取样,春茶一芽二叶生化样约含茶多酚16.3%,氨基酸3.3%,咖啡碱3.5%、水浸出物43.3%。每亩可产干茶250 kg(杨亚军 等,2014)。2020年在宜宾四川茶业集团生产基地品比园取样,春茶一芽二叶平均含茶多酚18.4%,氨基酸4.6%,咖啡碱3.6%,水浸出物42.6%,儿茶素16.4%。适制绿茶,花香明显高锐,滋味鲜爽浓醇,品质较优。感螨,抗寒性较强。

(3)适栽地区　四川、重庆绿茶茶区。

(4)栽培要点　宜选择土层深厚肥沃、海拔不超过1 000 m的地块种植,早施催芽肥,及时防治茶半跗线螨。川西茶区或其他海拔较高茶区,注意防御倒春寒。

图4-1　'巴渝特早'整株与新梢

2. '乌牛早' *Camellia sinensis*(L.)O. Kuntze'Wuniuzao'

(1)品种来源与分布　于150年前,从浙江省永嘉县乌牛镇岭下村群体品种茶园发现的单株培育而成,是浙江省目前栽培较广的特早生品种之一。引种到四川后,早茶产区泸州市、宜宾市有较大面积的栽培。1988年7月新产品通过省级鉴定,定名为'永嘉乌牛早'。

(2)特征特性　灌木型,中小叶类,特早生种。植株大小中等,树姿半开展,叶片呈稍上斜状着生,叶色绿或黄绿,叶形为椭圆形,叶端钝尖,叶面稍隆,分枝较稀,主枝不突出,再生能力强。开花结实极少,营养生长旺盛、嫩芽满枝梢,顶端生长优势明显。发芽抽梢特早，育芽力较强，在浙江 3 月 10 日就有一芽一叶新梢可以采摘，在浙江宁波地区开采期比'福鼎大白茶'早 25 d 左右。在四川省一般在 2 月上旬可采摘单芽。芽头肥壮，春茶一芽二叶百芽重 24.0 g，发芽整齐，轮次明显，老嫩均匀。茸毛较少，持嫩性好。浙江取样，春梢一芽二叶含氨基酸 4.6%，咖啡碱 4.8%，茶多酚 24.8%，水浸出物 35.9%（杨亚军 等，2014）。2021 年春季在宜宾川茶集团茶树品比园取样，春梢独芽含氨基酸 5.8%，茶氨酸 2.1%、咖啡碱 3.7%，茶多酚 17.7%，水浸出物 43.2%、可溶性糖 4.1%；春梢一芽二叶含氨基酸 5.0%，茶氨酸 1.5%、咖啡碱 3.2%，茶多酚 16.7%，水浸出物 42.6%、可溶性糖 3.6%。适制竹叶青、天府龙芽等扁形名茶。制扁形名茶，外形扁平紧直，翠绿光润；汤色嫩黄绿明亮；香气嫩香高长；滋味鲜醇厚；叶底嫩黄绿、匀亮。制烘青绿茶，外形尖润挺秀，芽峰显露，色泽嫩绿光润；内质汤色清澈；香气高鲜；滋味甘醇爽口。抗旱、抗寒和抗病性较强。

（3）适栽地区　四川低坡丘陵地茶区。

（4）栽培要点　①选择在丘陵地区向阳低坡土深的地块建园，以发挥该品种发芽特早的优势，高山区和积温低的地区不宜发展；②针对该品种分枝较稀的特性，投产茶园改培养平冠面采摘茶园为蓄梢立体采摘茶园，可提高发芽密度和产量。

3. '中茶 108' *Camellia sinensis*（L.）O. Kuntze 'Zhongcha 108'

（1）品种来源与分布　由中国农业科学院茶叶研究所 1986—2010 年从'龙井 43'辐射诱变后代中单株选育而成。引种至四川后，雅安、乐山、宜宾和广元均有栽培。2010 年通过全国茶树品种鉴定委员会鉴定，编号：国品鉴茶 20100130。

（2）特征特性　灌木型、中叶类、特早生种。植株中等，树姿半开展，分枝较密。叶片呈上斜状着生，长椭圆形，叶色绿，叶面微隆起，叶身平，叶质中。花冠直径 3.2 ～ 3.9 cm，花瓣白色、6 ～ 8 瓣，子房茸毛中等，花柱 3 裂。春季萌发期特早，2011 年在杭州观测，一芽二叶期出现在 4 月 3 日，比'福鼎大白茶'早 10 d。在四川种植，采摘期比'福鼎大白茶'提早 7 d 左右。芽叶生育力强，持嫩性强，春梢黄绿色，茸毛较少，一芽三叶百芽重 36.7 g，夏秋梢节间长，发芽整齐，较适宜机采。2011 年在杭州取样，春茶一芽二叶含茶多酚 12.0%，氨基酸 4.8%，咖啡碱 2.6%，水浸出物 48.8 %，每亩可产干茶 250 kg（杨亚军 等，2014）。2020 年在宜宾四川茶业集团生产基地品比园取样，春茶一芽二叶生化样含茶多酚 20.4%，氨基酸 5.1%，咖啡碱 3.1%，水浸出物 41.8%，儿茶素 18.6%。2021 年春季在名山区取样，春梢一芽二叶含氨基酸 5.4% 等，茶氨酸 2.5%，咖啡碱 3.5%，茶多酚 18.5%，儿茶素 15.0%，水浸出物 43.1%，可溶性糖 4.4%。制绿茶品质优，适制龙井、甘露和毛峰等名优绿茶。制烘青绿茶，外形绿润紧结；茶汤嫩绿明亮；清香浓馥；滋味鲜爽。一芽一叶制扁形茶，外形光扁挺直匀整，翠绿鲜艳；滋味清爽鲜；叶底嫩绿。但由于芽叶纤细，在四川茶区不适宜采制独芽名茶。抗寒、抗旱性较强，较抗病虫，尤抗炭疽病。

（3）适栽地区　四川、江北、江南茶区。

（4）栽培要点　注意选择土层深厚、有机质丰富的地块栽种。按时进行定型修剪和摘顶养蓬。投产后需分批、及时嫩采。

4. '龙井43' *Camellia sinensis*（L.）O. Kuntze 'Longjing 43'

（1）品种来源与分布　由中国农业科学院茶叶研究所于1960—1978年从龙井群体中采用单株育种法育成。在浙江、江苏、安徽等省有较大面积栽培。在川北茶区有栽培。1987年通过全国农作物品种审定委员会认定，编号：GS13037-1987。

（2）特征特性　灌木型，中叶类，特早生种。植株中等，树姿半开展，分枝密。叶片呈上斜状着生，椭圆形，叶色深绿，叶面平，叶身平稍有内折，叶质中等。花冠直径3.1 cm，花瓣淡白色、6瓣，子房茸毛中等，花柱3裂。结实性较强。春季萌发期特早，2011年在杭州观测，一芽二叶期出现在4月7日，比'福鼎大白茶'早6 d。芽叶生育力强，发芽整齐，耐采摘，持嫩性较差，芽叶纤细，春梢黄色，基部有一点淡红，茸毛少，一芽三叶百芽重31.6 g。2011年在杭州取样，春茶一芽二叶含茶多酚15.3 %，氨基酸4.4 %、咖啡碱2.8 %，水浸出物51.3 %。每亩可产干茶190～230 kg（杨亚军 等，2014）。适制绿茶，品质优良。外形色泽嫩绿、香气清高，滋味甘醇爽口，叶底嫩黄成朵，尤其适制扁形绿茶，如龙井等。但该品种在四川省种植，由于芽叶纤细，不适宜采制竹叶青、天府龙芽等芽形名茶，且持嫩性较差，比较适宜在川北茶区栽培，抗寒性强，但抗高温和炭疽病较弱。

（3）适栽地区　长江南北绿茶茶区。

（4）栽培要点　选择土层深厚、有机质丰富的土壤栽培。需分批及时嫩采，春梢需预防"倒春寒"危害。春季及时防治炭疽病，夏季防止高温灼伤。

5. '龙井长叶' *Camellia sinensis*（L.）O. Kuntze 'Longjing Changye'

（1）品种来源与分布　由中国农业科学院茶叶研究所于1960—1987年从龙井群体种中采用单株育种法育成。在浙江、江苏、安徽、四川、山东、陕西等省有栽培。1994年通过全国农作物品种审定委员会审定，编号：GS13008-1994。

（2）特征特性　灌木型，中叶类，中生种。植株中等，树姿较直立，分枝较密。叶片呈水平状着生，长椭圆形，叶色绿，叶面微隆起，叶身平，叶缘波，叶尖渐钝尖，叶齿较细密，叶质中等。花冠直径3.0～3.3 cm，花瓣白色、6～8瓣，子房茸毛中等，花柱3裂。春季萌发期中等，2011年在杭州观测，一芽二叶期出现在4月7日，比'福鼎大白茶'晚4 d。芽叶生育力强，持嫩性强，淡绿色，茸毛中等，一芽三叶百芽重71.5 g。2011年在杭州取样，春茶一芽二叶含茶多酚10.7 %、氨基酸5.8 %、咖啡碱2.4 %、水浸出物51.1 %。每亩可产干茶200 kg（杨亚军 等，2014）。适制绿茶。抗寒、抗旱性均强，适应性强，扦插繁殖能力强，移栽成活率高。

（3）适栽地区　长江南北茶区。

（4）栽培要点　适宜双行双株规格种植，注意选择土层深厚、有机质丰富的地块栽种。按时进行定型修剪和摘顶养蓬。及时防治小绿叶蝉。

6. '中茶102' *Camellia sinensis*（L.）O. Kuntze 'Zhongcha 102'

（1）品种来源与分布　'中茶102'原名为'洋码坞7号'，由中国农业科学院茶叶研究所从龙井群体种中单株选育而成。四川沐川县、名山区有栽培。2002年通过全国农作物品种审定委员会审定，为国家品种，编号：国审茶2002014。

（2）特征特性　植株树姿半开展，分枝较密，叶长 9.58 cm，叶宽 4.59 cm，呈椭圆形，叶色绿，叶面微隆，叶身平，叶基楔形，叶脉 7.05 对，叶尖渐尖。春季发芽早，浙江观测，一般在 3 月中旬萌发，一芽一叶期在 3 月底 4 月初，发芽期与对照'福鼎大白茶'相当。一芽二叶百芽重 14 g，芽叶黄绿色，节间短，茸毛中等。品比试验茶树树幅和单位面积的芽数、分枝数明显地超过对照'福鼎大白茶'，产量比对照'福鼎大白茶'增产 111.7%，春茶一芽二叶含氨基酸 4.1%，茶多酚 19.5%，咖啡碱 3.4%，水浸出物 40.83%，酚氨比为 4.25。2021 年春季在沐川县取样，春梢一芽二叶含氨基酸 5.6%，茶氨酸 2.7%，咖啡碱 3.4%，茶多酚 16.4%，儿茶素 14.0%，水浸出物 44.2%、可溶性糖 3.7%。同年在名山取样，春梢一芽二叶含氨基酸 4.6%，茶氨酸 3.0%、咖啡碱 3.8%，茶多酚 18.1%，儿茶素 14.8%，水浸出物 44.9%，可溶性糖 4.7%。该品种制绿茶品质优良，适制性广，适制龙井、烘青、煎茶等绿茶。所制烘青绿茶香气清高，汤色鹅黄明亮，滋味醇爽。在四川省种植，因茶芽细小，不宜采单芽，但由于节间短，适宜采一芽一叶、一芽二叶初展制作名茶。抗寒、旱性较强，抗病性亦强。

（3）适栽地区　适宜在江南、江北绿茶区和川西、川北茶区搭配种植。

（4）栽培要点　适合单行条栽，茶树连续数年采摘后要进行修剪与整枝。

二、红茶、绿茶兼制品种

1.'福鼎大白茶' *Camellia sinensis*（L.）O. Kuntze 'Fuding Dabaicha'

（1）品种来源与分布　又名"白毛茶"。原产福建省福鼎市点头镇柏柳村，已有 100 多年栽培史。1985 年通过全国农作物品种审定委员会认定，编号：GS13001—1985。四川省自 20 世纪 70 年代从福建引进后，由于该品种适应性强，在四川省各茶区均有种植，目前是四川省主栽品种之一。

（2）特征特性　小乔木型，中叶类，早生种。植株较高大，树枝半开展，主干较明显，分枝较密。叶片呈上斜状着生，椭圆形，叶色绿，叶面隆起，有光泽，叶缘平，叶身平，叶尖钝尖，叶质较厚软。花冠直径 3.7 cm，花瓣 7 瓣，子房茸毛多，花柱 3 裂。春季萌发期早，2010 年和 2011 年在福建福安社口观测，一芽二叶初展期分别出现于 3 月 24 日和 4 月 2 日。芽叶生育力强，发芽整齐、密度大，持嫩性强，黄绿色，茸毛特多，一芽三叶百芽重 63.0 g。2010 年、2011 年在福建福安社口取样，春茶一芽二叶含茶多酚 14.8%，氨基酸 4.0%，咖啡碱 3.3%，水浸出物 49.8%。每亩可产干茶 200 kg 以上（杨亚军 等，2014）。2021 年在宜宾四川茶业集团生产基地品比园取样，一芽三叶百芽重为 58.6 g，春茶一芽二叶平均含茶多酚 19.3%，氨基酸 4.1%，咖啡碱 3.9%，水浸出物 41.4%，儿茶素 16.9%。适制绿茶、红茶、白茶。制烘青绿茶，色翠绿，白毫多，香高爽似栗香，味鲜醇；制工夫红茶，色泽乌润显毫，汤色红艳，香高味醇。抗寒性强，适应性广，但抗高温干旱能力较弱。

（3）适栽地区　四川茶区、长江南北及华南茶区。

（4）栽培要点　注意增施有机肥，分批留叶采，注意采养结合。注意防高温干旱。

2. '中茶 302' *Camellia sinensis*（L.）O. Kuntze 'Zhongcha 302'

（1）品种来源与分布　由中国农业科学院茶叶研究所以'格鲁吉亚6号'为母本、'福鼎大白茶'F₁代为父本采用人工杂交后代中经单株选择——无性繁殖的方法选育而成。在浙江、四川、江西、江苏、陕西和山东等省有栽培。四川雅安、乐山、宜宾和广元均有栽培。2010年通过全国茶树品种鉴定委员会鉴定，编号：国品鉴茶2010014。

（2）特征特性　灌木型，中叶类，早生种。植株中等，树姿半开展，分枝较密。叶片呈稍上斜状着生，椭圆形，叶色黄绿，叶微隆起，叶身稍内折，叶质中等。花冠直径 3.2～3.9 cm，花瓣白色、6～8瓣，子房茸毛中等，花柱3裂。春季萌发期早，2011年在杭州观测，一芽二叶期出现在4月9日，比'福鼎大白茶'早4 d。在四川省栽培，一般发芽期比'福鼎大白茶'迟4～5 d。芽叶生育力强，持嫩性强，黄绿色，茸毛中等，一芽三叶百芽重39.0 g，较适宜机采。2011年在杭州取样，春茶一芽二叶含茶多酚 13.2%，氨基酸4.8%，咖啡碱3.1%，水浸出物50.6 %。每亩可产干茶200 kg。2020年在宜宾四川茶业集团生产基地品比园取样，春茶一芽二叶平均含茶多酚19.5%，氨基酸 4.5%，咖啡碱3.7%，水浸出物43.5%，儿茶素16.1%。2021年春季在名山区取样，春茶一芽二叶含氨基酸5.3%，茶氨酸2.0%，咖啡碱3.8%，茶多酚18.1%，儿茶素15.4%，水浸出物46.1%，可溶性糖4.8%。适制一芽一叶类名优绿茶，外形肥壮嫩绿，茸毫披露，汤色嫩绿明亮，清香高锐，滋味清爽，叶底嫩绿明亮。在四川省种植，由于发芽较迟，茶芽展至一芽一叶速度较快，不适宜采制独芽形名茶。抗寒和抗旱性较强，较抗病虫。

（3）适栽地区　江北、江南茶区，四川茶区。

（4）栽培要点　适宜单行双株条栽规格种植，注意选择土层深厚、有机质丰富的地块栽种。投产后需分批及时嫩采。连续采摘数年后，蓬面需轻剪整枝。

3. '保靖黄金茶1号' *Camellia sinensis*（L.）O. Kuntze 'Baojing Huangjincha 1'

（1）品种来源与分布　由湖南省农业科学院茶叶研究所、湖南省保靖县农业局从'保靖黄金茶'群体种中采用单株育种法育成。湖南保靖县有较大面积种植，四川省蒲江县、名山区有引种。2010年通过湖南省农作物品种审定委员会审定，编号：XPD005-2010。

（2）特征特性　树姿半开展。叶片呈半上斜状着生，长椭圆形，叶面隆起，叶身稍内折，叶质厚脆。萼片5枚，花瓣白色、5瓣，花柱3裂。春季萌发特早，2010年和2011年在长沙县高桥镇观测，一芽二叶初展期分别为3月10日和3月17日，分别比'福鼎大白茶'早24 d和16 d。芽叶生育力强，发芽密度大，整齐，芽数型，黄绿色，茸毛中等，持嫩性强，一芽二叶百芽重32.4 g。2011年在长沙县高桥镇取样，春茶一芽二叶干样含茶多酚14.6%，氨基酸5.8 %，咖啡碱3.7%，水浸出物45.5%。4～6龄茶园每亩产干茶 208 kg（杨亚军 等，2014）。2014年在四川名山区取样，春茶一芽二叶含茶多酚18.1%，氨基酸6.4 %，咖啡碱4.1%，水浸出物46.3%，其中氨基酸含量比对照'福鼎大白茶'高 53.8%。适制绿茶、红茶，也适制蒲江雀舌、蒙顶甘露名茶，品质优良。制绿茶，外形紧结多毫、绿润，汤色嫩绿明亮，香气鲜嫩高长，滋味浓醇鲜爽；制红茶、乌黑油润显金毫，滋味醇和甘爽，香气高长。抗性较强。

（3）适栽地区　湖南茶区、四川茶区。

（4）栽培要点　宜选择土壤湿度较高、土层深厚肥沃的地块种植。宜采用单行双株种植。按常规茶园栽培管理。因发芽早，早春注意防御倒春寒。

4. '浙农 117' *Camellia sinensis*（L.）O. Kuntze 'Zhenong 117'

（1）品种来源与分布　由浙江大学茶叶研究所从'福鼎大白茶'与'云南大叶种'自然杂交后代中采用单株育种法育成。四川省雅安、乐山有引种。2010 年通过全国茶树品种鉴定委员会鉴定，编号：国品鉴茶 2010012。

（2）特征特性　小乔木型，中叶类，早生种。植株较高大，树姿半开展，分枝较密。叶片呈水平状着生，长椭圆形，叶色深绿，叶身平或稍内折，叶质柔软。花冠直径 3.6 cm，花瓣 6～8 瓣，子房茸毛中等，花柱 3 裂。结实性弱。2011 年在杭州观测，一芽一叶盛期 3 月下旬至 4 月初。芽叶生育力强，持嫩性好，色绿，肥壮，茸毛中等偏少，一芽三叶百芽重 65.0 g。2010 年在杭州取样，春茶一芽二叶干样约含茶多酚 17.2 %、氨基酸 3.2%、咖啡碱 2.9 %，水浸出物 46.7%。每亩可产干茶 150 kg（杨亚军 等，2014）。2014 年在四川沐川取样，春梢一芽二叶约含茶多酚 20.3 %，氨基酸 3.9%，咖啡碱 3.9%，水浸出物 37.2%（杨亚军 等，2014）。适制红茶、绿茶。制绿茶，外形细嫩紧结、深绿显芽，汤色嫩绿明亮，花香浓，滋味浓醇。适宜采制单芽名优绿茶；在沐川取样制作红茶，含茶多酚 11.8 %，氨基酸 3.6%，咖啡碱 3.9%，水浸出物 36.5%，儿茶素 137.7 mg/kg，TR0.67%，TF8.7%，TB6.4%；外形紧细多锋苗、乌润，蜜糖香带清花香，滋味甜醇尚鲜。抗寒性、抗旱性强，抗螨、蚜虫和象甲能力较强，抗小绿叶蝉能力稍弱，抗病性强。

（3）适栽地区　浙江、福建、湖北、四川省适宜茶区。

（4）栽培要点　选择土层深厚的园地种植。加强茶园肥水管理，适时进行 3 次定剪。分批、留叶采摘，采养结合。

第二节　四川省外引进叶色特异的特色品种

1. '白叶 1 号' *Camellia sinensis*（L.）O. Kuntze 'Baiye 1'

（1）品种来源与分布　又名"安吉白茶"。原产浙江省安吉县山河乡大溪村，系自然突变而成。在浙江、江苏、江西、安徽、湖北、湖南等省均有大面积栽培。四川省各茶区均有引种和栽培，在达州市大竹县种植推广面积达到 5.3 万亩。1998 年通过浙江省茶树良种审定小组认定，编号：浙品认字第 235 号。

（2）特征特性　灌木型，中叶类，中（偏晚）生种。植株较矮小，树姿半开展，分枝部位低密，密度中等。叶片呈水平或上斜状着生，长椭圆形，叶色淡绿，叶面平，叶身稍内折，叶缘平，叶质较薄软。花冠直径 3.4 cm，花瓣白色、4～6 瓣，子房茸毛少，花柱 3 裂。春季萌发期中偏晚，2011 年杭州观测，一芽一叶期出现在 4 月 17 日，比'福鼎大白茶'晚 4 d。芽叶生育力中等。持嫩性强，春季幼嫩芽叶呈玉白色，叶脉淡绿色，随着叶片成熟和气温升高逐渐转为浅绿色，夏秋季芽叶均为绿色，芽叶茸毛中等，一芽三叶百芽重 40.5 g。2011 年在杭州取样，春茶一芽二叶含茶多酚 13.7%，氨基酸 6.3%，咖啡碱 2.3%，水浸出物 49.8%。每亩产安吉白茶干茶 5 kg 左右（杨亚军 等，2014）。2020 年、2021 年在宜宾四川茶业集团生产基地品比园取样，一芽三叶百芽重平均 39.0 g，春茶一芽二叶生化样含茶多酚含 15.0%，氨基酸 6.3%，咖啡碱 3.4%，水浸出物 41.5%。适制绿茶，所制"安吉白茶"，外形条索紧直成朵、色泽绿黄，香气似花香，滋味鲜醇爽口，汤色嫩绿明亮，叶底玉白色，特色明显，品质优良。抗性较弱，高温强光易灼伤。

（3）适栽地区　江南茶区，四川茶区。

（4）栽培要点　适宜双行条栽规格种植，注意选择土层深厚、有机质丰富的地块栽种。加强肥培管理，以促进其生长势；高温季节适当遮阳，以防芽叶灼伤。

2.'中黄 1 号' *Camellia sinensis*（L.）O. Kuntze 'Zhonghuang 1'

（1）品种来源与分布　原名"天台黄"，由中国农业科学院茶叶研究所、浙江天台九遮茶业有限公司与天台县特产技术推广站，从天台地方品种中选择自然叶色黄化突变单株通过系统鉴定选育而成。目前该品种已在浙江、四川、贵州等省推广种植。在四川广元市旺苍县已推广种植约 5 万亩。该品种通过省级林木认定，2016 年 12 月又通过浙江省林木品种审定委员会的复审，审定编号：浙 S-SV-CS-005-2016。

（2）特征特性　灌木型，中叶类，中（偏晚）生种。植株中等，树姿直立，分枝中等，叶片水平或稍上斜状着生，叶椭圆形，叶身内折，叶面微隆起，叶尖钝尖。萼片 5 个、无毛，花冠直径 2.6 cm×2.4 cm，花瓣 7 ～ 8 瓣，白带微黄色，子房（细小）中毛、3 室，花柱先端 3 浅裂，略有花香。春季营养芽萌发期中偏晚，在浙江茶区观测，一般在 3 月下旬至 4 月初萌发，采摘期一般在 4 月上中旬，一般比'福鼎大白茶'晚 7 d 左右。芽叶茸毛少，一芽三叶长 4.4 cm，百芽重 24.7 g，节间短，平均节距 1.6 cm。春、秋、冬季新梢均为黄色，其中春季新梢鹅黄色，颜色鲜亮（图 4-2），其他季节新梢为淡黄色；茸毛少，持嫩性好。品比试验结果表明，3 年"中黄 1 号"鲜叶平均产量为 82.9 kg/ 亩，产量较'福鼎大白茶'低 17.4%，但比'黄金芽'增产 39.1%。春季一芽二叶生化样含茶多酚 14.7%，氨基酸 6.9%，咖啡碱 3.1%，水浸出物 40.8%（杨亚军 等，2014）。2020 年、2021 年在宜宾四川茶业集团生产基地品比园取样，一芽二叶、一芽三叶百芽重分别为 11.7 g、13.7 g，春茶一芽二叶生化样含茶多酚 17.5%，氨基酸 6.0%，咖啡碱 4.2%，水浸出物 40.9%。在雅安市芦山县宝盛乡海拔 1 200 m 的生产园中取样，春茶一芽二叶平均含茶多酚 12.4%，氨基酸 7.1%，咖啡碱 3.3%，水浸出物 40.1%，儿茶素 11.0%。要旺苍县种植，投产茶园制名优茶亩产量约 5.0 kg，亩产值约 5.0 万元。适制高档名优绿茶，所制名茶外形细嫩绿润透金黄，汤色嫩绿清澈透黄，香气嫩香，滋味鲜醇，叶底嫩黄鲜艳，具有"三绿透三黄"的独有品质，特色明显。利用该品种旺苍县还创制的"广元黄茶""广元纯黄茶"（图 4-3）。易感炭疽病，抗病虫、抗寒、抗旱能力较强。

（3）适栽地区　适宜在江南和江北茶区年活动积温大于 3 200℃以上的浙江、四川、贵州、湖南种植。

（4）栽培要点 ①栽培技术与普通绿茶品种类似，宜采用单条双株或双条单株的种植规格；②直立性强，分枝较少，不宜养成采摘蓬面，需要适当缩小行距、增加种植密度；③立体发芽性强，适合于立体栽培模式；④因对光照比较敏感，宜选择日照条件较好的地块，成龄茶园不宜遮阳，否则影响黄化程度。

图 4-2 '中黄 1 号'新梢

图 4-3 旺苍县引进的'中黄 1 号'生产园与开发的广元黄茶

3. '黄金芽' Camellia sinensis（L.）O. Kuntze 'Huangjinya'

（1）品种来源与分布　由浙江省余姚市三七市镇德氏家茶场、余姚市林特科技推广总站、宁波市林特科技推广总站、浙江大学茶叶研究所，从当地茶树群体品种的自然变异枝条通过扦插繁殖，经多代提纯而成的光照敏感型新梢白化变异体。四川雅安、乐山、宜宾和巴中茶区均引种栽培。2008 年通过浙江省林木品种审定委员会认定，编号：浙 R-SV-CS-010-2008。

（2）特征特性　灌木型，中叶类，中生种。植株中等，树姿半开展，分枝密度中等。叶片呈上斜状着生，披针形，叶色浅绿或黄白，叶面平，叶身平或稍内折，叶缘平或波，叶尖渐尖，叶齿浅密，黄化叶前期质地较薄软、后叶缘明显增厚（图 4-4）。开花量大，花冠直径 3.5 ～ 4.0 cm，萼片 5 枚、少毛，花瓣 4 ～ 5 瓣，子房茸毛中等，花柱 3 裂。在5000℃年活动积温区域，一芽二叶初展期在 3 月下旬至 4 月初。芽体较小，茸毛多，黄白色。茶园全年保持黄色。一芽二叶初展百芽重 12.9 g。2010 年在杭州取样，春茶一芽二叶干样约含茶多酚 23.4%，氨基酸 4.0%，咖啡碱 2.6%，水浸出物 48.4%。每亩可产鲜叶 86 kg（杨亚军 等，2014）。2020 年、2021 年在宜宾四川茶业集团生产基地品比园取样，一芽二叶、一芽三叶百芽重两年平均分别为 14.0 g、28.0 g，春茶一芽二叶生化样含茶多酚15.0%，氨基酸 6.2%，咖啡碱 3.4%，水浸出物 41.5%。适制名优绿茶，具有"三黄"标志；香气浓郁，持久悠长；滋味醇、糯、鲜。以一芽一叶初展为原料采制的卷曲形茶，外形纤秀、浅黄色，香气高鲜，滋味鲜甜。以一芽二叶初展采制的成品，外形浅黄色带绿，香气高而鲜灵，滋味鲜醇。抗寒冻、抗旱、抗灼伤能力相对较弱。

（3）适栽地区　浙江省、四川省内年活动积温大于 4 200℃以上地区。

（4）栽培要点　适宜双行条栽规格种植，注意选择土层深厚、有机质丰富的地块栽种。按时进行定型修剪和摘顶养蓬。高温季节适当遮阳，以防芽叶灼伤。

4. '御金香' Camellia sinensis（L.）O. Kuntze 'Yujinxiang'

（1）品种来源与分布　由宁波黄金韵茶业科技有限公司、余姚瀑布仙茗绿化有限公司和浙江大学茶叶研究所联合在当地小叶种群体茶树的实生苗白化变异中选育而成。2014年获得了国家林业局植物新品种证书。在四川名山区、宜宾翠屏区有小面积的引种栽培。

（2）特征特性　灌木型，中叶类，中生种。是一个光照敏感型、黄色系、多季白化茶品种，白化主因是光照强度，白化随光照增强面明显，但新梢白化仅限于第一、第二轮新梢和秋梢，夏梢、冬季叶色呈绿色。树姿直立高大，树势强盛（图 4-5）。叶片椭圆形，叶长 8.5 ～ 9.4 cm，宽 3.4 ～ 4.0 cm，返绿叶蜡质明显；花期 10 月中旬至 12 月末，开花、结实能力良好，花朵瓣白蕊黄，花柱浅裂，种子圆球形，直径 1.2 ～ 1.4 cm；树势生长较旺盛，是茶作、园林兼用品种。芽叶较肥壮，当地春茶一芽一叶开采期为 4 月上中旬，百芽重 12.0 g。2008 年、2012 年在浙江宁波测试，春茶产量分别高于对照'黄金芽'18%和 14%，2009 年、2011 年则分别低于对照 9.8% 和 1.9%（杨亚军 等，2014）。在四川引种栽培，其生长势和产量均超过'黄金芽''中黄 1 号'等黄色品种。2020 年在宜宾四川茶业集团生产基地品比园取样，一芽二叶、一芽三叶百芽重分别为 34.6 g、48.3 g。春茶一芽二叶生化样含茶多酚 12.4%，氨基酸 7.1%，咖啡碱 3.3%，水浸出物 40.1%，儿茶素 14.0%。适制绿茶和红茶，采制的名优绿茶，干茶绿中见黄，汤色嫩绿显黄，叶底浅黄或明黄，香高，偶有花果香，味醇厚、回甘、耐冲泡。抗旱、寒性能力较强，抗病虫能力与常规品种相似。

（3）适栽地区 适宜在四川中低海拔的茶区种植。

（4）栽培要点 ①建议选择光照量较大，生态优越的宜茶缓坡山地建立茶园；②年活动积温 3 700℃以上区域的酸中性土壤，可作为园林绿化的低层、色块景观树种，立体景观植物布局时，上层树种遮光率不超过 30%。

5.'紫娟' *Camellia sinensis*（L.）O. Kuntze 'Zijuan'

（1）品种来源与分布 由云南省农业科学院茶叶研究所在云南大叶茶群体种陈列园中发现一株植株其新梢嫩芽、嫩叶、嫩茎均为紫色，花萼、花梗呈浅紫色，果皮微紫色特异茶树，采用单株选种法经多代培育而成。2005 年 11 月国家林业局授予植物新品种权。新品种名称：紫娟；品种权人：云南省农业科学院茶叶研究所；品种权号：20050031。目前已引种到四川、浙江、海南、重庆等茶区。四川沐川县、名山区、平昌县和旺苍县等有栽培。

（2）特征特性 小乔木型，大叶类，中芽种。树姿半开展，分枝部位较高，分枝密度中等。叶片呈上斜着生，成熟叶深绿色，柳叶形，长 11.0～13.0 cm，宽 3.4～3.6 cm。新鲜嫩梢的茎、叶、芽均为紫色。花萼 5 片，浅紫色，无茸毛；5～6 个花瓣，白泛绿，无茸毛；花柱 3 裂；雌雄蕊等高，基部连生；子房茸毛多。在云南勐海观测，春芽萌发期在 2 月下旬，在四川茶区沐川等种植，一芽一叶期在 2 月下旬或 3 月初。育芽力强，发芽密度中等，嫩梢的芽、叶、茎都为紫色，芽叶较肥壮，茸毛多，持嫩性强。一芽三叶百芽重为 115 g，5 年生茶园平均干茶产量 103.3 kg/亩。在云南勐海取样，春茶一芽二叶生化样含水浸出物 50.6%，茶多酚 36.2%，氨基酸 2.26%；夏茶一芽二叶蒸青样中茶多酚、氨基酸、水浸出物、花青素的含量分别为 36.9%、2.5%、47.4%、3.29%，花青素含量是一般红芽茶（5～10 mg/g）的 3 倍左右（杨亚军 等，2014）。2021 年在宜宾四川茶业集团生产基地品比园取样，春茶一芽二叶平均含茶多酚 19.7%，氨基酸 3.8%，咖啡碱 4.5%，水浸出物 44.5%，儿茶素 14.72%，花青素含量 2.34%。适制绿茶、红茶，制绿茶，干茶色泽紫黑，茶汤紫红，味醇厚，香气特殊。加工的红条茶，香气高爽，汤色清澈红亮，滋味浓厚，叶底红褐明亮。1991 年经云南省药物研究所的动物试验表明，紫娟绿茶降压幅度为 35.53%，维持时间 20 min，优于云南大叶群体种绿茶的降压效果（29.04%，1 min）。抗寒、抗旱、抗病虫能力强，扦插和移栽成活率高。

（3）适栽地区 适宜种植在四川与滇南、滇西茶产区相似的土壤气候区域。

（4）栽培要点 ①土壤 pH 值为 4.5～5.5，年平均温度 15℃左右，绝对最低温度在 -5℃以上；②采用双行单株条栽，大行距为 150～180 cm，小株行距为 33 cm，株距为 33 cm，3 000 株/亩左右。

'白叶 1 号'　　　　　　　　　　　'黄金芽'

'御金香'　　　　　　　　　　　　'紫娟'

图 4-4　引进特色品种新梢（'白叶 1 号''黄金芽''御金香''紫娟'）

图 4-5　'黄金茶'和'御金香'品种生产园

图 4-6 '中茶 302'和'浙农 117'茶树

参考文献

杨亚军, 梁月荣, 2014. 中国无性系茶树品种志 [M]. 上海:上海科学技术出版社.

第五章 四川主要推广的茶树品种生化特性及适制性研究

不同的茶树品种，由于遗传特性（基因型）的差异，其生理生化特性、适制性、抗逆性和适应性均有一定的差异，特别是鲜叶中生化成分的含量和比例不同，而鲜叶的特征性化学成分的含量和比例的差异，直接影响茶叶的品质和茶类的适制性。研究品种的生化特性和适制性，有助于配套加工技术的制定和茶叶品质的提高，并为充分开发利用品种提供一些依据。

第一节 四川选育并推广品种的生化成分和适制性研究

近年来，四川农业大学和四川省茶叶研究所茶树育种团队对四川选育并主要推广茶树品种的主要生化成分、制茶品质和适制性等进行了研究，研究结果对各茶区推广适栽适制品种以及制定配套的加工技术具有重要的指导作用。下面介绍部分品种的相关研究结果。

一、'名山白毫131'

1. 春、夏梢主要生化成分分析

2020年，四川农业大学茶树育种团队对四川茶业集团公司生产基地品比试验园中的'名山白毫131'进行生化成分测定并与对照'福鼎大白茶'（以下简称'福鼎'）进行比较，结果见表5-1。'名山白毫131'春梢、夏梢水浸出物的含量分别比对照'福鼎'高11.84%、3.88%；春梢氨基酸含量比对照高9.17%，且酚氨比为3.94～6.71，低于8，适制绿茶。

表5-1 '名山白毫131'主要生化成分含量（2020年，单位：%）

季节	品种	水浸出物	氨基酸	茶多酚	咖啡碱	酚氨比
春梢	名山白毫131	46.3	4.52	17.82	3.51	3.94
	福鼎大白茶（CK）	41.40	4.14	19.26	3.91	4.65

季节	品种	水浸出物	氨基酸	茶多酚	咖啡碱	酚氨比
夏梢	名山白毫131	45.01	3.31	22.19	4.00	6.71
	福鼎大白茶（CK）	43.33	3.21	21.25	4.19	6.62

注：资料来源于四川农业大学茶树栽培育种团队。

2. 春、夏梢儿茶素组分和氨基酸组分分析

于 2020 年测定了'名山白毫131'春、夏梢的儿茶素组分和春梢的氨基酸组分。测定结果（表 5-2）显示，其春梢、夏梢的儿茶素总量分别为 15.90%、19.98%，均略高于对照'福鼎'；春季酯型儿茶素含量为 14.5%，夏季为 14.86%，也略高于对照。'名山白毫131'春梢的氨基酸组分测定结果见表 5-3，其 20 种氨基酸总量高于对照'福鼎'9.56%，其中与绿茶品质呈正相关的 5 种主要氨基酸（茶氨酸、谷氨酸、天冬氨酸、精氨酸和丝氨酸含量）占比为 85.48%，茶氨酸含量为 21.54 mg/g，占氨基酸总量的 56.13%，比对照高 39.96%。

表 5-2 '名山白毫131'春、夏梢儿茶素组分含量（2020 年，单位：%）

品种	季节	儿茶素组分								儿茶素总量 / （mg/g）
		GC	EGC	C	EC	EGCG	GCG	ECG	CG	
福鼎大白茶（CK）	春梢	—	0.25	0.66	0.45	8.46	1.83	3.23	0.21	15.08
	夏梢	0.28	3.37	0.21	1.57	11.03	0.07	2.94	0.06	19.53
名山白毫131	春梢	0.45	0.28	0.20	0.47	8.80	1.58	3.90	0.22	15.90
	夏梢	0.35	3.16	0.15	1.46	11.59	0.10	3.09	0.08	19.98

注：资料来源于四川农业大学茶树栽培育种团队。

表 5-3 '名山白毫131'春梢氨基酸组分含量（2020 年，单位：mg/g）

品种	天冬氨酸	丝氨酸	谷氨酸	茶氨酸	精氨酸	氨基酸总量
名山白毫131	2.34	0.73	6.54	21.54	1.65	38.37
福鼎大白茶	3.10	0.65	6.37	15.39	4.01	35.02

注：资料来源于四川农业大学茶树栽培育种团队。

3. 适制性分析

杨安等（2013）对'名山白毫131'和对照'福鼎'春梢制作的扁形名茶、卷曲形名茶和烘青茶进行了感官审评，结果见表 5-4。其名茶和烘青茶的外形、内质得分均高于对照，表明其所制名优茶品质较优异。

表 5-4 '名山白毫 131'所制名、优茶感官审评结果（2010 年）

（杨安 等，2013）

茶样	品种	外形	外形评分	香气	汤色	滋味	叶底	内质评分	总分
扁形名茶	名山白毫 131	匀齐略弯	23.4	嫩香尚高	明亮	醇厚	黄亮	70.5	93.9
	福鼎大白茶	细匀整	22.5	嫩香尚高	明亮尚绿	醇厚	黄绿	69.5	92.0
卷曲形名茶	名山白毫 131	紧细显毫	22.7	嫩香高长	清澈明亮	浓醇鲜爽	绿黄亮	69.5	92.3
	福鼎大白茶	紧细披毫尚绿	22.0	栗香高长	浅绿清澈	浓尚鲜	嫩绿尚亮	69.5	91.5
烘青茶	名山白毫 131	墨绿匀整	22.8	嫩香高长	绿黄亮	鲜浓	绿黄较亮	71.5	94.3
	福鼎大白茶	匀整	22.5	清香尚高	黄绿明亮	浓厚	黄绿欠亮	70.5	93.0

二、'特早 213'

1. 春梢主要生化成分分析

2021 年，四川农业大学茶树育种团队对采自四川一枝春茶业公司茶树品比园（乐山市沐川县）的'特早 213'春梢的生化成分进行了测试，由表 5-5、表 5-6 可知，与特早生品种'乌牛早'相比，'特早 213'春梢的水浸出物、茶氨酸、可溶性糖和咖啡碱含量均高于'乌牛早'，分别高 5.7%、4.44%、59.25% 和 6.78%，但茶多酚和儿茶素总量比'乌牛早'分别低 2.19%、6.89%。

表 5-5 '特早 213'主要生化成分含量（2021 年，单位：%）

品种	水浸出物	游离氨基酸总量	茶氨酸	可溶性糖	咖啡碱	茶多酚	酚氨比
特早 213	44.30	4.89	1.69	4.65	3.62	16.45	3.36
乌牛早	41.90	4.92	1.17	2.92	3.39	16.81	3.42

注：资料来源于四川农业大学茶树栽培育种团队。

表 5-6 '特早 213'春梢儿茶素组分含量（2021 年，单位：%）

品种名称	GC	EGC	C	EC	EGCG	GCG	ECG	CG	儿茶素总量
特早 213	0.24	2.97	0.23	1.19	8.41	0.11	1.60	0.06	14.80
乌牛早	0.31	3.72	0.26	1.72	7.51	0.13	2.14	0.05	15.82

注：资料来源于四川农业大学茶树栽培育种团队。

2. 绿茶感官审评结果与品质分析

对'特早 213'和对照'福鼎'加工的名优茶进行感官审评，从表 5-7 中可看出，'特早 213'春梢加工名优绿茶的外形、内质得分均超过对照'福鼎'，其生产的扁形名茶和卷曲形名茶栗香、嫩香高长，滋味浓醇鲜爽，汤色清澈明亮，品质优良；所加工的烘青茶外形紧细完整，汤色黄绿明亮，滋味浓厚，品质较优异。

表 5-7 ‘特早 213’和‘福鼎大白茶’所制名优茶的感官品质

(杨安 等，2013)

茶类	品种	外形	外形评分	香气	汤色	滋味	叶底	内质评分	总分
扁形名茶	特早 213	扁平厚实	23.6	栗香高长	清澈明亮	浓醇尚香	绿黄亮	71.8	95.4
	福鼎大白茶	细匀整	22.5	尚高	明亮尚绿	醇厚	黄绿	69.5	92.0
卷曲形名茶	特早 213	紧实翠绿	23.5	嫩香高长	清澈明亮	浓醇鲜爽	嫩绿明亮	71.0	94.5
	福鼎大白茶	紧细披毫尚绿	22.0	栗香高长	浅绿清澈	浓尚鲜	嫩绿尚亮	69.5	91.5
烘青茶	特早 213	紧细完整	23.3	嫩香尚高	绿明亮	醇尚浓	绿黄明亮	72.2	95.5
	福鼎大白茶	匀整	22.5	清香尚高	黄绿明亮	浓厚	黄绿欠亮	70.5	93.0

三、‘川茶 2 号’

1. 春、夏梢主要生化成分分析

于 2020 年春季在四川省茶业集团股份公司（以下简称川茶集团）生产基地的品比试验园采摘‘川茶 2 号’春梢测定生化成分，结果见表 5-8。该品种一芽二叶生化样的氨基酸含量为 6.30%，比对照‘福鼎’高 52.17%，茶多酚含量则比对照低 5.41%，其酚氨比为 2.96，具有高氨低酚的生化特性，且具有加工茶叶苦涩味轻、滋味鲜爽的的生化物质基础。2022 年春季在四川一枝春茶业公司生产基地采摘川茶 2 号单芽、一芽一叶加工名茶，送中国茶叶研究所测试主要生化成分，测试结果见表 5-9，其氨基酸含量分别为 7.1%、6.5%，茶多酚为 19.0%、19.3%，咖啡碱含量为 3.5%、3.8%，水浸出物含量为 50.0%、50.2%，酚氨比为 2.68、2.99，也表明所制名茶具良好的生化物质基础。

表 5-8 ‘川茶 2 号’春、夏梢主要生化成分含量（2020 年，单位：%）

年份	季节	品种	水浸出物	氨基酸	茶多酚	咖啡碱	酚氨比
2020	春梢	川茶 2 号	40.71	6.30	18.31	3.50	2.91
		福鼎大白茶	41.40	4.14	19.30	3.91	4.64
	夏梢	川茶 2 号	43.73	3.51	20.51	4.26	5.85
		福鼎大白茶	43.33	3.40	21.25	4.19	6.26

注：资料来源于四川农业大学茶树栽培育种团队。

表 5-9 ‘川茶 2 号’制作名茶主要生化成分含量（2022 年，单位：%）

茶样	水浸出物	氨基酸	茶多酚	咖啡碱	酚氨比
茶样 1（独芽制作）	50.0	7.1	19.0	3.5	2.68
茶样 2（一芽一叶制作）	50.2	6.5	19.3	3.8	2.99

2. 春、夏梢儿茶素、氨基酸组分和香气组分的分析

于 2020 年测定了'川茶 2 号'春、夏梢的儿茶素总量，结果见表 5-10，其春夏梢的儿茶素总量分别为 13.64%、18.91%，分别比对照'福鼎'低 10.56%、3.28%，其中酯型儿茶素含量分别为 12.19%、15.01%，也表明其具有制作滋味醇和、苦涩味较轻的绿茶的生化物质基础。'川茶 2 号'春梢 21 种氨基酸的总量比对照'福鼎'高 15.51%（表 5-11），其中与绿茶品质呈正相关的 5 种主要氨基酸（茶氨酸、谷氨酸、天冬氨酸、精氨酸和丝氨酸）的含量占比为 88.56%，比对照高 19.66%；其中茶氨酸含量比对照高 31.06%。

表 5-10　'川茶 2 号'春、夏梢儿茶素组分含量（2020 年，单位：%）

品种	季节	儿茶素组分								儿茶素总量
		GC	EGC	C	EC	EGCG	GCG	ECG	CG	
福鼎大白茶	春梢	—	0.25	0.66	0.45	8.46	1.83	3.23	0.21	15.08
	夏梢	0.28	3.37	0.21	1.57	11.03	0.07	2.94	0.06	19.53
川茶 2 号	春梢	0.60	0.26	0.28	0.31	7.10	1.08	3.68	0.33	13.64
	夏梢	0.30	2.32	0.32	0.95	11.52	0.07	3.32	0.10	18.91

表 5-11　'川茶 2 号'春梢主要氨基酸组分含量（2020 年，单位：mg/g）

品种	天冬氨酸	丝氨酸	谷氨酸	茶氨酸	精氨酸	氨基酸总量
福鼎大白茶	2.34	0.73	6.54	21.54	1.65	38.37
川茶 2 号	2.44	0.70	6.75	28.23	1.13	44.32

对'川茶 2 号'独芽和一芽一叶开发的 2 种名茶送样至农业农村部茶叶质量测试监督检验中心进行了香气组分的测定，检测出 2 种名茶中含 40 多种香气成分，其中具花香的芳樟醇的相对含量分别为 22.7%、25.61%，具玫瑰香气的香叶醇为 8.55%、8.86%，具清香的二甲基硫含量 11.43%、9.99%，具木香的 δ - 杜松烯含量为 6.86%、5.94%，具水果清香的顺 - 已酸 -3- 已烯酯含量分别为 4.71%、2.32%，这 5 种香气成分的相对含量占总含量的 53.85%、52.72%，表明'川茶 2 号'春梢所制名茶花香和清香明显。

3. 适制性和制茶品质分析

2020 年，对名山区、沐川县和平昌县采制的'川茶 2 号'扁形芽茶、毛峰茶和烘青绿茶进行了感官审评，见表 5-12，从表中可看出，'川茶 2 号'所制名茶和烘青绿茶均有良好的品质表现，所制绿茶外形条索紧细，绿润显毫；嫩香、栗香持久；汤色嫩绿且明亮；滋味鲜浓甘爽，苦涩味轻；叶底嫩绿明亮，其感官品质均超过对照'福鼎'和'巴渝特早'。

表5-12 '川茶2号'不同地区不同加工工艺绿茶茶样感官审评结果（2020年）

茶样	干茶（外形25%）	香气（25%）	汤色（10%）	滋味（30%）	叶底（10%）	总分
川茶2号 扁形芽茶 （沐川）	嫩芽匀直、绿尚亮 9.4	嫩香尚高、带甜香 9.3	嫩绿明亮 9.5	鲜浓甘爽 9.6	芽嫩绿、重实明亮 9.2	94.55
川茶2号 毛峰样 （沐川）	细秀、披峰毫、 匀齐、墨绿 9.6	嫩香、 栗香高长 9.4	嫩绿明亮 9.5	鲜浓爽口 9.4	柔软嫩绿带芽匀齐 9.3	95.00
川茶2号 烘青茶样 （平昌）	紧细重实、显锋毫、 稍弯曲、绿带黄 8.65	嫩香、细腻、高长 9.4	嫩绿清澈 9.40	高鲜甘爽 9.5	细嫩、多芽、 嫩绿匀齐 9.4	92.43
巴渝特早 烘青茶样 （平昌）	紧结、重实、稍曲、 带锋苗、绿泛黄 8.60	嫩香、高长 9.4	嫩黄绿 清澈 9.30	清鲜甘爽 9.2	尚软、带芽、欠完 整、绿亮 9.3	91.20
川茶2号 烘青茶样 （名山）	紧结重实、弯曲、 带锋苗、墨绿 8.45	鲜嫩带清香 9.5	嫩绿明亮 9.40	鲜甜醇爽 9.5	细嫩柔软、多嫩芽 叶、嫩绿亮 9.2	91.98
福鼎大白茶 烘青茶样 （名山）	紧卷显毫、 绿润尚完整 8.50	嫩香、高长 9.3	杏绿明亮 9.60	高鲜醇爽 9.1	柔软带嫩芽、 嫩绿匀整 9.1	90.50

注：资料来源于四川农业大学茶树栽培育种团队。

四、'紫嫣'

1. 主要生化成分分析

杨纯婧等（2020）测定了种植在四川一枝春公司茶树品比园的'紫嫣'及'紫娟'（对照）一芽二叶新梢以及制作绿茶和红茶茶样的主要生化成分（表5-13、表5-14）。结果表明，'紫嫣'春梢的游离氨基酸总量和花青素含量均高于'紫娟'，分别高15.14%和17.17%；其加工绿茶样的主要内含物含量与'紫娟'接近，但绿茶样中的花青素含量比'紫娟'高129.63%，而红茶样中的花青素含量与对照接近，且明显低于绿茶。

表5-13 '紫嫣''紫娟'鲜叶和所制绿茶主要生化成分含量比较（单位：%）

（杨纯婧 等，2020）

茶样	水浸出物	茶多酚	游离氨基酸	咖啡碱	花青素
紫嫣新梢	45.49	20.36	4.41	3.98	2.73
紫娟新梢	45.86	22.03	3.83	4.14	2.33

茶样	水浸出物	茶多酚	游离氨基酸	咖啡碱	花青素
紫嫣绿茶	45.3	19.41	4.01	3.98	2.48
紫娟绿茶	46.6	19.20	3.52	4.64	1.08

表 5-14　'紫嫣'和'紫娟'所制红茶主要生化成分含量比较（单位：%）
（杨纯婧 等，2020）

品种	水浸出物	茶多酚	儿茶素总量	咖啡碱	茶黄素	茶红素	茶褐素	花青素
紫嫣	41.6	9.2	1.3	3.7	0.2	4.3	6.3	0.83
紫娟	38.8	10.4	0.9	3.8	0.3	4.3	5.9	0.63

2021 年四川农业大学茶树栽培与育种团队测试'紫嫣'和'紫娟'春梢中 21 种氨基酸组分的含量分别为 41.53 mg/g、39.51 mg/g，其中茶氨酸含量分别为 21.65 mg/g 和 23.38 mg/g。苏氨酸、缬氨酸、异亮氨酸等氨基酸是人体必需氨基酸，'紫嫣'春梢必需氨基酸含量为 3.64 mg/g，占氨基酸总量的 8.76%，比'紫娟'高 184.38%。儿茶素是茶叶多酚类的主体物质。'紫嫣'和'紫娟'春梢儿茶素总量分别为 17.99%、19.79%，均高于'福鼎'（16.93%），分别高 16.89% 和 9.94%，且'紫嫣'和'紫娟'酯型儿茶素所占总量比例分别为 78.44%、69.22%，'紫嫣'占比比'紫娟'高 13.32%，此外，'紫嫣'和'紫娟'EGCG 的含量分别为干重的 11.24% 和 8.61%，'紫嫣'又比'紫娟'高 30.55%。

2. 适制性分析

杨纯婧等（2020）对'紫嫣'和'紫娟'春梢一芽二叶制成的烘青绿茶和红茶茶样进行感官审评，审评结果如表 5-15 所示。'紫嫣'绿茶外形匀整，色青黛；汤色蓝紫清澈；有嫩香、蜜糖香；滋味浓厚尚回甘；叶底柔软，色靛青，品质优于对照。'紫嫣'所制红茶外形乌润、有毫，香气浓郁、有甜香，汤色较红亮，滋味甜醇爽口，叶底尚红稍暗，综合品质稍低于对照紫娟。应加强紫嫣鲜叶的配套加工工艺的研究，以提高茶叶品质，更好地开发利用紫芽茶树。

表 5-15　'紫嫣'和'紫娟'加工烘青绿茶、红茶感官品质比较
（杨纯婧 等，2020）

茶类		外形（25%）		香气（25%）		汤色（10%）		滋味（30%）		叶底（10%）		总分
		评语	评分	评语	评分	评语	评分	评语	评分	评语	评分	
烘青绿茶	紫嫣	细紧、匀整、青黛	90.8	有嫩香、蜜糖香	93.6	蓝紫清澈	86	浓醇尚甘	85.7	柔软、色靛青	89	89.3
	紫娟	紫黑、尚紧细、匀整	85.2	高长、带花香	90.4	淡紫尚亮	85	浓醇爽口	82.7	匀整、靛青明亮	88	86.0

茶类	外形（25%）		香气（25%）		汤色（10%）		滋味（30%）		叶底（10%）		总分
	评语	评分	评语	评分	评语	评分	评语	评分	评语	评分	
红茶 紫嫣	有毫、乌润、较重实	92.4	浓郁、有甜香	92.0	较红亮	87	甜醇爽口	85.3	尚红稍暗	83	88.7
紫娟	有毫、乌润	91.2	浓郁、有蜜香	96.4	红、尚亮	86	甜醇	83.7	较红亮	88	89.4

五、'峨眉问春'

1. 主要生化成分分析

对种植在宜宾川茶集团基地和沐川县四川一枝春茶业公司基地的'峨眉问春'的春梢进行主要生化成分测定，并与'福鼎大白茶'进行比较，结果如表5-16所示。该品种春梢的水浸出物含量为42.70%～44.80%，游离氨基酸总量为3.70%～3.80%，茶氨酸为1.14%～1.15%，低于对照'福鼎'，可溶性糖为3.00%～4.46%，略高于对照。春梢酚氨比为4.76～5.31，低于8，适制绿茶。从春梢的儿茶素含量来看（表5-17），沐川取样点的儿茶素总量和EGCG的含量均略低于对照'福鼎'，而宜宾取样点较接近。

表5-16 '峨眉问春'与'福鼎大白茶'春梢鲜叶主要生化成分含量比较（2021年，单位：%）

品种	水浸出物	游离氨基酸总量	茶氨酸	可溶性糖	咖啡碱	茶多酚	酚氨比
峨眉问春（沐川）	44.80	3.70	1.15	4.46	3.75	17.63	4.76
福鼎大白茶（沐川）	41.05	5.56	2.66	3.99	3.68	18.72	3.37
峨眉问春（宜宾）	42.70	3.80	1.14	3.00	3.91	20.16	5.31
福鼎大白茶（宜宾）	41.40	4.14	1.34	3.56	3.80	19.26	4.65

注：资料来源于四川农业大学茶树栽培育种团队。

表5-17 '峨眉问春'与'福鼎大白茶'春梢儿茶素组分含量比较（2020年，单位：%）

品种	GC	EGC	C	EC	EGCG	GCG	ECG	CG	儿茶素总量
峨眉问春（沐川）	0.09	1.70	0.20	1.48	7.29	0.10	2.73	0.05	13.65
福鼎大白茶（沐川）	0.10	1.72	0.15	1.27	8.91	0.12	2.37	0.06	14.70
峨眉问春（宜宾）	0.08	1.47	0.15	1.18	8.19	0.10	2.92	0.07	14.16
福鼎大白茶（宜宾）	0.19	1.94	0.17	0.95	8.40	0.13	2.31	0.05	14.14

注：资料来源于四川农业大学茶树栽培育种团队。

2. 适制性和制茶品质分析

对宜宾川茶集团茶树品比园和名山茶树良种场采制'峨眉问春'绿茶样进行感官审评，结果如表 5–18 所示，'峨眉问春'所制的扁形芽茶、甘露和烘青茶品质得分均略低于对照'福鼎''巴渝特早'和'乌牛早'。这是由于该品种鲜叶中的氨基酸含量低于对照'福鼎'，而茶多酚和儿茶素含量总体高于对照等品种，使加工茶叶滋味鲜爽度不及对照等品种，但'峨眉问春'所制扁形芽茶、甘露的品质得分均高于 90 分，香气嫩香带清香，汤色清澈明亮，滋味爽口尚鲜，总体品质较优。

表 5–18 '峨眉问春'所制扁形芽茶、甘露和烘青茶感官审评结果（2020 年）

茶名	外形（25%）		香气（25%）		汤色（10%）		滋味（30%）		叶底（10%）		总得分
	评语	评分	评语	评分	评语	评分	评语	评分	评语	评分	
峨眉问春沐川扁形芽茶	嫩芽、重实、匀齐、光亮、绿润	95	嫩香带鲜香	93	清澈明亮	93	浓醇爽口尚鲜	90	芽肥嫩匀齐、嫩绿亮	94	92.70
峨眉问春宜宾扁形芽茶	嫩芽细匀、尚绿	92	嫩香带清香	92	尚嫩绿、明亮	91	尚鲜浓醇爽口	91	芽细嫩匀齐、嫩绿亮	93	91.7
乌牛早宜宾扁形芽茶	嫩芽略扁、匀齐绿尚润	96	栗香带嫩香高长	94	嫩绿明亮	95	浓醇爽口、回味带花香	95	芽嫩绿明亮	91	94.60
巴渝特早沐川单芽甘露	嫩芽、披毫、绿润、匀齐	93	嫩甜香、毫香突出	94	嫩绿清澈	94	鲜醇	92	嫩芽、匀齐、肥壮	96	93.35
峨眉问春沐川单芽甘露	嫩芽、披毫、嫩绿、匀齐	95	毫香带嫩香、回甜带青	93	嫩绿尚明	91	鲜尚强	90	嫩绿毫细嫩、多芽、匀齐	95	92.60
福鼎大白茶烘青绿茶	肥壮、披毫、卷曲、匀整	92	嫩香带清香花香、高长	94	嫩绿明亮	90	浓醇鲜爽	93	嫩绿带芽匀整	92	92.70
巴渝特早烘青绿茶	紧卷、显毫、匀齐、绿润	93	嫩香高长	93	嫩绿明亮	90	鲜尚强	90	软细嫩、多芽嫩绿、明亮	91	91.70
峨眉问春烘青绿茶	紧结、显峰毫、尚匀齐、绿尚润	90	嫩香带毫香	94	嫩绿明亮	90	尚鲜醇	89	嫩黄柔软、带芽尚匀	90	90.70

注：资料来源于四川农业大学茶树栽培育种团队。

六、'川沐 28 号'

1. 芽叶性状

观测四川茶业集团生产基地茶树品比试验园采摘'川沐 28 号'的独芽、一芽二叶、一芽三叶的芽叶性状，并与'福鼎'进行比较，如表 5-19 所示，该品种的芽叶持嫩性强，茸毛多，叶色为绿色或浅绿色；其单芽百芽重为 103.86 g，比对照'福鼎'重57.73%，一芽二叶长度和百芽重也比对照分别高 34.43%、103.96%，一芽三叶分别高出对照 28.83%、77.24%，表明其独芽和新梢均肥壮重实。因此，该品种适宜采摘单芽制作名茶，但采摘的一芽二叶和一芽三叶初展的原料，由于肥壮重实，不适宜加工外形要求纤细的茶叶。

表 5-19　'川沐 28 号'与'福鼎大白茶'的春梢芽叶性状比较（2021 年）

品种	芽色	茸毛	单芽		一芽二叶		一芽三叶	
			长度 /cm	百芽重 /g	长度 /cm	百芽重 /g	长度 /cm	百芽重 /g
川沐 28 号	浅绿	多	3.23	15.3	8.98	80.32	10.50	103.86
福鼎大白茶	黄绿	多	2.48	9.70	6.68	39.38	8.15	58.60

注：资料来源于四川农业大学茶树栽培育种团队。

2. 主要生化成分分析

采摘宜宾川茶集团品比园的'川沐 28 号'的春梢进行生化成分测定，从表 5-20 可看出，该品种两年的平均水浸出物含量为 42.55%，略高于对照'福鼎'，平均氨基酸含量和茶多酚含量为 4.45%、18.92%，分别比对照高 12.09%、8.83%，咖啡碱为 3.73 %，酚氨比4.17 ～ 4.36，内含物质丰富，春梢适制绿茶。

表 5-20　'川沐 28 号'与'福鼎大白茶'春梢主要生化成分含量比较（2020—2021 年，单位：%）

	品种	年份	水浸出物	游离氨基酸总量	茶多酚总量	咖啡碱	酚氨比
春梢	川沐 28 号	2021	43.70	3.90	17.00	3.90	4.36
		2020	41.40	5.00	20.83	3.56	4.17
	福鼎大白茶	2021	42.20	3.80	15.50	3.89	4.07
		2020	41.40	4.14	19.26	3.91	4.65

注：资料来源于四川农业大学茶树栽培育种团队。

3. 春梢儿茶素组分分析

从表 5-21 可以看出，'川沐 28 号'春、夏梢的儿茶素含量范围为 16.17% ～ 21.28%，分别比对照'福鼎'高 7.16%、8.90%，与茶叶品质密切相关的 EGCG 的含量也高于对照。

表 5–21　'川沐 28 号'与'福鼎大白茶'不同季节新梢儿茶素组分含量比较（2020 年，单位：%）

品种	季节	GC	EGC	C	EC	EGCG	GCG	ECG	CG	儿茶素总量
川沐 28 号	春梢	0.77	0.30	0.23	0.48	9.11	1.32	3.73	0.23	16.17
	夏梢	0.39	4.46	0.11	1.80	11.45	0.09	3.00	0.08	21.28
福鼎大白茶	春梢	< 0.10	0.25	0.66	0.45	8.46	1.83	3.23	0.21	15.09
	夏梢	0.28	3.37	0.21	1.57	11.03	0.07	2.94	0.06	19.53

注：资料来源于四川农业大学茶树栽培育种团队。

4. 适制性和制茶品质分析

2012—2018 年，'川沐 28 号'品种参加第五轮全国茶树新品种区试，表 5–22 为 2016—2018 年重庆区试点制作一芽二叶烘青绿茶样感官审评结果，该品种的品质得分均高于对照'福鼎'，且滋味浓醇、甘鲜、爽口，香气高鲜且花香显，品质优异。

表 5–22　重庆区试点'川沐 28 号'烘青绿茶审评结果（2016—2018 年）

茶样	外型（20%）		汤色（10%）		香气（30%）		滋味（30%）		叶底（10%）		总分
	评语	评分	评语	评分	评语	评分	评语	评分	评语	评分	
福鼎大白茶（CK，2018）	较细紧、卷曲、显毫、绿翠	92	较嫩绿明亮	93	高爽	92	较醇厚、较甘爽、微涩	92	嫩、有芽、较匀齐、绿明亮	91	92.0
川沐 28 号（2018）	壮结、卷曲、显毫、绿翠	92	嫩绿、清澈明亮	95	高鲜、略有栗香	94	鲜爽、较甘	93	较嫩、有芽、较匀齐、青绿亮	90	92.7
福鼎大白茶（CK，2017）	较紧结、略卷曲、显毫、较匀、绿翠润	90	嫩绿、清澈明亮	94	高鲜、有毫香、栗香、花香	94	甘醇、鲜爽、略淡	94	嫩匀、有芽、茎较长、尚嫩绿明亮	90	92.8
川沐 28 号（2017）	细紧、略卷曲、显毫、绿润	92	嫩绿、清澈明亮	94	清高、鲜爽、花香显	94	浓醇、甘鲜、爽口	95	细嫩、厚实、显芽、嫩绿	94	93.9
福鼎大白茶（CK，2016）	尚紧结、略卷曲、有毫、深绿	88	嫩绿明亮	93	清高、鲜爽、有花香	92	尚浓厚、较甘鲜、微涩	90	软较匀、有芽、较绿稍带青张	87	90
川沐 28 号（2016）	细紧、略卷曲、显毫、绿润	91.5	尚嫩绿、明亮	91	清高、鲜爽、花香显	95	浓醇、较甘鲜、为涩	90	细嫩、显芽、嫩绿明亮	92	91.9

注：资料来源于重庆市茶叶研究所。

2020 年春季，在名山、沐川品比园中采摘'川沐 28 号'独芽制作名茶，从感官审评结果（表 5–23）可看出，该品种制作扁形芽茶的品质与'福鼎'相当。此外，利用该品种茶芽肥壮、茸毛多的特征，在夏季采摘独芽制作红茶，其产品外形肥壮、披金毫，香气为甜香，且温闻有蜜糖香，滋味浓强甜醇厚（表 5–24），品质较优异。因此，可用该品种的夏茶细嫩原料生产红茶产品。

表 5–23 '川沐 28 号'与'福鼎大白茶'的扁形名茶的感官品质比较（2020 年）

茶样名	外形（25%）		汤色（10%）		香气（25%）		滋味（30%）		叶底（10%）		总得分
	评语	评分	评语	评分	评语	评分	评语	评分	评语	评分	
川沐 28 号芽茶（沐川）	肥壮、扁直、翠绿润、显毫	9.0	嫩黄绿、清澈	9.3	嫩香带栗香	9.4	浓醇、鲜爽	9.3	肥嫩、嫩绿、明亮	9.5	93.5
福鼎大白茶芽茶（沐川）	肥嫩、披毫、嫩绿	9.1	浅黄、明亮	9.0	嫩香带甜香	9.4	浓醇	9.2	肥嫩、嫩黄绿、明亮	9.3	92.15
川沐 28 号芽茶（名山）	肥壮、尚匀、显毫、黄绿	9.0	嫩黄绿、尚亮	9.2	嫩香带栗香	9.3	浓厚、爽口	9.0	肥嫩、匀齐、尚嫩绿	9.3	91.0
福鼎大白茶芽茶（名山）	紧结、稍曲、披毫、嫩绿润	9.2	嫩绿、明亮	9.2	嫩香、高长	9.5	浓厚、爽口	9.3	细紧、嫩绿亮	9.2	93.5

注：资料来源于四川农业大学茶树栽培育种团队，下表同。

表 5–24 '川沐 28 号'夏梢制作红茶茶感官审评结果

茶样名	外形（25%）		汤色（10%）		香气（25%）		滋味（30%）		叶底（10%）		总得分
	评语	评分	评语	评分	评语	评分	评语	评分	评语	评分	
独芽红茶	肥壮、披金毫	9.8	尚红明亮	8.9	甜香、温闻有蜜糖香	9.8	浓强甜醇厚	9.0	完整、嫩匀、柔软	9.3	94.2
一芽一叶	肥壮、显金毫、黑褐	8.8	红亮	9.1	浓郁、甜香	9.6	浓醇回甜	8.8	较完整、柔软	7.8	89.3

七、'马边绿 1 号'

1. 芽叶性状

对宜宾川茶集团生产基地的品比试验园采摘'马边绿 1 号'的独芽、一芽二叶、一芽三叶，观测叶色、茸毛、长度和百芽重等性状，并与'福鼎'（对照）进行比较（表 5–25）。该品种叶色黄绿，茸毛较多，其单芽长度、百芽重分别比对照'福鼎'长 27.82%、重 34.46%，一芽二叶的长度和百芽重分别高于对照 26.50%、85.88%，一芽三叶的长度和百芽重分别高于对照 29.82%、59.49%。因此，该品种适宜采摘单芽制作名茶，但不适宜加工外形要求纤细的茶叶。

表 5-25 '马边绿 1 号'与'福鼎大白茶'芽长、百芽重比较（2021 年）

品种	芽色	茸毛	单芽		一芽二叶		一芽三叶	
			长度 /cm	百芽重 /g	长度 /cm	百芽重 /g	长度 /cm	百芽重 /g
马边绿 1 号	黄绿	密	3.17	14.8	8.45	73.20	10.58	93.46
福鼎大白茶（CK）	黄绿	密	2.48	9.70	6.68	39.38	8.15	58.60

注：资料来源于四川农业大学茶树栽培育种团队。

2. 主要生化成分分析

2020—2021 年对四川茶业集团生产基地品比试验园中采摘'马边绿 1 号'的春梢生化样的主要生化成分进行了测试（表 5-26），其水浸出物含量为 36.30% ～ 41.80%，且两年平均值低于对照'福鼎'6.58%；春梢氨基酸含量两年平均值为 4.53，高于对照 14.11%；茶多酚平均含量为 17.71%，与对照相当；咖啡碱平均含量为 3.75%，略低于对照；春梢的酚氨比均小于 4，适制绿茶。

表 5-26 '马边绿 1 号'与'福鼎大白茶'春梢主要生化成分含量比较（2020—2021 年，单位：%）

品种	年份	水浸出物	游离氨基酸总量	茶多酚总量	咖啡碱	酚氨比
福鼎大白茶	2020	41.40	4.14	19.26	3.91	4.65
	2021	42.20	3.80	15.50	3.89	4.07
	平均	41.80	3.97	17.38	3.9	4.37
马边绿 1 号	2020	36.30	4.56	17.73	3.67	3.88
	2021	41.80	4.50	17.70	3.82	3.93
	平均	39.05	4.53	17.71	3.75	3.90

注：资料来源于四川农业大学茶树栽培育种团队。

从表 5-27 可以看出，'马边绿 1 号'春梢、夏梢的儿茶素含量为 15.21% ～ 19.70%，均略高于对照'福鼎'。与茶叶品质密切相关的 EGCG 含量春梢为 8.83%，高于对照 4.37%，但夏梢含量为 10.75%，低于对照 2.54%。从酯型儿茶素比例来看，'马边绿 1 号'也低于对照。

表 5-27 '马边绿 1 号'与'福鼎大白茶'春、夏梢儿茶素组分比较（2020 年；单位：%）

品种	季节	儿茶素组分							酯型儿茶素	儿茶素总量
		GC	EGC	C	EC	EGCG	GCG	ECG	CG	
福鼎大白茶	春梢	< 0.10	0.25	0.66	0.45	8.46	1.83	3.23	0.21	13.73	15.09
	夏梢	0.28	3.37	0.21	1.57	11.03	0.07	2.94	0.06	14.1	19.53
马边绿 1 号	春梢	0.70	0.37	0.26	0.39	8.83	1.43	3.01	0.22	13.49	15.21
	夏梢	0.31	3.97	0.23	1.56	10.75	0.06	2.75	0.07	13.63	19.70

注：资料来源于四川农业大学茶树栽培育种团队。

3. 适制性与茶叶品质分析

2012—2018 年，'马边绿 1 号'品种参加第五轮全国茶树新品种区试，其产量、品质性状均表现良好。表 5-28 为 2016—2018 年重庆区试点制作一芽二叶春茶烘青绿茶样感官审评结果，该品种 3 年的感官品质得分（92.0 分）略高于对照'福鼎'（91.6 分），表明该品种的春梢制作烘青绿茶品质较优。

表 5-28　重庆区试点'马边绿 1 号'烘青绿茶审评结果（2016—2018 年）

品种	外型（20%）		汤色（10%）		香气（30%）		滋味（30%）		叶底（10%）		总分
	评语	评分	评语	评分	评语	评分	评语	评分	评语	评分	
2016 年福鼎大白茶（CK）	较细紧、卷曲、显毫、绿翠	92.0	较嫩绿、明亮	93.0	高爽	92.0	较醇厚、较甘爽、微涩	92.0	嫩、有芽、较匀齐、绿明亮	91.0	92.0
2016 年马边绿 1 号	壮结略、卷曲、显毫、绿	92.0	嫩绿、明亮	94.0	清鲜、花香显	95.0	浓尚醇、微涩、有花香	92.0	嫩、较厚、有芽、尚嫩绿	91.0	92.7
2017 年福鼎大白茶（CK）	较紧结、略卷曲、显毫、较匀、绿翠润	90.0	嫩绿、清澈明亮	94.0	高鲜、有毫香、栗香、花香	94.0	甘醇鲜爽、略淡	94	嫩匀、有芽、茎较长、尚嫩绿明亮	90.0	92.8
2017 年马边绿 1 号	紧结、略卷曲、显毫、绿润	93.0	嫩绿、清澈明亮	94.0	清高、鲜爽、花香显	94.0	甘醇鲜爽、微涩	93.0	嫩厚、显芽、匀齐、嫩绿明亮	94.0	93.5
2018 年福鼎大白茶（CK）	尚紧结、略卷曲、有毫、深绿	88.0	嫩绿、明亮	93.0	清高、鲜爽、有花香	92.0	尚浓厚、较甘鲜、微涩	90.0	软较匀、有芽、较绿稍带青张	87.0	90.0
2018 年马边绿 1 号	尚壮结、略卷曲、显毫、深绿	90.5	尚嫩绿、较明亮	90.5	尚清高、微闷	89.5	尚浓醇、尚甘、微涩	89.0	嫩匀、显芽、绿明亮	90.5	89.8

注：资料来源于重庆市茶叶研究所。

八、'天府红 1 号'

1. 主要生化成分分析

于 2020—2021 年测定了'天府红 1 号'（四川茶叶集团品比园中取样）春梢中主要生化成分含量，结果如表 5-29 所示。春梢两年平均含茶多酚为 18.34%，氨基酸 4.27%，咖啡碱 3.45%，水浸出物 41.68%，其中氨基酸含量和茶多酚含量高于对照'福鼎'，分别高 7.56% 和 5.58%。此外，儿茶素组分分析结果表明（表 5-30），该品种春、夏梢的儿茶素组分总量 16.49%～20.52%，均高于对照，分别高 20.81% 和 5.02%，因此，该品种适制红茶。

表 5-29　'天府红 1 号'春梢主要生化成分含量比较（2020—2021 年，单位：g/100 g）

年份	品种	水浸出物	氨基酸总量	茶多酚	咖啡碱
2020	天府红 1 号	42.41	4.34	19.44	3.5
	福鼎大白茶	41.4	4.14	19.26	4.14
2021	天府红 1 号	40.95	4.2	17.24	3.4
	福鼎大白茶	42.16	3.8	15.48	3.89

注：资料来源于四川农业大学茶树栽培育种团队。

表 5-30　'天府红 1 号'与'福鼎大白茶'春梢、夏梢鲜叶儿茶素组分含量比较（2020 年，单位：%）

	品种名称	GC	EGC	C	EC	EGCG	GCG	ECG	CG	儿茶素总量
春梢	天府红 1 号	0.49	3.98	0.29	1.67	7.06	0.09	2.85	0.05	16.49
	福鼎大白茶	0.05	1.47	0.15	1.06	8.33	0.10	2.45	0.05	13.65
夏梢	天府红 1 号	0.49	3.50	0.14	1.85	9.51	0.22	4.71	0.09	20.52
	福鼎大白茶	0.28	3.37	0.21	1.57	11.03	0.07	2.94	0.06	19.54

注：资料来源于四川农业大学茶树栽培育种团队。

2. 适制性分析

该品种所制红茶具有外形条索紧细，色泽乌润、金毫显露，香气甜香浓郁持久，滋味鲜醇回甘，汤色红亮等特点，品质优异。该品种所制绿茶，经四川农业大学审评专家的审评（表 5-31），其外形紧结、显毫、重实；汤色浅黄明亮，香气清香带嫩香，滋味鲜醇，叶底柔软完整，明亮，感官品质与对照'福鼎'相当。

表 5-31　'天府红 1 号'绿茶的感官审评结果（2021 年）

品种名称	外形（25%）		汤色（10%）		香气（25%）		滋味（30%）		叶底（10%）		总分
	评语	评分	评语	评分	评语	评分	评语	评分	评语	评分	
天府红 1 号	紧结弯曲，显毫，重实，深绿	86	浅黄明亮	87	清香带嫩香	87	鲜醇	86	柔软完整，匀明亮	87	85.9
福鼎大白茶（CK）	紧结重实弯曲，深绿鲜润	86	黄绿较亮	85	嫩香带栗香	84	鲜，醇厚爽口	87	柔软带嫩尖，绿明亮	87	85.8

注：资料来源于四川农业大学茶树栽培育种团队。

九、'川农黄芽早'

1. 主要生化成分分析

2019 年，测试了种植在沐川县海拔 1 200 m 的李家山的'川农黄芽早''名山白毫 131'和'福鼎大白茶'春梢的主要生化成分的含量（表 5-32），测试结果表明，'川农黄芽早'的水浸出物、氨基酸、咖啡碱含量与'名山白毫131'和'福鼎大白茶'接近，但茶多酚、儿茶素含量高于这2个品种，分别高1.93%～15.93%、2.45%～11.16%，具有良好的生化品质基础。2020—2021年，测试了四川茶业集团公司品比园种植的'川农黄芽早'的春梢主要生化成分含量（表5-33），测定结果表明，两年春茶一芽二叶平均含茶多酚19.80%，氨基酸4.16%，咖啡碱3.37%，水浸出物39.56%。

表5-32 '川农黄芽早''名山白毫131'和'福鼎大白茶'春梢主要生化成分含量（2019年，单位：%）

参数名称	福鼎大白茶	名山白毫131	川农黄芽早
水浸出物	43.68	46.84	45.19
游离氨基酸总量	5.39	5.18	5.24
茶多酚总量	18.20	20.70	21.10
咖啡碱	4.61	4.41	4.47
GC	0.23	0.26	0.29
EGC	1.60	1.58	3.30
C	0.14	0.22	0.21
EC	1.06	1.12	1.24
EGCG	9.64	10.79	10.52
GCG	0.94	0.60	0.09
ECG	2.59	3.18	2.27
CG	0.37	0.24	0.51
儿茶素总量	16.58	17.99	18.43

注：资料来源于四川农业大学茶树栽培育种团队。

表5-33 '川农黄芽早''福鼎大白茶'春梢主要生化成分含量（2020—2021年，单位：g/100 g）

品种	品种	水浸出物	氨基酸总量	茶多酚	咖啡碱
2020	川农黄芽早	36.72	4.18	19.53	3.49
	福鼎大白茶	41.4	4.14	19.26	3.91
2021	川农黄芽早	42.4	4.13	20.07	3.25
	福鼎大白茶	42.16	3.80	15.48	3.56

注：资料来源于四川农业大学茶树栽培育种团队。

2. 适制性分析

2012—2018 年，'川农黄芽早'品种参加第五轮全国茶树新品种区试，其产量、品质性状和抗性均表现良好。表 5-34 为 2016—2018 年重庆区试点制作一芽二叶春茶烘青绿茶样感官审评结果，该品种 3 年的感官品质得分与对照'福鼎'相当，表明其制作烘青绿茶品质较优。

表 5-34　'川农黄芽早'烘青绿茶样感官审评结果（2016—2018 年）

| 年份 | 品种 | 外型（20%） | | 汤色 10% | | 香气 30% | | 滋味 30% | | 叶底 10% | | 总分 |
		评语	评分	评语	评分	评语	评分	评语	评分	评语	评分	
2016	福鼎大白茶（CK）	较细紧、卷曲、显毫、绿翠	92	较嫩绿明亮	93	高爽	92	较醇厚、较甘爽、微涩	92	嫩、有芽、较匀齐、绿明亮	91	92
	川农黄芽早	细紧、卷曲、锋苗显露、黄绿	90	嫩绿、明亮	94	高爽、火工足	93	醇厚、甘鲜、细滑	94	嫩、略有芽、较匀齐、绿明亮	90	92.5
2017	福鼎大白茶（CK）	较紧结、略卷曲、显毫、较匀、绿翠润	90	嫩绿、清澈明亮	94	高鲜、有毫香、栗香、花香	94	甘醇、鲜爽、略淡	94	嫩匀、有芽、茎较长、尚嫩绿明亮	90	92.8
	川农黄芽早	紧结、略卷曲、显毫、嫩绿润	92	嫩黄、明	90	清高、略有花香	93	浓、较厚、较爽、微涩	93	嫩厚、显芽、嫩黄明亮	94	92.6
2018	福鼎大白茶（CK）	尚紧结、略卷曲、有毫、深绿	88	嫩绿明亮	93	清高、鲜爽、有花香	92	尚浓厚、较甘鲜、微涩	90	软较匀、有芽、较绿稍带青张	87	90
	川农黄芽早	较细紧、略卷曲、有毫、黄绿	90	浅黄、明	88.5	尚高鲜、有花香、微闷	89	尚浓醇、尚甘鲜、略涩	88	较细嫩、显芽、嫩黄较明亮	90	89.5

注：资料来源于重庆市茶叶研究所。

2021 年四川农业大学茶叶审评专家对种植于名山、平昌的'川农黄芽早'和'福鼎'所制绿茶进行感官审评，结果如表 5-35 所示。两地'川农黄芽早'所制绿茶的感官品质得分略低于对照'福鼎'，其外形紧结，显峰毫，尚绿润；汤色嫩黄绿，香气清香带嫩香；滋味清醇爽口，叶底细嫩带芽、匀齐、绿亮。

表 5-35 '川农黄芽早'名山、平昌绿茶样感官审评结果（2021 年）

产地	品种	外形（25%）		汤色（10%）		香气（25%）		滋味（30%）		叶底（10%）		总分
		评语	评分	评语	评分	评语	评分	评语	评分	评语	评分	
名山	福鼎大白茶	紧细，弯曲，显峰毫，绿润	9.0	嫩绿清澈	9.4	毫香浓郁	9.3	浓醇显鲜	9.4	细嫩，带芽，嫩绿明亮	9.1	92.4
	川农黄芽早	紧结，弯曲，显峰毫，尚绿润	8.8	嫩黄绿	9.2	清香带嫩香，高长	9.2	清醇爽口	9.2	细嫩带芽，匀齐，绿亮	9.3	91.1
平昌	福鼎大白茶	紧卷显毫、绿润尚完整	8.50	杏绿明亮	9.60	嫩香，高长	9.3	高鲜醇爽	9.1	柔软带嫩芽，嫩绿匀整	9.1	90.5
	川农黄芽早	紧卷、带锋苗、完整、较绿润	8.50	嫩绿清澈	9.10	嫩香浓郁	9.2	鲜爽回甘	9.0	柔软、多芽匀齐、嫩绿亮	9.2	89.6

注：资料来源于四川农业大学茶树栽培育种团队。

十、'川茶 5 号'

1. 主要生化成分分析

对川茶集团生产基地的品比试验园采摘的'川茶 5 号'春、夏梢测定生化成分，结果见表 5-36。其水浸出物的含量范围为 38.20% ～ 46.21%，茶多酚含量为 17.28% ～ 22.52%，氨基酸含量为 3.92% ～ 4.55%，咖啡碱的含量为 3.68% ～ 4.14%。其中'川茶 5 号'的春梢氨基酸含量比对照'福鼎'高 9.90% ～ 22.12%，酚氨比为 3.79 ～ 5.74，表明春梢适制绿茶。

表 5-36 '川茶 5 号'春、夏梢主要生化成分含量（2020 年，单位：%）

季节	品种	水浸出物	氨基酸	茶多酚	咖啡碱	酚氨比
春梢	川茶 5 号	38.20	4.55	17.28	3.68	3.79
	福鼎大白茶	41.4	4.14	19.26	3.91	4.65
夏梢	川茶 5 号	46.21	3.92	22.52	4.14	5.74
	福鼎大白茶	43.33	3.21	21.25	4.19	6.62

注：资料来源于四川农业大学茶树栽培育种团队。

2. 春、夏梢儿茶素、氨基酸组分的分析

于 2020 年测定了该品种春、夏梢的儿茶素总量（表 5-37），其儿茶素总量在 16.70% ～ 20.71%，春、夏梢均高于对照'福鼎'，分别高 10.74%、6.04%，其中酯型儿茶素含量的范围在 13.57% ～ 14.85%，EGCG 的含量在 9.52% ～ 10.75%。从表 5-38 可以看出，该品种春梢 21 种氨基酸总量为 40.39 mg/g，比对照'福鼎'高 5.26%。其中茶氨酸、谷氨酸、天冬氨酸、精氨酸和丝氨酸这 5 种主要氨基酸含量占比为 89.75%，比'福鼎'高 10.52%，其中茶氨酸含量为 25.39 mg/g，比'福鼎'高 17.87%。

表 5-37　'川茶 5 号'春、夏梢儿茶素组分含量（2020 年，单位：%）

| 品种 | 季节 | 儿茶素组分 | | | | | | | | 儿茶素总量 |
		GC	EGC	C	EC	EGCG	GCG	ECG	CG	
福鼎大白茶	春梢	–	0.25	0.66	0.45	8.46	1.83	3.23	0.21	15.08
	夏梢	0.28	3.37	0.21	1.57	11.03	0.07	2.94	0.06	19.53
川茶 5 号	春梢	0.71	0.48	0.21	0.45	9.52	1.43	3.65	0.25	16.70
	夏梢	0.35	4.61	0.26	1.92	10.75	0.07	2.69	0.06	20.71

注：资料来源于四川农业大学茶树栽培育种团队。

表 5-38　'川茶 5 号'春梢主要氨基酸组分含量（2020 年，单位：mg/g）

品种	天冬氨酸	丝氨酸	谷氨酸	茶氨酸	精氨酸	氨基酸总量
福鼎大白茶	2.34	0.73	6.54	21.54	1.65	38.37
川茶 5 号	3.02	0.73	6.50	25.39	0.61	40.39

注：资料来源于四川农业大学茶树栽培育种团队。

3. 适制性分析

采摘种植于宜宾四川茶业集团股分公司品比试验园的'川茶 5 号'和'福鼎'春梢制作扁形绿茶和烘青绿茶，并进行感官审评（表 5-39）。所制扁形绿茶，香气高爽带栗香，滋味浓醇、较甘爽，品质接近对照'福鼎'；但因该品种芽叶肥壮，条索粗壮，导致所制烘青绿茶外形和品质总得分均低于对照。因此，应根据市场需求，采用该品种的配套制作工艺加工茶产品，以充分发挥品种优势。

表 5-39　'川茶 5 号'扁形绿茶、毛峰绿茶、烘青绿茶感官审评结果（2021 年）

| 茶样 | 品种 | 外形（25%） | | 香气（25%） | | 汤色（10%） | | 滋味（30%） | | 叶底（10%） | | 总分 |
		评语	评分	评语	评分	评语	评分	评语	评分	评语	评分	
扁形绿茶	川茶 5 号	肥壮、重实、黄绿亮、匀齐	92	高爽带栗香	92	嫩黄绿、明亮、清澈	94	浓醇、较甘爽	91	肥壮、嫩黄绿明亮、匀齐	93	92
	福鼎大白茶	肥嫩、披毫、嫩绿润、匀齐	95	嫩香带甜香	94	嫩绿明亮	94	鲜醇爽口	93	肥嫩、嫩黄绿明亮、匀齐	93	93.9
烘青绿茶	川茶 5 号	紧结肥壮重实，深绿显毫，尚匀	85	高爽、有栗香	90	黄绿明亮	87	鲜醇厚，爽口	87	柔软、绿明亮，尚匀	83	86.9
	福鼎大白茶	紧结，深绿鲜润，匀齐	90	高爽、有栗香	90	黄绿明亮	87	鲜醇厚爽	88	柔软带嫩尖，绿明亮，较匀	88	88.9

注：资料来源于四川农业大学茶树栽培育种团队。

第二节 四川主要引进品种的生化成分和适制性研究

一、'巴渝特早'

1. 鲜叶主要生化成分分析

2020 年测定了种植于川茶集团品比试验园的'巴渝特早'春梢和秋梢主要生化成分，结果如表 5–40 所示。其春梢和秋梢的水浸出物、茶多酚和氨基酸含量均高于对照'福鼎'，其中茶多酚含量分别高 18.71%、12.56%，氨基酸总量分别高 10.14%、10.28%，但春梢咖啡碱含量较对照低 8.01%。

表 5–40 '巴渝特早'春梢、秋梢主要生化成分含量（2020 年，单位：g/100 g）

	品种	水浸出物	茶多酚	氨基酸总量	咖啡碱
春梢	巴渝特早	42.60	18.40	4.56	3.62
	福鼎大白茶	41.40	15.50	4.14	3.91
秋梢	巴渝特早	44.31	23.92	3.54	4.42
	福鼎大白茶	43.33	21.25	3.21	4.19

注：资料来源于四川农业大学茶树栽培育种团队。

2020—2021 年连续两年测定了'巴渝特早'的春、夏梢的儿茶素组分，并以'福鼎'作为对照，结果见表 5–41。儿茶素总量在 16.38% ~ 21.00%，春、夏梢均高于对照'福鼎'，分别高 7.47%、15.84%；春、夏梢的 EGCG 含量在 10.07% ~ 11.42%，也高于对照，分别高 3.53%、19.88%。

表 5–41 '巴渝特早'儿茶素组分含量（2020—2021 年，单位：%）

组分	2020 年夏		2021 年春	
	巴渝特早	福鼎大白茶	巴渝特早	福鼎大白茶
GC	0.42	0.28	0.14	0.19
EGC	4.62	3.37	2.74	1.94
C	0.17	0.21	0.19	0.17
EC	1.57	1.57	1.16	0.95
EGCG	11.42	11.03	10.07	8.40
GCG	0.10	0.07	0.10	0.13
ECG	2.65	2.94	1.94	2.31

组分	2020 年夏		2021 年春	
	巴渝特早	福鼎大白茶	巴渝特早	福鼎大白茶
CG	0.06	0.06	0.05	0.05
儿茶素总量	21.00	19.54	16.38	14.14

注：资料来源于四川农业大学茶树栽培育种团队。

2. 适制性分析

刘婷婷等（2015）对'巴渝特早''名山白毫 131'和'福鼎'3 个品种所制工夫红茶的主要生化成分（表 5-42）和感官品质进行研究发现，'巴渝特早'所制红茶茶多酚、茶黄素和茶红素含量较高，均高于'名山白毫 131'和'福鼎'，且外形、香气、滋味的得分及感官品质审评总分最高（94.9 分），高于其余 2 个品种，表明其品质优异，适宜制作功夫红茶。

表 5-42　'巴渝特早'所制工夫红茶主要生化成分含量（单位：%）

（刘婷婷，2015）

品种	茶多酚	氨基酸	咖啡碱	水浸出物	可溶性糖	茶黄素	茶红素
巴渝特早	14.23	2.98	1.37	37.00	6.90	0.51	4.43
名山白毫 131	13.28	3.51	1.34	38.00	7.09	0.39	5.33
福鼎大白茶	10.00	3.81	1.49	34.00	7.35	0.18	2.89

2021 年春季在川茶集团采摘两批'巴渝特早'独芽制作扁形名茶，并进行感官审评（表 5-43），其感官审评得分均比'乌牛早'和'名山白毫 131'制作的独芽名茶略高，其外形扁直、翠绿，滋味浓厚鲜爽，嫩香浓郁，汤色浅黄绿，叶底嫩绿明亮，品质优异，表明该品种单芽适宜制作竹叶青、天府龙芽等扁形名茶。

表 5-43　'巴渝特早'独芽所制扁形名茶感官品质审评结果（2021 年）

茶样	外形（25%）		汤色（10%）		香气（25%）		滋味（30%）		叶底（10%）		总分
	评语	评分	评语	评分	评语	评分	评语	评分	评语	评分	
巴渝特早 （第一批）	扁直，翠绿，匀齐	9.5	浅黄绿	9.3	嫩香，浓郁	9.5	浓厚鲜爽	9.3	细嫩，嫩绿，明亮	9.4	94.1
巴渝特早 （第二批）	扁平，直匀，翠绿润	9.5	嫩黄绿，明亮	9.1	鲜嫩，高长	9.4	醇厚鲜爽	9.4	嫩绿，明亮	9.4	94.0
乌牛早 （第一批）	紧直，翠绿，光润	9.4	浅黄	9.2	嫩香，尚高	9.2	鲜醇厚	9.2	肥壮，嫩黄绿，匀亮	9.3	92.6
乌牛早 （第二批）	紧直，尚匀，深绿光润	9.3	浅黄绿	9.2	嫩香，高长	9.3	醇厚尚鲜	9.3	幼嫩，嫩绿，匀亮	9.5	93.1

茶样	外形（25%）		汤色（10%）		香气（25%）		滋味（30%）		叶底（10%）		总分
	评语	评分	评语	评分	评语	评分	评语	评分	评语	评分	
名山白毫131	扁直，翠绿，匀齐	9.3	黄尚亮	9.0	嫩香尚高	9.1	鲜，醇厚	9.3	肥嫩，嫩黄绿，匀亮	9.3	92.2

注：资料来源于四川农业大学茶树栽培育种团队。

对平昌、名山两地种植的'巴渝特早'所制炒青绿茶的感官审评结果如表5-44所示，其外形紧结重实，带锋苗；汤色嫩黄绿、清澈，香气嫩香高长，滋味清鲜甘爽；感官审评得分均超过90分，品质与对照'福鼎'相当。

表5-44　平昌、名山所制'巴渝特早'绿茶感官品质审评结果（2020—2021年）

品种		外形（25%）		汤色（10%）		香气（25%）		滋味（30%）		叶底（10%）		总分
		评语	评分	评语	评分	评语	评分	评语	评分	评语	评分	
2020平昌	福鼎大白茶	紧卷显毫、绿润尚完整	8.50	杏绿明亮	9.60	嫩香、高长	9.3	高鲜醇爽	9.1	柔软带嫩芽、嫩绿匀整	9.1	90.50
	巴渝特早	紧结、重实、稍曲、带锋苗、绿泛黄	8.60	嫩黄绿、清澈	9.30	嫩香、高长	9.4	清鲜甘爽	9.2	尚软、带芽、欠完整、绿亮	9.3	91.20
2021名山	福鼎大白茶	紧细，弯曲显峰毫，绿润	9	嫩绿清澈	9.2	毫香浓郁	9.3	浓醇显鲜	9.2	细嫩，带芽，嫩绿明亮	9.3	91.85
	巴渝特早	紧卷，披毫重实，黄绿，匀齐	8.9	黄绿明亮	9.1	栗香带甜香	9.1	鲜，醇厚	9.1	细秀，多芽，嫩黄绿亮	9.2	90.60

注：资料来源于四川农业大学茶树栽培育种团队。

二、'中茶108''中茶302'和'中茶102'

1. 芽叶性状

郭雅丹（2013）对3个品种春梢芽叶性状的观测如表5-45所示。3个品种均表现出芽叶柔软，持嫩性强的特性，但'中茶108'独芽较为纤细，百芽重低于对照'福鼎'35.11%，不适宜采摘独芽，宜采摘一芽一叶或一芽二叶制作名优绿茶；'中茶302'发芽较迟，茶芽较快展叶为一芽一叶，采摘独芽时间较短，更适宜采一芽一叶和一芽二叶初展的名优茶原料。

表 5-45 '中茶 108''中茶 302'和'中茶 102'品种春梢芽叶性状观测

（郭雅丹，2013）

地区	品种	色泽	茸毛	持嫩性	独芽		一芽一叶		一芽二叶	
					长度	百芽重	长度	百芽重	长度	百芽重
沐川县	中茶 108	黄绿	较少	强	2.27	5.21	3.84	10.02	5.39	19.57
	中茶 302	黄绿	较多	强	2.12	7.76	2.75	11.28	4.11	20.59
	中茶 102	绿	较少	强	2.51	7.78	3.65	10.89	4.91	19.50
	福鼎大白茶（CK）	绿	多	强	2.54	7.89	3.07	11.53	4.84	20.27
名山区	中茶 108	绿	较少	强	1.96	5.32	3.01	8.91	4.29	14.68
	中茶 302	黄绿	较多	强	1.75	6.79	2.66	9.13	3.59	15.55
	中茶 102	深绿	较少	强	1.83	6.98	2.71	9.58	3.96	14.83
	福鼎大白茶（CK）	绿	多	强	2.14	7.28	3.15±	10.39	4.56	15.86

2. 鲜叶主要生化成分分析

2020 年四川农业大学育种团队测定了种植在川茶集团品比园中的'中茶 108''中茶 302'的春梢、秋梢的主要生化成分，并以'福鼎'作对照，结果如表 5-46 所示。'中茶 302'春梢的水浸出物含量较对照'福鼎'高 5.07%，且'中茶 108'和'中茶 302'春梢的氨基酸含量分别比对照高 23.91%、8.21%，这 2 个品种春梢、夏梢的儿茶素总量含量范围为 16.12% ～ 21.11%（表 5-47），均高于对照'福鼎'（14.14% ～ 19.54%）。

表 5-46 '中茶 108''中茶 302'和'中茶 102'春梢、秋梢主要生化成分含量（2020 年，单位：g/100 g）

季节	品种	水浸出物	茶多酚	氨基酸总量	咖啡碱
春梢	中茶 108	41.8	20.43	5.13	3.14
	中茶 302	43.5	19.53	4.48	3.74
	福鼎大白茶	41.4	19.26	4.14	3.91
夏梢	中茶 302	46.35	22.38	3.93	4.41
	中茶 108	44.67	22.02	4.06	3.85
	福鼎大白茶	43.33	21.25	2.51	4.19

注：资料来源于四川农业大学茶树栽培育种团队。

表 5-47 '中茶 108''中茶 302'春梢、秋梢儿茶素组分含量（2020 年，单位：%）

季节	品种	GC	EGC	C	EC	EGCG	GCG	ECG	CG	儿茶素总量
春季	中茶 302（宜宾）	0.16	2.21	0.13	0.74	10.22	0.13	2.47	0.05	16.12
	中茶 108（宜宾）	0.14	2.36	0.19	1.14	9.85	0.10	2.73	0.05	16.56
	福鼎大白茶（宜宾）	0.19	1.94	0.17	0.95	8.40	0.13	2.31	0.05	14.14

续表

季节	品种	GC	EGC	C	EC	EGCG	GCG	ECG	CG	儿茶素总量
秋季	中茶108（宜宾）	0.53	3.39	0.28	1.12	12.45	0.04	3.21	0.09	21.11
	中茶302（宜宾）	0.33	4.38	0.17	1.36	11.76	0.32	2.70	0.07	21.08
	福鼎大白茶（宜宾）	0.28	3.37	0.21	1.57	11.03	0.07	2.94	0.06	19.54

注：资料来源于四川农业大学茶树栽培育种团队。

3. 适制性分析

2021年四川农业大学茶树栽培育种团队对宜宾、名山、平昌三地种植的'中茶108''中茶302'所制绿茶进行审评。从表5-48可看出，'中茶108'和'中茶302'的感官审评得分与对照'福鼎'相当。'中茶108'所制绿茶外形紧结重实，色泽深绿润；汤色嫩绿较亮，香气嫩香带毫香；滋味鲜醇。'中茶302'所制绿茶外形紧细，色泽嫩绿光润；汤色浅绿明亮，香气嫩香高长；滋味鲜醇爽口，叶底细嫩、绿亮，总体品质均较优。

表5-48 '中茶108''中茶302'不同地区所制绿茶感官审评结果（2021年）

地区	茶名	外形（25%）		汤（10%）		香气（25%）		滋味（30%）		叶底（10%）		总分
		评语	评分	评语	评分	评语	评分	评语	评分	评语	评分	
名山	福鼎大白茶	紧细，弯曲，显峰毫，绿润	9.0	嫩绿清澈	9.4	毫香高香浓郁	9.6	浓醇显鲜	9.5	细嫩，带芽，嫩绿明亮	9.3	93.7
	中茶108	紧结，重实，弯曲，深绿润	8.7	嫩绿较亮	9.4	嫩香带毫香，高长	9.4	鲜醇	9.0	细嫩鲜活，嫩绿，亮	8.9	90.6
	中茶302	紧细，多芽，紧实，嫩绿光润	9.1	浅绿明亮	9.2	嫩香高长	9.1	鲜醇爽口	8.9	细嫩，多芽，嫩黄，绿亮	9.1	90.5
宜宾	福鼎大白茶	紧结重实弯曲，深绿鲜润	8.6	黄绿较亮	8.5	嫩香带栗香	8.4	鲜，醇厚爽口	8.7	柔软带嫩尖，绿明亮	8.7	85.8
	中茶108	紧结重实，绿润，完整	8.5	黄绿尚亮	8.8	清香尚高	9.0	鲜醇厚	8.7	柔软完整，绿亮，匀齐	8.8	87.5
	中茶302	紧结重实弯曲，深绿鲜润	8.6	黄绿较浅	8.4	栗香带嫩香	8.2	鲜醇甘爽	8.8	柔软多嫩叶，嫩绿明亮	8.6	85.4

地区	茶名	外形（25%）		汤（10%）		香气（25%）		滋味（30%）		叶底（10%）		总分
		评语	评分	评语	评分	评语	评分	评语	评分	评语	评分	
平昌	福鼎大白茶	紧卷显毫、绿润尚完整	8.50	杏绿明亮	9.60	嫩香、高长	9.3	高鲜醇爽	9.1	柔软带嫩芽、嫩绿匀整	9.1	90.5
	中茶108	重实、稍扁、带锋毫、黄绿明亮	8.65	嫩绿明亮	9.30	嫩香带清香、高长	9.3	清鲜爽口	9.0	细嫩、多芽匀齐、嫩黄绿、明亮	9.3	90.5
	中茶302	重实、稍弯曲、显锋毫、稍扁、黄绿	8.50	嫩黄绿、明亮	9.20	嫩香、高长	9.1	清鲜爽口	9.1	柔软、多嫩芽、嫩黄绿、明亮	9.2	89.7

注：资料来源于四川农业大学茶树栽培育种团队。

三、'乌牛早'

1. 主要生化成分分析

2020 年对川茶集团品比试验园的该品种春梢的独芽、一芽二叶进行主要生化成分的测定，并以特早生品种'巴渝特早'和'特早213'为对照，结果如表5-49所示。该品种的春梢氨基酸、茶氨酸和可溶性糖含量均高于对照品种，其中独芽中这3种生化成分的含量分别比对照'巴渝特早'高11.78%、17.34%和6.75%，而水浸出物、茶多酚、咖啡碱含量略低于对照，表明其内含物质较丰富，生化品质基础优良。

表 5-49　'乌牛早'春梢主要生化成分含量（2020 年，单位：%）

品种	水浸出物	游离氨基酸总量	茶氨酸	可溶性糖	咖啡碱	茶多酚
乌牛早（独芽）	43.23	5.79	2.03	4.11	3.68	17.74
巴渝特早（独芽）	44.51	5.18	1.73	3.85	4.19	17.79
乌牛早（一芽二叶）	42.60	5.00	1.48	3.61	3.19	16.74
特早213（一芽二叶）	42.76	4.83	1.24	2.83	4.12	17.92

注：资料来源于四川农业大学茶树栽培育种团队。

2. 适制性分析

于 2020—2021 年春季以'乌牛早''名山白毫131'的独芽（采自川茶集团品比园）为原料制作扁形名茶，感官审评结果表明，'乌牛早'所制名茶，外形紧直，色泽绿光润，香气嫩香高长，滋味鲜醇厚，品质优于'名山白毫131'所制名茶（表5-50）。2020年在平昌县秦巴茗兰茶业公司生产基地采制的'乌牛早'烘青绿茶外形紧结，多峰毫，色泽绿润；汤色浅黄绿；香气嫩香带毫香；滋味醇厚爽口；叶底柔软、明亮匀齐（表5-51），其感官品质接近'巴渝特早'品种生产的烘青绿茶。

表5-50 '乌牛早'绿茶感官审评结果（2020年）

茶名	外形（25%）		汤色（10%）		香气（25%）		滋味（30%）		叶底（10%）		总分
	评语	评分	评语	评分	评语	评分	评语	评分	评语	评分	
第一批乌牛早芽茶	紧直，翠绿，光润	9.4	浅黄	9.2	嫩香，尚高	9.2	鲜醇厚	9.2	肥壮，嫩黄绿，匀亮	9.3	92.6
第二批乌牛早芽茶	紧直，尚匀，深绿光润	9.3	浅黄绿	9.2	嫩香，高长	9.3	醇厚尚鲜	9.3	幼嫩，嫩绿，匀亮	9.5	93.1
名山白毫131独芽茶样	扁直，翠绿匀齐	9.3	黄尚亮	9.0	嫩香尚高	9.1	鲜，醇厚	9.3	肥嫩，嫩黄绿，匀亮	9.3	92.2

注：资料来源于四川农业大学茶树栽培育种团队。

表5-51 '乌牛早'所制烘青绿茶感官审评结果（2020年）

茶样	干茶	评分	汤色	评分	香气	评分	滋味	评分	叶底	评分	总分
乌牛早	紧结重实、带锋苗、绿润	8.40	嫩绿、明亮清澈	9.30	鲜嫩香、高长	9.2	清鲜甘爽	9.3	细嫩多芽、嫩绿明亮、	9.2	90.40
巴渝特早	紧结、重实、稍曲、带锋苗、绿润	8.60	嫩黄绿、清澈	9.30	嫩香、高长	9.4	清鲜爽口	9.2	尚软、带芽、绿亮	9.3	91.20

注：资料来源于四川农业大学茶树栽培育种团队。

四、特色品种'黄金芽''金光''四明雪芽''御金香'和'白叶1号'

鲜叶生化成分分析

夏功敏等（2014）测定了在名山区茶树良种繁育场品比试验园中采摘'黄金芽''金光''四明雪芽'和'御金香'等5个特色品种春梢一芽二叶的主要生化成分，并以'福鼎'作对照，结果如表5-52所示。5个供试品种含水浸出物39.31%～44.99%，其中'御金香'含量略低于对照，但差异不显著，其余4个供试品种均高于对照，表明5个品种生化内含物较丰富。5个供试品种含茶多酚13.82%～20.03%，除'金光'的含量与对照'福鼎'差异不显著外，其余4个供试品种均显著低于对照，其中'四明雪芽''千年雪'比对照低35.30%、30.06%，而一般茶树品种的鲜叶茶多酚含量占干物质的18%～36%，表明5个品种的茶多酚含量较低，所加工茶叶具有苦涩味轻的物质基础。

表 5-52　'黄金芽''四明雪芽'等品种主要生化成分含量（单位：%）

（夏功敏，2014）

品种	水浸出物	茶多酚	氨基酸	咖啡碱	酚氨比
福鼎大白茶	40.59	21.36	4.19	3.71	5.09
御金香	39.31	16.83	5.53	3.70	3.04
金光	43.79	20.03	4.47	3.37	4.48
黄金芽	41.24	15.81	6.74	3.80	2.35
千年雪	42.86	14.94	7.39	3.21	2.02
四明雪芽	44.99	13.82	9.55	2.90	1.45

　　5 个品种咖啡碱含量范围 2.90%～3.80%，其中'黄金芽'和'御金香'与对照差异不显著，其余 3 个供试品种均显著低于对照。供试品种春梢的游离氨基酸总量为 5.53%～9.55%，均显著高于对照，其中，'四明雪芽''千年雪''黄金芽'和'御金香'分别高出对照 127.92%、76.37%、60.86%、31.98%。供试品种酚氨比为 1.45～4.48，均适宜制作名优绿茶。从表 5-53 还可看出，5 个供试品种春梢的儿茶素含量为 8.21%～13.18%，比对照低 15.71%～34.37%，也表明所制茶叶具有苦涩味较轻，滋味醇和的物质基础。

表 5-53　'黄金芽''四明雪芽'等特色品种春梢儿茶素组分含量（单位：%）

（夏功敏，2014）

样品名	ECC	C	EC	EGCG	GCG	ECC	儿茶素总量
福鼎大白茶	3.79	0.10	0.87	5.71	2.22	5.02	17.71
御金香	3.30	0.05	0.63	4.55	0.87	3.29	12.69
金光	2.89	0.16	0.70	4.96	0.80	3.64	13.15
黄金芽	2.66	0.15	1.13	3.45	0.74	5.05	13.18
千年雪	1.39	0.13	0.45	4.07	0.97	2.21	9.22
四明雪芽	1.19	0.09	0.36	3.34	0.50	2.73	8.21

　　2020—2021 年，对川茶集团品比园种植的'白叶 1 号''御金香'和'黄金芽'3 个品种的主要生化成分进行了测试（表 5-54），3 个品种的氨基酸含量范围为 5.09%～6.34%，也具有较高的氨基酸含量。

表 5-54　'白叶 1 号''黄金芽'主等品种主要生化成分含量（2020—2021 年，单位：g/100 g）

年份	品种	水浸出物	氨基酸总量	茶多酚	咖啡碱
2021	白叶 1 号	40.71	6.34	15.20	3.11
	御金香	40.80	5.09	17.11	3.5
	黄金芽	37.90	6.23	16.90	4.03

年份	品种	水浸出物	氨基酸总量	茶多酚	咖啡碱
2020	白叶 1 号	42.23	6.05	14.72	3.60
	御金香	42.81	5.50	15.91	4.01
	黄金芽	43.80	5.76	18.10	4.45

注：资料来源于四川农业大学茶树栽培育种团队。

五、'中黄 1 号'

1. 鲜叶生化成分分析

2020 年四川农业大学栽培育种团队对不同地点不同季节的'中黄 1 号'的一芽二叶新梢进行生化成分及儿茶素组分测定，结果如表 5–55、表 5–56 所示。其春、夏梢的水浸出物含量在 40.07% ～ 44.78%；春梢的氨基酸含量高（5.94% ～ 7.12%），但夏、秋季氨基酸含量（2.71% ～ 4.00%）与叶片呈绿色的品种差异不大；该品种春梢的茶多酚含量和儿茶素总量均较低，其中茶多酚的含量范围为 12.37% ～ 13.66%，儿茶素的含量范围为 9.44% ～ 11.02%，酚氨比为 1.75 ～ 2.15，具高氨基酸低茶多酚的特点，因此，春梢特别适制名优绿茶。

表 5–55　不同地区、不同季节'中黄 1 号'主要生化成分含量（2020—2021 年，单位：%）

地点 / 季节	水浸出物	游离氨基酸总量	咖啡碱	茶多酚
2020 宜宾春	40.07	7.08	3.27	12.42
2020 沐川春	41.97	7.12	4.44	13.66
2020 广元旺苍秋	41.89	2.71	3.15	20.47
2020 沐川秋	41.97	4.00	6.41	19.09
2021 沐川春	37.05	6.61	3.86	12.37
2021 宜宾春	41.4	5.94	3.95	12.80
2021 沐川夏	44.78	3.44	4.51	15.8

注：资料来源于四川农业大学茶树栽培育种团队。

表 5–56　不同地区、不同季节'中黄 1 号'儿茶素组分含量（2020—2021 年，单位：%）

儿茶素组分	2020 广元旺苍秋	2020 沐川秋	2021 沐川春	2021 沐川夏	2021 宜宾春
GC	0.54	0.30	0.11	0.14	0.22
EGC	2.10	2.29	0.69	2.34	0.66
C	0.14	0.16	0.18	0.18	0.18
EC	0.88	0.84	0.45	0.70	0.39

儿茶素组分	2020 广元旺苍秋	2020 沐川秋	2021 沐川春	2021 沐川夏	2021 宜宾春
EGCG	10.55	10.50	5.88	7.70	7.17
GCG	0.08	0.09	0.12	0.10	0.11
ECG	2.58	2.45	1.95	1.75	2.24
CG	0.08	0.06	0.06	0.05	0.05
儿茶素总量	16.94	16.69	9.44	12.97	11.02

注：资料来源于四川农业大学茶树栽培育种团队。

2. 适制性分析

2021 年四川农业大学茶学系对旺苍木门茶业公司提供的该品种制作的名茶进行了感官审评，结果如表 5-57 所示。其干茶色泽金黄或黄绿油润，汤色黄绿浅亮；香气鲜嫩高长；滋味清鲜甘爽；叶底嫩匀、嫩黄明亮或金黄明亮，品质优异。

表 5-57 '中黄 1 号'所制绿茶感官审评结果分析（2021 年）

茶样	外形（25%）		汤色（10%）		香气（25%）		滋味（30%）		叶底（10%）		总分
	评语	评分	评语	评分	评语	评分	评语	评分	评语	评分	
木门黄芽	嫩芽、紧直、匀齐、金黄	9.6	浅黄尚明	9.00	嫩栗香	9.3	醇爽	9.0	细嫩、嫩芽、细匀、嫩黄明亮	9.8	93.05
木门黄茶特级	嫩芽、雀舌型、直、匀、金黄泛绿	9.4	黄绿浅亮	9.20	鲜嫩高长	9.5	清鲜爽口	9.2	嫩芽叶、尚匀整、金黄明亮	9.6	93.65
木门黄茶特一级	花枝型、嫩芽、重实匀齐、黄绿油润	9.2	黄绿明亮	9.10	嫩鲜高长	9.2	浓醇爽口	9.0	细嫩柔软、多芽、金黄明亮	9.5	91.60

注：资料来源于四川农业大学茶树栽培育种团队。

六、'紫娟'

1. 鲜叶生化成分分析

2019 年对种植于四川省沐川县一枝春茶业公司和名山茶树良种繁育场品比试验园的'紫娟'的春梢进行主要生化成分和儿茶素素组分的测定，并与'福鼎'进行比较，结果如表 5-58 所示。'紫娟'春梢的水浸出物含量、游离氨基酸总量分别比对照低 5.11%、15.98%；但茶多酚和咖啡碱含量分别比对照高 8.31%、10.46%，酚氨比为 4.80，春梢比较适制绿茶。

表 5–58 '紫娟''紫嫣'春梢主要生化成分含量（2019 年）

品种	水浸出物	氨基酸总量	茶多酚总量	咖啡碱
紫娟	40.35	4.13	19.81	4.33
紫嫣	43.53	4.48	22.11	3.98
福鼎大白茶	42.41	4.79	18.29	3.92

注：资料来源于四川农业大学茶树栽培育种团队。

2. 适制性分析

2021 年对川茶集团品比园种植的'紫娟'采制的烘青绿茶进行感官审评，结果如表 5–59 所示。所制绿茶外形紧卷，显峰毫，色泽紫润；汤色浅紫尚亮；香气鲜香较高；滋味醇和甘爽；叶底柔软多芽匀齐，靛青，总体品质低于对照福鼎。

表 5–59 '紫娟'所制烘青绿茶感官品质审评结果（2021 年）

茶名	外形（25%）		汤色（10%）		香气（25%）		滋味（30%）		叶底（10%）		总分
	评语	评分	评语	评分	评语	评分	评语	评分	评语	评分	
紫娟	紧卷，显峰毫，紫润，匀齐	8.7	浅紫尚亮	8.2	鲜香较高	8.4	醇和甘爽	8.0	柔软多芽匀齐，靛青	8.8	83.8
福鼎大白茶	紧结重实弯曲，深绿鲜润	8.6	黄绿较亮	8.5	嫩香带栗香	8.4	鲜，醇厚爽口	8.7	柔软带嫩尖，绿明亮	8.7	85.8

注：资料来源于四川农业大学茶树栽培育种团队。

参考文献

郭雅丹，2013. 四川茶区引进茶树品种中茶 108、中茶 302 和中茶 102 生理生化特性研究［D］. 雅安：四川农业大学

黄亮，唐茜，李慧，等，2017. 高氨基酸茶树新品种川茶 2 号主要生化成分及绿茶适制性研究［J］. 西南农业学报，30（03）：559–564.

刘婷婷，齐桂年，2015.6 个茶树品种的红茶适制性研究［J］. 食品科学技术学报，33（2）：58–61.

陆锦时，魏芳华，李春华，1994. 茶树新梢中主要游离氨基酸含量及组成对茶树品种品质的影响［J］. 西南农业学报（s1）：13–16.

施兆鹏，陈国本，曾秋霞，等，1984. 夏茶苦涩味的形成与内质成分的关系［J］. 茶叶科学，4（1）：61–62.

王自琴，2015. 四川引进茶树品种茗科 1 号、铁观音和黄棪加工红茶与绿茶的品质比较［D］. 雅安：四川农业大学 .

王自琴，唐茜，陈玖琳，等，2015.四川引进茶树品种茗科1号、铁观音、黄梾的红茶适制性与香气成分分析［J］.食品与发酵工业，41（9）：192-197.

夏功敏，唐茜，张淑娟，等，2014.黄金芽等五个引进特色茶树品种春梢生化品质特性初探［J］.西南农业学报，27（3）：978-983.

杨安，曾艳，汪婷，等，2013.川西茶区4个主栽茶树品种生化性质和适制性的研究［J］.西南农业学报，26（1）：119-124.

杨纯婧，谭礼强，杨昌银，等，2020.高花青素紫芽茶树新品种紫嫣［J］.中国茶叶，42（9）：8-11，14.

杨亚军，1990.茶树育种品质化学鉴定—Ⅰ鲜叶主要化学成分与红茶品质的关系［J］.茶叶科学，10（2）：59-64.

竹尾忠一，乌龙茶的香气特征［J］.国外农学 - 茶叶.1984（4）：1-15;1985（1）：1-8.

第六章 茶树良种繁育的新技术

茶树良种育成后，为加快良种推广进程，在保证种性的条件下，需快速繁育优质种苗。目前我国普遍采用短穗扦插方式进行种苗繁殖，这种育苗方式能保持品种原有的优良特征特性，且繁殖系数较高。但该技术仍存在育苗周期较长、受自然条件制约等缺点，使茶树新品种育成后，需要经过多年的原种扩繁，才能达到一定规模的育苗能力，从而制约了新品种的培育与推广速度。为此需进一步研究和推广能提高繁殖系数、缩短育苗周期的新技术。本章着重介绍四川省研发和推广的高密高效茶苗繁育技术和中国农业科学院茶叶研究所等单位研发的工厂化育苗技术。

第一节 茶树良种高密高效繁育技术

目前生产上采用的常规短穗扦插育苗技术，育苗周期一般为 13 ～ 18 个月，周期较长；茶苗出圃数较少，中小叶种的茶苗出圃数一般为 12 万～ 15 万株 / 亩，大叶种为 10 万～ 12 万株 / 亩。为进一步提高茶苗出圃率、苗木质量和育苗效益，四川农业大学茶树育种团队与名山茅河乡香水苗木种植农民专业合作社和名山茶树良种繁育场等合作，结合川西茶区气候、土壤特点和生产实际，经多年的试验和生产应用，研究总结出一套高密高效的茶苗繁育新技术，并建立了高标准的茶苗繁育基地（图 6-1）。据谢文钢等（2013）调查，与常规技术相比，该技术的特点主要是：短穗的扦插密度从 20 万株 / 亩增加至 40 多万株 / 亩，茶苗的出圃率及育苗效益可提高 1 倍以上。目前，该技术在四川各茶区广泛推广应用，助推四川省茶苗生产实现专业化、规模化和集约化，加速了良种推广的进程，并取得了较好的社会、经济效益。本节将重点介绍此技术，以供参考。

图 6-1 名山区茅河乡的茶苗繁育基地

一、茶树母本园的培育

采穗母本园培养的质量对扦插繁殖苗木的数量和质量起着关键作用，只有培育强壮的母树，才有健壮饱满的插穗。因此，建设好采穗母本园和培养好采穗母树至关重要。

1. 母本园的建立

一般建立专用母本园，茶树的种植密度应比生产园低，种植规格：单株双行栽，大行距 1.8 ～ 2.0 m，小行距 40 ～ 45 cm，株距 30 ～ 35 cm，每亩定植约 3 000 株为宜。目前采穗母本园多为生产、养穗兼用园，一般是在春茶生产名优茶之后，再留养新梢作穗条，因此，养穗母本园的种植规格及幼年期管理，均与采叶茶园相同，可按优质高产茶园的标准进行种植与管理。

2. 母本园管理的关键技术

采用高密高效扦插技术，采穗母本园的修剪、打顶等技术同常规采穗园，主要掌握好穗条留养时间、培肥管理和病虫害防治等关键技术，以促使母树新陈代谢处于旺盛状况，使新梢积累充足的营养物质，为插穗的发育和生长打下良好的物质基础。据谢文钢等（2013）观测，在良好的培育条件下，采用此关键技术，6 ～ 12 年生的母本园（图 6-2），每亩可产穗条 1 500 ～ 2 000 kg，且穗条粗壮、质量优，其中'福鼎大白茶''名山白毫 131'和'福选 9 号'3 个品种的穗条平均长度可达到 78.80 cm、63.03 cm、73.2 cm；粗度分别为 0.39 cm、0.37 cm、0.40 cm，每个穗条可平均剪短穗 10.03 ～ 11.85 个，每千克穗条剪短穗 1 016 ～ 1 280 个，穗条利用率可达到 71.58% ～ 79.24%。穗条留养的关键技术如下：

（1）穗条留养时间　留养穗条时间与穗条成熟度、数量、质量和扦插时间密切相关，宜早不宜迟，例如若夏季进行扦插（7—8 月），4 月中下旬进行留养为宜；若秋季（9—10 月）扦插，则在 5—6 月初留养。若留养时间过迟，穗条成熟度和质量则下降，而且扦插时间过迟也会影响扦插成活率和出苗率。

（2）水肥管理　由于每年要从母树上剪取大量的穗条作繁殖材料，因此母本园的施肥水平要高于一般采叶茶园，以防止母树早衰。在养穗的上一年秋季，应开沟施茶叶专用复合肥 30 ~ 50 kg/ 亩，再施猪沼气液 2 000 ~ 3 000 kg/ 亩。沼液的施用方法是利用污水污物潜水电泵或沼渣沼液抽排机（如型号 JN-50QG1.5 或 JN-65QG2.2）抽取沼液直接浇到母本园茶行中央处，让沼气液浸入茶树根系所分布的土层中。翌年 2 月中旬再对母本园施催芽肥，一般施尿素 20 ~ 30 kg / 亩；到 4 月中旬开始养穗时，再沟施复合肥 20 ~ 30 kg/ 亩，盖土后，再在茶行中喷施沼气液肥 2 000 ~ 3 000 kg/ 亩，或在沼气液肥中加尿素 10 ~ 20 kg/ 亩直接浇到茶行处。母本园留养穗条 2 个月后，视穗条生长情况，可再施尿素 20 ~ 30 kg/ 亩。

（3）病虫害防治　母本园肥培管理水平高，茶树新梢长势旺，易遭受病虫为害。如遭受小绿叶蝉、螨类和茶蚜的为害，穗条顶端的生长将受到严重抑制，同时抽生大量侧枝，严重影响穗条数量和质量。应加强病虫防治，重点防治小绿叶蝉、螨类、茶黄蓟马、茶网蝽和茶蚜等虫害以及赤星病、茶饼病和炭疽病等病害。根据病虫为害情况，主要施用凯恩、帕力特、阿立卡、虫螨腈、茚虫威唑虫酰胺、噻嗪酮、高效氯氟氰菊酯、虫螨腈·吡丙醚等低毒长效农药来防治害虫；采用申嗪霉素 + 氨基寡糖素、咪酰胺或吡唑醚菌酯等农药防治病害。在秋冬季对母本园应喷施石硫合剂进行封园。在 4—9 月，视病虫害发生情况施药，一般间隔 15 d 左右施药 1 次；在采穗前 1 周左右也应喷施 1 次农药，以避免将病虫害带入苗圃。

图 6-2　茶树良种母本园与培育的优质穗条

二、苗圃地选择与整理

1. 苗圃地选择

采用高密高效育苗技术，苗圃地选择标准同常规育苗，但因该技术扦插短穗密度大，对土壤营养的要求更高，所以应选择土壤结构好，肥力高的土壤；而且同一块地不宜连作，当年起苗后，应使土地休养 9 ~ 10 个月，或与绿肥、豆科植物轮作。同时，宜选择交通方便、水源条件好的地块。

2. 苗圃地整理

（1）土壤翻耕与施肥　采用常规技术整地，一般在 6—7 月，采用人工先对苗圃地进行一次全面的翻耕，深度 30 ～ 40 cm。翻耕一般结合施基肥进行，按每亩施用 1 500 ～ 2 000 kg 腐熟厩肥或 150 ～ 200 kg 饼肥，先将肥料均匀地撒在土面上，再进行翻耕。翻耕后打碎土壤，地面耙平后作畦。其翻耕和人工施肥至少需要 20 多个人工，且耗时长，效率较低。而采用高密高效扦插技术，改用旋耕机对土壤进行全面深耕。根据苗圃地的面积大小，可使用不同类型的旋耕机（大型、中型和微耕机）。使用旋耕机往返耕作 2 次，耕深 20 ～ 25 cm。从功效来看（表 6-1），用不同类型的微耕机旋耕机翻耕一亩土地需 0.5 ～ 2.0 h，需 0.125 ～ 0.625 个人工，平均计算，一般用旋耕机作业的人工费（以每工价 120 元 /d 计算）及旋耕机使用费用约 60 元 / 亩。

表 6-1　苗圃地土壤翻耕可使用的旋耕机型号、旋耕深度、幅度及工作效率

种类	型号	旋耕深度 / cm	工作幅度 / cm	工作效率 / （h/ 亩）	用工 / 个	人工成本 / 元	旋耕机使用费 / （元 /h）
微耕机	1WG4.0-105FC-Z	12 ～ 30	80 ～ 100	2	0.25	30	30
中型旋耕机	1GKN-125	10 ～ 20	125 ～ 200	1	0.125	15	50
大型旋耕机	1GKN-200	12 ～ 15	200	0.5	0.0625	7.5	60

注：资料来源于四川农业大学茶树栽培育种课题组。

耕作结束后，对苗圃地喷施猪沼液作基肥。可使用自走式沼渣液抽排运输机（常用型号 3.0WZ-1）来抽取和运输沼气液，均匀喷施猪沼液 4 000 ～ 5 000 kg/ 亩，以疏松和肥沃土壤。沼气液不仅含有大量的氮、磷、钾等速效养分，还含有丰富的有机质和腐殖质，能明显地改良土壤结构和理化性质，增强地力肥力，是速效迟效兼备的优良肥料。将沼气液喷施到苗圃地土表上，肥液可均匀浸入或渗透到土层中，施肥更匀，肥效更好。而常规技术采用的是以家畜粪尿为主的厩肥，降解时间慢，不利于土壤吸收和肥力均匀提高。而采用自走式沼渣液抽排运输机施肥，需人工仅约 4 个 / 亩，比人工施肥节省人工约 20 个以上。完成上述第一次整地和施肥后，让苗圃地休养 6 ～ 8 个月，经受日晒和雨淋，同时使土层中肥液更均匀下渗，土壤更加熟化。

苗圃地休养到翌年 6—7 月，即扦插前 1 个月时，进行第二次翻耕与施肥。在每亩土表撒施过磷酸钙 100 ～ 150 kg 后，用旋耕机进行第二次耕作，深度 15 ～ 20 cm，往返两次耕作后，再用自走式沼渣液抽排运输机施沼液 4000 ～ 5000 kg，让肥液继续渗透土壤，并经日晒和雨淋一个多月后，再做苗床。

王正阳（2019）采用 3 种不同整地和施肥方法，处理 1：旋耕机翻耕和喷施沼液各 2 次；处理 2：旋耕机翻耕和喷施沼液 1 次；处理 3：对照，传统整地方式（人工整地 + 施农家肥，扦插密度为 35 万株 / 亩）进行茶苗扦插繁育实验，研究了不同整地和施肥方法对苗圃地土壤指标、茶苗形态学指标、出圃茶苗数量和质量的影响（表 6-2 和表 6-3）。研究结果表明，旋耕机翻耕 + 施沼液的苗圃地与采用传统整地方式的苗圃地（对照）相比，其土壤的脲酶、过氧化氢酶和磷酸酶的活性以及土壤 N、P、K 和有机质含量均明显提高，其中施 2 次沼液的苗圃地土壤的碱解 N、速效磷 P、速效钾 K、有机质含量、土壤脲酶、过氧化氢酶及磷酸酶活性均分别比对照（传统整地方式）高出 26.84%、99.37%、

49.45%、42.92%、30.97%、30.56%、13.14%，较只施一次沼液的苗圃地处理分别高出 4.21%、21.39%、14.70%、6.46%、6.31%、4.44%、2.70%。同时，测定茶苗出圃时施两次沼液的苗圃地土壤的碱解 N、速效磷 P、速效钾 K、有机质含量、土壤脲酶、过氧化氢酶及磷酸酶活性较扦插前分别增加了 42.99%、110.42%、26.12%、13.41%、35.41%、95.83%、21.10%；而施一次沼液的苗圃地处理在出圃时较扦插前各指标分别增加了 52.27%、79.58%、15.60%、12.21%、39.03%、66.67%、9.78%。这些结果表明使用旋耕机翻耕土壤并喷施沼液 2 次，能够有效提高土壤养分含量、土壤酶活性以及土壤肥力。这可能是沼液中本身含有大量微生物和未完全降解的有机物，在苗圃地施入沼液后，随着插穗根系和茶苗生长发育，在沼液中的微生物和根系分泌物的作用下，使土壤中的脲酶、过氧化氢酶及磷酸酶等酶活性持续增高，同时土壤中所含的有机物会逐渐分解，转变为土壤有机质和其它速效性营养元素，从而使土壤中 N、P、K 等养分含量增加。

表 6–2　苗圃地不同翻耕和施肥方法对土壤 N、P、K 和有机质含量的影响（单位：mg/kg）

（王正阳，2019）

	扦插前土壤				出圃时土壤			
	碱解氮	速效磷	速效钾	有机质 /%	碱解氮	速效磷	速效钾	有机质 /%
旋耕机翻耕 + 施沼液各 2 次	115.09	36.28	189.09	2.76	164.57	76.34	238.48	3.13
旋耕机翻耕 + 施沼液各 1 次	103.71	35.02	179.86	2.62	157.92	62.89	207.91	2.94
人工翻耕 + 常规施肥（CK）	108.84	30.31	140.62	1.94	129.74	38.29	159.57	2.19

表 6–3　苗圃地不同翻耕和施肥方法对土壤酶活性的影响（单位：U/g）

（王正阳，2019）

处理	扦插前土壤			出圃时土壤		
	脲酶	过氧化氢酶	磷酸酶	脲酶	过氧化氢酶	磷酸酶
旋耕机翻耕 + 施沼液各 2 次	14.43	0.24	10.38	19.54	0.47	12.57
旋耕机翻耕 + 施沼液各 1 次	13.22	0.27	11.15	18.38	0.45	12.24
人工翻耕 + 常规施肥（CK）	11.34	0.23	9.28	14.92	0.36	11.11

王正阳等（2019）的研究还发现苗圃地采用旋耕机翻耕 + 冲施沼液的整地方式对茶苗根系的生理指标也有较大影响。分别在短穗扦插 60 d 和茶苗出圃时观测茶苗的根系活力、酶活性及丙二醛含量指标（表 6–4 和表 6–5），结果表明，采用旋耕机翻耕和施沼液两次的处理所出圃茶苗的根系的根活力、SOD、POD、CAT 酶活性分别比扦插 60 d 的茶苗提高了 35.62%、17.22%、41.77%、24.82%，丙二醛含量则降低了 7.55%；同时与对照相比，其出圃茶苗的根系活力、SOD、POD、CAT 酶活性分别提高 10.77%、24.57%、25.88%、

14.09%，而丙二醛含量则降低 35.53%。这些结果显示随着短穗生根及茶苗生长，其茶苗的根系活力、抗氧化酶活性逐渐增强，而丙二醛含量则持续降低。由此表明，在苗圃地整理过程中，采用旋耕机翻耕＋喷施沼液处理，可促进了茶苗根系生长，使根系活力及抗氧化酶活性增强，并以两次旋耕机翻耕和喷施沼液处理的育苗效果最好。这可能是喷施的沼液为土壤带来了大量的养分及微生物，同时用旋耕机深翻土壤增大增多了土壤空隙，使土壤疏松、透气，养分均匀渗透。此外，微生物活动加强，可有效分解并转化沼液中物质及土壤中固定的无机物，使茶苗根系更易吸收和利用养分。因此茶苗根系活力增强，抗氧化能力提高，能有效抵抗各种不利环境，从而促进了茶苗根系苗壮生长。

表 6-4 苗圃地不同翻耕和施肥方法对茶苗根系活力和丙二醛含量的影响

（王正阳，2019）

处理	扦插 60 d 的短穗苗		出圃苗	
	根活力 / [μgTPF（g•hFW）]	丙二醛 / （μmol/gFW）	根活力 / [μgTPF/（g•hFW）]	丙二醛 / （umol/gFW）
旋耕机翻耕＋施沼液各 2 次	69.52	4.24	94.28	3.92
旋耕机翻耕＋施沼液各 1 次	66.03	4.36	90.61	4.02
人工翻耕＋常规施肥（CK）	61.08	7.20	85.11	6.08

表 6-5 苗圃地不同翻耕和施肥方法对茶苗根系抗氧化酶活性的影响（单位：U/g）

（王正阳，2019）

处理	扦插 60 d 的短穗苗			出圃苗		
	SOD	POD	CAT	SOD	POD	CAT
旋耕机翻耕＋施沼液各 2 次	172.88	16.88	24.46	202.65	23.93	30.53
旋耕机翻耕＋施沼液各 1 次	173.26	16.44	22.33	193.01	23.18	27.90
人工翻耕＋常规施肥（CK）	132.22	15.26	21.14	162.68	19.01	26.76

从表 6-6 可以看出，与传统整地方法相比，苗圃地采用旋耕机翻耕＋喷施沼液对茶苗的根部形态和质量指标都有积极的影响。与对照（传统整地方法）相比，旋耕机翻耕＋喷施沼液的苗圃地所出圃的茶苗，其根幅、发根数、根系重量、长度、表面积及根体积均有增加，其中旋耕机翻耕＋喷施沼液各两次的处理所出圃的茶苗的根幅、发根数、重量、长度、表面积、根体积较对照分别增加 7.69%、6.09%、8.06%、27.56%、19.74%、34.56%，较旋耕机翻耕＋喷施沼液仅 1 次的处理分别增加 3.35%、3.36%、3.86%、6.82%、8.00%、7.02%。以上结果表明，对苗圃地进行旋耕机翻耕＋喷施沼液各 2 次能促进茶苗发根、根系的伸长和增重，壮苗的效果更为显著。

表 6-6 苗圃地不同翻耕和施肥方法对茶苗根部形态和质量指标的影响

（王正阳，2019）

处理	根幅 / cm	生根数 / mm	重量 / g	长度 / cm	表面积 / cm²	根体积 / cm³
旋耕机翻耕 + 施沼液各 2 次	27.17	43.05	1.34	364.29	88.13	1.83
旋耕机翻耕 + 施沼液各 1 次	26.29	41.65	1.29	341.03	81.60	1.71
人工翻耕 + 常规施肥（CK）	25.23	40.58	1.24	285.59	73.60	1.36

从表 6-7 可看出，旋耕机翻耕 + 施沼液的处理与对照（人工整地 + 施农家肥）苗圃地相比，出圃茶苗的主干直径、苗高发及茶苗的成活率、合格率、出圃率和出圃数量均有提高。其中，旋耕机翻耕 + 喷施沼液各两次的苗圃地所出圃茶苗的主干直径、树高、成活率、合格率、出圃率较对照分别高出 8.56%、5.84%、10.62%、17.56%、30.04%，较旋耕机翻耕 + 喷施沼液各一次的处理高出 6.93%、0.90%、4.76%、2.47%、7.35%，这些结果表明对苗圃地采用旋耕机翻耕 + 喷施沼液各 2 次，可明显提高了茶苗合格率、出圃率和苗木质量。

表 6-7 苗圃地不同翻耕和施肥方法对出圃茶苗质量的影响

（王正阳，2019）

处理	主干直径 / cm	树高 / cm	成活率 / %	合格率 / %	出圃率 / %	出圃数 / （万株 / 亩）
旋耕机翻耕 + 施沼液各 2 次	3.55	31.37	83.44	91.67	76.49	30.59
旋耕机翻耕 + 施沼液各 1 次	3.32	31.09	79.65	89.46	71.25	28.51
人工翻耕 + 常规施肥（CK）	3.27	29.64	75.43	77.98	58.82	23.52

（2）苗畦整理 在扦插前 1 ～ 3 d，可使用旋耕机整细苗圃地土壤，耕作深度为 10 ～ 15 cm，耕后开始做苗床。常规育苗技术苗畦宽度一般为 100 ～ 130 cm，畦高 10 ～ 20 cm（水田或土质黏重地畦高 25 ～ 30 cm），畦沟底宽 30 cm，畦沟面宽 40 cm 左右，土地利用率为 70% 左右。结合川西茶区降雨量充沛、日照较弱的实际情况，为充分提高土地利用率，可适当增加苗床宽度，缩小畦沟宽度。苗畦的宽、高度也随地势和土质而定，平地和缓坡地苗床宽度可增加到 140 ～ 150 cm，畦沟宽度缩减至 15 ～ 20 cm，畦高 10 ～ 15 cm，这样土地利用率可提高到 90% 左右。水田或土质黏重地块，苗床宽度一般为 120 ～ 140 cm，为充分排水，畦沟宽度适当增加至 20 ～ 25 cm，沟深增加至 30 ～ 35 cm，同时间隔 3 ～ 4 个苗畦挖一个大排水沟，沟宽 35 ～ 40 cm，沟深 45 ～ 50 cm，这样土地利用率约 80.0%。对积水较多的水田，应间隔 2 个苗畦开 1 个大沟排水。

常规整地技术，开好畦沟后，先碎土，后做畦平土，再铺放 3 ～ 5 cm 厚的红壤或黄壤心土（心土 pH 值 4.0 ～ 5.5 为宜）作为扦插土，且每年都需要铺施心土。而挖心土→打细（经 1 cm 孔径过筛）土壤→运输→铺放在畦面上，每亩苗圃约需 10 个人工。采用高密高效扦插技术，如用熟地扦插，畦面上可不铺心土，但同一块苗圃地连续扦插 3—4 年后，为提高扦插效果，可在苗床上间隔 3—4 年铺一次心土。

　　苗圃地开沟做畦后，将畦面土壤欠细（碎土）、耙平、推平是苗圃地整理的一个必不可少的重要工序。若畦面的土壤不细不匀，且高低不平，苗床易局部积水，扦插的短穗也不能与土壤紧密接触，势必会影响短穗的生根与成活率。同时，畦面不平也影响扦插的质量和效率。常规育苗技术一般采用铁锄来将畦面土壤欠细、耙平和推平，由于铁锄与土壤接触面较小，不仅工效低，且作业时土壤受力不均，破碎率也低，因而影响整地质量。为提高工效和整地质量，四川农业大学茶树育种团队与名山茅河乡香水苗木专业合作社发明了一种用于整细、平整苗床畦面土壤的装置（专利号 ZL 2016 2 0134326.8，图 6-3），该装置又称钉耙，主要由耙杆、耙头、耙齿三部分构成，耙杆长约 100 cm，耙宽 45 ～ 50 cm，耙齿为四棱锥形，长度为 5 cm，共有 12 个耙齿。该工具耙宽达 45 ～ 50 cm，比普通锄头宽约 3 倍，又有 5 cm 深的铁齿，具有作业面积大，土壤破碎率高的特点，可更好的欠细、耙平、推平畦面土壤，且工效比普通铁锄至少提高 1 倍以上。

图 6-3　用钉耙欠细、耙平、推平畦面上土壤

　　苗床畦面土壤的紧实度是影响短穗生根、茶苗成活率和合格率的关键。因此，做平畦土后，还需压平、压实畦面土壤。畦面土壤压紧压实后，扦插的短穗基部才能与土壤紧密接触，并能充分吸收水分，同时可使短穗更好的固定在土壤中，以利短穗存活与生根。但土壤过于紧实，又会影响短穗入土部分的透水透气，进而影响生根存活。一般苗床的紧实度以手指按住苗床有浅印为宜。采用常规育苗技术，常用一种木质木板（称打板）来打板压平、压实土壤，存在以下不足：一是土壤受力不均；二是木板接触面小，工效不高，一般 1 亩地需 8 ～ 10 h；三是费力，劳动强度大。为更好地压平、压实畦面土壤，四川农业大学育种团队与名山茅河乡香水苗木专业合作社还发明了一种省力高效的压实苗床土壤的

工具（专利号 ZL 2016 2 0133382.X，图 6-4）。该工具主要由滚筒、拉架构成，滚筒由直径为 110 mm、长为 110 cm 的 PVC 管里灌装混泥土后形成，重约 20 kg；滚筒外 PVC 管的管道的两端设置有轴承，轴承上连接有拉架，拉架形状为等腰梯形。可由一人轻松拉动此工具作业，滚压力度可使土壤紧实度适中，且节时高效，整地效率约为 1 h/ 亩，同时降低劳动强度，还可提高短穗的成活率。

图 6-4　省力高效的压实苗床土壤的工具（左为实物图，右为示意图）

比较常规扦插技术与高密高效扦插技术的苗圃地整地用工量（表 6-8），常规育苗技术每亩苗圃整地至少需要 30 个人工，而运用旋耕机、钉耙和滚筒等机械或工具整地，一般只需 8 ~ 10 个工日，不仅提高了工效，而且能有效提高苗圃地的整地质量。

表 6-8　常规扦插技术与高密高效扦插技术每亩苗圃地整地用工量比较（单位：个）

处理	第 1 次翻耕与施肥用工	第 2 次翻耕与施肥用工	做苗床用工	搭棚遮阳用工	用工总计	用工费 /（元 / 亩）
传统技术	翻耕 6+ 施肥 20	—	8	1	35	5 400
高密高效技术	翻耕 0.062 5 ~ 0.25+ 施肥 3.5 ~ 4	翻耕 0.062 5 ~ 0.25+ 施肥 2	2	1	8	960

注：资料来源于四川农业大学栽培育种课题组，表中工价以每个工 120 元计。

（3）搭棚遮阳　搭棚遮阳的技术同常规育苗，生产上以搭建拱形中棚遮阳为宜，棚高 60 ~ 70 cm。采用遮阳网覆盖，秋季扦插遮光率一般为 75% 左右（图 6-5）。如在夏季 7—8 月扦插，因阳光强烈，扦插初期应盖双层遮阳网，遮光率 85% 左右，扦插一周后可揭去一层遮阳网。

图 6–5　覆盖遮阳网的苗圃

三、扦插技术

1. 扦插时间

李慧等（2016）研究了四川茶区高密度扦插条件下（扦插密度为 50 万株 /hm²），不同扦插时间对'名山白毫 131'（A1）、'福鼎大白茶'（A2）短穗生根及茶苗生长势的影响（表 6–9、表 6–10）。研究结果显示，在 8 月、9 月进行扦插，2 个供试品种的短穗在当年 11 月已生根，而 10 月下旬扦插的短穗当年不能生根，在翌年 3 月后才开始生根。扦插时间对短穗发根数、根重也有显著的影响，两个供试品种 8 月扦插处理的出圃茶苗的发根数分别较 9 月和 10 月扦插处理的高 20.25% ～ 23.47% 和 245.95% ～ 257.41%，且 9 月扦插处理的茶苗发根数较 10 月扦插处理高 180.18% ～ 197.22%。比较 2 个品种出圃茶苗的根重，以 9 月扦插处理的根系最重，较 8 月、10 月扦插的处理分别重 2.53% ～ 21.79%、97.56% ～ 106.52%。表 6–10 为不同扦插时间各处理出圃茶苗的生长势、成活率方面的观测指标，由表可知，供试两品种茶苗 8 月扦插的处理茶苗最粗壮，其苗木直径分别比 10 月扦插的处理高 78.88% 和 81.29%；'名山白毫 131'9 月扦插处理茶苗全株重分别较 8 月、10 月扦插处理高 39.43% 和 122.49%，'福鼎大白茶'8 月扦插处理较 9 月、10 月扦插处理高 22.66% 和 78.41%。从表 6–10 还可看出，2 个供试品种 8 月、9 月扦插的处理茶苗成活率为 75.08% ～ 76.92%，合格率为 75.32% ～ 77.87%，合格苗出圃率为 58.06% ～ 58.82%，出圃合格苗数达到 31.22 万～ 32.35 万株 / 亩；而两个品种 10 月扦插处理的茶苗成活率均低于 45.00%，合格苗出圃率仅在 20% 左右，合格苗出圃数仅为 4.59 万～ 4.60 万株 / 亩。其中，两品种 8 月扦插的处理合格苗出圃数最多，比 10 月扦插的处理多 596.52% 和 604.79%。以上结果表明，高密扦插条件下，8 月扦插的茶苗生长势、苗木质量和合格苗出圃率均高于9月、10月扦插茶苗，而10月扦插的茶苗各项生长量指标均最差。这是由于四川茶区8—9月气温高，但昼夜温差较大，夜间温度较低，呼吸作用减弱，养分积累较多，插穗内相关酶类活性强，相关激素物质分泌丰富，促使短穗更易生根，茶苗长势更旺；而10月底扦插，此时气温和地温均较低，插穗愈伤组织的形成和生根均缓慢，至翌年3月才开始发根，若遇上冻害，未愈合的愈伤组织易冻伤，且越冬成活率低（仅40%左右）。因此，高密度扦插条件下，扦插时间以8月中下旬为宜，9月次之，10月下旬不适宜扦插。

表6-9　不同扦插时间短穗发根数、根重比较

（李慧 等，2016）

处理	2013 年 11 月		2014 年 3 月		2014 年 6 月		2014 年 9 月	
	发根数/ （个/株）	根重/ （g/株）	发根数/ （个/株）	根重/ （g/株）	发根数/ （个/株）	根重/ （g/株）	发根数/ （个/株）	根重/ （g/株）
A1B1	8.70	0.05	10.9	0.14	26.80	0.28	38.40	0.78
A1B2	3.20	0.01	8.50	0.10	19.70	0.27	31.10	0.95
A1B3	0.00	0.00	0.00	0.00	5.50	0.14	11.10	0.46
A2B1	11.10	0.04	16.70	0.14	25.40	0.27	38.60	0.79
A2B2	2.90	0.01	7.60	0.10	19.10	0.24	32.10	0.81
A2B3	0.00	0.00	0.00	0.00	5.90	0.12	10.80	0.41

注：A1为名山白毫品种，A2为福鼎大白茶品种，B1、B2、B3分别表示扦插时间8月20日、9月20日和10月20日。

表6-10　不同扦插时间的茶苗生长势及苗木质量比较

（李慧 等，2016)

处理	苗高/ cm	茶苗直径/ mm	着叶数/ （片/株）	全株重/ （g/株）	成活率/ %	合格率/ %	出圃率/ %	出圃数/ （万株/亩）
A1B1	39.35	2.88	14.2	5.25	76.92	75.74	58.26	32.04
A1B2	38.80	2.76	15.5	7.32	75.36	75.32	56.76	31.22
A1B3	14.65	1.61	6.5	3.29	44.40	18.83	8.36	4.60
A2B1	38.56	2.81	13.2	6.28	75.54	77.87	58.82	32.35
A2B2	39.08	2.69	15.9	5.12	75.08	77.33	58.06	31.93
A2B3	15.22	1.55	6.9	3.52	40.86	20.44	8.35	4.59

注：A1为名山白毫品种，A2为福鼎大白茶品种，B1、B2、B3分别表示扦插时间8月20日、9月20日和10月20日。

2. 短穗的成熟度

采用高密高效扦插技术，剪穗标准与剪穗方法同常规育苗，但要掌握好短穗的成熟度。茶树穗条自下而上木质化程度和成熟度不同，按成熟度依次可分为：麻梗＞红梗＞

半红半绿梗＞绿梗。据李慧等（2016）研究，高密度（扦插密度约 50 万株 /hm²）扦插条件下，以'名山白毫 131'（A1）、'福鼎大白茶'（A2）两个品种不同嫩度的短穗：麻梗（C1）、红梗（C2）、半红半绿梗（C3）、绿梗（C4）为材料，设 8 个处理类型（A1C1、A1C2、A1C3、A1C4、A2C1、A2C2、A2C3、A2C4）进行扦插实验。研究结果（表 6-11）表明，两个供试品种采用不同嫩度的短穗进行扦插，其茶苗的生长势、苗木质量、成活率和出圃率均有明显差异。由表可知，两品种麻梗处理 C1 的茶苗直径、高度和全株重均超过其他处理。两供试品种的红梗和半红半绿梗处理的茶苗成活率为 74.21%～76.43%，合格出出圃率为 57.51%～60.74%，出圃数为 31.63 万～33.40 万株 / 亩。且二者处理的成活率、出圃率较麻梗处理的分别高 26.81%～32.01% 和 22.62%～28.12%，较绿梗处理分别高 4.37%～7.85% 和 13.10%～17.57%。麻梗处理的苗木质量较高，但成活率较低，这是由于麻梗处理的插穗木质化程度高，不定根的伸展较困难，导致插穗死亡率也随之上升，且粗老的插穗其分生组织的水解作用强于合成作用，所以插穗的成活率较低。绿梗处理的茶苗成活率、出圃率均低，且苗木生长势差，这是由于绿梗处理插穗过嫩，其水分含量较高，贮藏的营养物质少，且表皮抵御机械损伤及病虫害能力较差，不利于插穗生根和生长。因此，采用高密高效扦插技术，插穗嫩度以半红半绿梗和红梗为宜。

表 6-11　不同嫩度的短穗生长的茶苗质量和数量比较

（李慧 等，2016）

处理	苗高 / cm	直径 / mm	着叶数 / （片 / 株）	发根数 / （个 / 株）	根重 / （g/ 株）	全株重 / （g/ 株）	成活率 / %	合格率 / %	出圃率 / %	出圃数 / （万株 / 亩）
A1C1	39.42	4.55	14.60	36.40	0.87	7.09	57.24	82.83	47.41	26.08
A1C2	38.42	4.18	17.60	39.60	0.81	6.77	75.56	80.38	60.74	33.40
A1C3	38.9	3.75	14.70	36.30	0.78	5.86	74.23	79.33	58.89	32.39
A1C4	33.96	2.66	12.70	32.10	0.66	4.56	71.12	73.22	52.07	28.64
A2C1	36.52	4.37	13.60	40.20	0.73	5.56	58.52	80.15	46.90	25.80
A2C2	32.33	4.08	12.20	43.40	0.85	4.91	76.43	77.56	59.28	32.60
A2C3	34.67	3.49	12.70	39.60	0.76	4.25	74.21	77.49	57.51	31.63
A2C4	30.14	2.39	11.70	37.90	0.57	3.91	70.87	71.15	50.42	27.73

3. 短穗粗细

在短穗老嫩度适宜的情况下，短穗的粗细对茶苗的质量和成活率等也有一定影响。李慧等（2016）采用上述 2 个品种粗梗（D1，直径 6～7 mm）、中粗梗（D2，直径 3～4 mm）、细梗（D3，直径 1～2 mm）3 种粗度的短穗进行高密度的扦插实验，即设置 A1D1、A1D2、A1D3、A2D1、A2D2、A2D3 共 6 个处理，研究不同粗度的短穗对茶苗的质量和成活率的影响。由表 6-12 可知，2 个供试品种的粗梗短穗（D1）所扦插的茶苗的高度、直径等 6 个生长势指标均优于中粗梗（D2）和细梗（D3）处理。其中，粗梗处理

（D1）的茶苗高度分别较细梗处理（D3）高 49.26% 和 19.99%，茶苗直径分别较细梗处理（D3）高 12.29% 和 9.26%，以粗梗（D1）和中粗梗（D2）处理扦插的茶苗的生长量最大，生长势最好。这是因为较粗的插穗含营养物质较多，能较好的满足短穗早期生长对营养的需求，因此具生长优势。从表 6-12 还可看出，中粗梗处理的成活率、出圃率和出圃数均高于粗梗和细梗处理，但合格率略低于粗梗处理。综上，高密扦插条件下，粗梗短穗扦插的茶苗苗木生长势和质量最好，其次是中粗梗。因此，宜剪取比较粗壮的短穗作插穗。

表 6-12　不同粗度的短穗茶苗质量比较

（李慧 等，2016）

处理	苗高 / cm	直径 / mm	着叶数 / （片 / 株）	发根数 / （个 / 株）	根重 / （g / 株）	全株重 / （g / 株）	成活率 / %	合格率 / %	出圃率 / %	出圃数 / （万株 / 亩）
A1D1	43.3	3.29	17.1	38.8	0.91	6.41	73.67	78.39	57.75	31.76
A1D2	35.63	3.02	15.5	36.5	0.83	6.2	76.55	77.98	59.69	32.83
A1D3	29.01	2.93	14.5	34.2	0.75	4.47	72.62	72.88	52.93	29.11
A2D1	39.74	2.95	14.6	40.7	0.88	6.86	74.58	76.35	56.94	31.32
A2D2	34.3	2.81	13.2	39.9	0.82	5.54	76.77	76.08	58.41	32.12
A2D3	33.12	2.7	13.4	35.6	0.71	5.03	73.68	71.79	52.89	29.09

4. 扦插密度

常规育苗采用的扦插密度，中小叶种行距一般为 7 ~ 10 cm，穗间距依茶树品种叶片宽度而定，以叶片稍有遮叠为宜，其穗间距一般为 1 ~ 2 cm，每亩苗圃可扦插 15 万 ~ 25 万株短穗。杨阳等（2008）在湖南地区进行的茶苗扦插密度的研究表明，当扦插行距 × 株距为 8.0 cm×3.0 cm 时，茶苗出圃数最高为 12.45 万株 / 亩。李慧等（2016）采用上述苗圃地整地方法和技术，以'名山白毫 131'（A1）、'福鼎大白茶'（A2）的短穗为材料，并分别采用高密度（E1）、中密度（E2）、常规密度（E3）3 种扦插密度，进行不同密度的扦插实验，其中，高密度为行距 × 株距 =6.7 cm×0.8 cm，每亩扦插短穗约 55 万株；中密度为行距 × 株距 =7.0 cm ×1.0 cm，每亩扦插短穗约 30 万株；常规密度为行距 × 株距 =8.0 cm×1.25 cm，每亩扦插短穗 20 万株，设置 A1E1、A1E2、A1E3、A2E1、A2E2、A2E3 共 6 个处理类型。研究结果表明（表 6-14），3 种不同扦插密度条件下，2 个供试品种的茶苗苗高、直径、着叶数、发根数、根干质量 5 项生长势指标以及茶苗成活率、合格率和出圃率均表现为常规密度（E3）>中密（E2）>高密（E1），即茶苗的生长势、出圃茶苗的质量与扦插密度呈负相关，且随扦插密度的增大，茶苗的成活率、合格率、出圃率均随之下降。其中，高密度处理（E1）的成活率分别比中密度（E2）和常规扦插处理（E3）分别低 10.73% ~ 12.22% 和 17.20% ~ 17.99%，合格率分别低 4.08% ~ 4.32% 和 9.97% ~ 14.56%，出圃率分别低 14.38% ~ 16.01% 和 25.47% ~ 29.93%。但两个品种高密度扦插处理（E1）的合格苗出圃数最高，分别为 30.12 万株 / 亩 和 29.19 万株 / 亩，分别比中等密度（E2）和常规密度（E3）处理的高 56.97% 和 104.96%、53.98% 和

92.75%。此外，高密度处理（E1）扦插的茶苗，采用配套苗圃管理技术，其苗高为29.12～31.61 cm，直径2.63～2.71 cm，茶苗质量达到GB11767二级苗以上质量要求。因此，在川西茶区，由于雨水充沛，日照较弱，冬暖夏凉，在采用上述苗圃整地方法和配套管理技术的条件下，可采用高密扦插，行距一般为7～8 cm，株距为0.8～1.2 cm，叶片可遮叠1/2～3/4，每亩可插30万～50万株短穗（图6-6），这样可比常规扦插的合格苗出圃数高90%以上。

表6-13　不同扦插密度茶苗质量比较

（李慧 等，2016）

处理	苗高/cm	直径/mm	着叶数/（片/株）	发根数/（个/株）	根重/（g/株）	全株重/（g/株）	成活率/%	合格率/%	出圃率/%	出圃数/（万株/亩）
A1E1	31.61	2.71	12.40	33.10	0.59	4.35	70.02	78.34	54.85	30.17
A1E2	33.25	3.27	13.90	36.70	0.71	5.23	78.44	81.67	64.06	19.22
A1E3	37.57	3.58	15.40	39.70	0.85	4.94	84.57	87.02	73.59	14.72
A2E1	29.12	2.63	13.20	35.10	0.61	4.98	69.92	76.03	53.16	29.24
A2E2	31.98	2.93	15.40	39.70	0.70	3.8	79.65	79.46	63.29	18.99
A2E3	36.28	3.29	16.20	41.40	0.80	4.79	85.26	88.99	75.87	15.17

图6-6　高密度扦插的苗圃

在开展上述扦插密度实验的基础上，四川农业大学茶树育种团队王正阳（2019）还采用旋耕机翻耕和喷施沼液各两次的方式整理苗圃地，探究在这种整地和施肥方法的条件下，不同扦插密度（高密度：50万株/亩，中密度：35万株/亩，低密度：25万株/亩）对茶苗地上部及地下部生理指标的影响。研究结果表明（表6-14），扦插密度对茶苗的根系活力及抗氧化能力有较大影响。与低密度扦插处理的出圃茶苗相比，中密度扦插的出圃茶苗的根系活力、SOD、POD、CAT酶活性均分别提高10.00%、5.83%、3.68%、6.23%，丙二醛含量则降低23.47%；再与高密度扦插处理的出圃茶苗相比，中密度扦插处理的出圃茶苗根系活力和SOD酶活性分别提高5.29%、5.54%，但POD、CAT酶活性及丙二醛含量降则低 2.76%、3.69%、19.80%。表明中密度扦插处理的效果优于低密度和高密度处理。

表 6-14　不同扦插密度对出圃茶苗根系活力、丙二醛含量和抗氧化酶活力的影响

（王正阳，2019）

处理	根活力 / [μgTPF/g•（hFW）]	丙二醛 / （umol/gFW）	SOD/ （U/g）	POD/ （U/g）	CAT/ （U/g）
高密度扦插	89.54	4.04	192.01	24.61	31.7
中密度扦插	94.28	3.92	202.65	23.93	30.53
低密度扦插	85.71	4.84	191.49	23.08	28.74

注：高密度：50万株/亩，中密度：35万株/亩，低密度：25万株/亩。

从表 6-15 可以看出，穗条的扦插密度也对出圃茶苗的根部形态指标和质量指标产生影响。与低密度扦插处理的出圃茶苗相比，中密度扦插的出圃茶苗根系的根幅、发根数、重量、长度、表面积及根体积分别增加 9.07%、12.05%、8.06%、33.00%、31.05%、34.56%，而相较于高密度扦插处理，中密度扦插的出圃茶苗的上述指标则分别增加 2.64%、6.14%、5.51%、22.43%、24.14%、15.09%。这些结果表明，中密度扦插处理的茶苗根部形态指标和质量指标表现最好。

表 6-15　不同扦插密度对出圃茶苗根部形态和质量指标的影响

（王正阳，2019）

处理	根幅 /cm	生根数 /mm	重量 /g	长度 /cm	表面积 /cm²	根体积 /cm³
高密度	26.47	40.56	1.27	297.54	70.99	1.59
中密度	27.17	43.05	1.34	364.29	88.13	1.83
低密度	24.91	38.42	1.24	273.90	67.25	1.36

注：高密度：50万株/亩，中密度：35万株/亩，低密度：25万株/亩。

扦插密度对出圃茶苗形态指标、成活率、合格率、出圃率等均有影响（表 6-16）。据观测（图 6-7），与低密度扦插苗圃地的出圃茶苗相比，中密度扦插处理的出圃茶苗的主干直径、高度、成活率、合格率、出圃率及出圃数分别高出 7.58%、3.19%、4.86%、5.34%、10.47%、76.72%；而与高密度扦插处理相比，除出圃茶苗数外，中密度扦插处理的茶苗上述各指标也分别高 5.65%、2.45%、11.22%、3.77%、15.42%；而高密度扦插处理出圃数最高（36.44万株），分别比低、中密度处理高 19.12%、76.76%，且合格率也达到80%以上。以上结果表明，3 种扦插密度处理中，以中密度扦插出圃的茶苗最为健壮，高密度扦插茶苗出圃数最高。初步分析其原因，可能是低密度扦插处理下茶苗植株量少，生长空间虽大，但根系分泌物少，茶苗易受杂草、阳光曝晒等影响，故生长反而受限制；而高密度扦插处理的茶苗由于插穗基数大，营养竞争剧烈，茶苗生长空间不足，同时由于茶苗叶片相互重叠荫蔽，光合作用能力下降，因而茶苗地上部形态指标、成活率等受到影响；相较于高、低密度扦插处理，中密度扦插处理茶苗生长所需营养物质较充足，生长空间适宜，叶

片光合能力强，根系分泌的碳水化合物、氨基酸、有机酸等化合物增多，进而促进养分吸收，使根系活力及抗氧化酶活性增强，并促进了茶苗生根和生长，因此出圃茶苗的质量最好。上述采用旋耕机翻耕和喷施沼液整理苗圃地，并采用 3 种不同密度进行扦插，对茶苗生长的影响机理还有待深入研究。

表 6–16 不同扦插密度对出圃茶苗质量的影响

（王正阳，2019）

处理	主干直径 /cm	树高 /cm	成活率 /%	合格率 /%	出圃率 /%	出圃数 /（万株/亩）
高密度扦插	3.36	30.62	75.02	88.34	66.27	36.44
中密度扦插	3.55	31.37	83.44	91.67	76.49	30.59
低密度扦插	3.30	30.40	79.57	87.02	69.24	17.31

注：高密度：50 万株/亩，中密度：35 万株/亩，低密度：25 万株/亩。

图 6–7 观测不同扦插密度处理的茶苗出圃率

四、扦插苗圃的管理

上述高密高效扦插技术将短穗扦插密度由常规的 20 万株/亩左右提高到 40 万～50 万株/亩，其短穗及茶苗营养和生长空间大大缩减，若采用常规育苗技术管理，出现弱苗、矮苗和死苗的机率高，因此需采用配套的苗圃管理技术，才能提高茶苗成活率、茶苗质量和出圃率。

1. 水分管理

高密度扦插时，由于短穗数量更多，苗圃地对水分条件要求高于常规密度扦插。为了维持插穗体内的水分平衡和正常代谢，补充水分成为影响插穗发根和成活的关键因素。故短穗发根前要特别注意保持土壤和空气湿润，一般发根前高些，宜保持在 80%～90%，然后降低至 70%～80% 为宜。一般在扦插前 1 d 的傍晚给苗床浇水，至土壤湿透为宜。扦插完后立即用清水泵浇水（定根水），呈雾状喷施在遮阳网上，不宜直接浇在插穗上，以叶片湿透为宜。扦插后 10 d 之内，一般晴天每天喷施 1 次，阴天每 2 d 喷施 1 次，雨天不浇，浇水时间以清晨或 17∶00 后为宜。一直到扦插苗发根前，视天气情况，发现苗床土壤泛白应及时浇灌；而雨天则应注意及时排水。插穗发根后视天气和土壤状况灵活掌握，以保持土壤湿润、土色不泛白为度。

2. 遮阳

光照是插穗生根和幼苗生长的必需条件。光照过强，叶片失水，会造成插穗枯萎甚至死亡；光照不足，叶片光合作用较弱，影响发根和茶苗生长。所以，必须控制好苗床的遮阳度，常规密度扦插，一般遮阳度以 60% ～ 70% 为好，而进行高密度扦插，遮阳度和遮阳技术则有所区别。若进行夏季扦插（7—8 月扦插），由于气温高、阳光强烈，且扦插密度大，扦插完成后苗圃地需盖双层遮阳网，遮光度以 90% ～ 95% 为宜。一般双层遮阳网覆盖 1 周后，可揭去一层遮阳网。若进行秋季扦插（9—10 月扦插），遮阳网只覆盖一层，遮光度 80% ～ 85% 为宜。常规育苗技术，短穗叶片稍有重叠，遮阳网一直盖到翌年 4 月左右揭开；而高密高效扦插技术，因扦插密度大 1 倍以上，短穗叶片重叠 1/2 ～ 3/4，为增加短穗的采光度和叶片光合作用强度，对夏季扦插且短穗在秋冬季已经生根的苗圃，在当年冬季 12 月至翌年 2 月初茶芽萌动前，可揭去遮阳网，以利短穗叶片进行光合作用，制造有机营养。在此期间，如遇霜冻或阳光强烈天气，需及时盖网。翌年 2 月茶芽萌动时，需及时覆盖遮阳网，至 5 月底、6 月初，待茶苗高度约 10 cm 以上时，可逐渐揭去遮阳网。遮阳网去除后，如果遇日照强烈且干旱的天气，需马上盖上遮阳网，以免阳光灼伤茶苗。对秋插短穗且当年未生根的苗圃，当年冬季和翌年春季则不能揭去遮阳网，需持续盖遮阳网，直至 6—7 月，视天气情况，一般在阴天和晚上可揭开遮阳网，晴天则需盖上遮阳网，以促进茶苗生长，一直到 8 月上中旬，才逐渐揭去遮阳网（图 6-8）。

图 6-8　夏季揭去遮阳网的苗圃

3. 摘除花蕾

插穗上若着生花蕾，花蕾膨大生长消耗其水分和养分，会严重抑制短穗生根和营养芽生长，对茶苗生长极为不利，进而影响短穗的成活率。在剪取插穗时，若发现插穗上着生有花蕾，应彻底剪除。短穗扦插后，若短穗叶腋处长出花蕾，也必需进行剪除，否则，即使插穗生根，也会因花蕾影响茶芽生长，使插穗死亡。

4. 肥培管理

加强肥培管理是高密度扦插育苗培育壮苗最关键的技术措施，应根据扦插时期、苗圃地土壤肥力及幼苗生长状况，做好肥培管理工作。扦插苗细嫩柔软，不耐浓肥。在施追肥时，注意先浓后淡，少量多次。夏季扦插的苗圃地，在翌年4月茶苗大量生根以后进行第一次施肥，每亩撒施尿素4～5 kg，或用复合肥（撒可富、史丹利、宜施壮等）8～10 kg/亩，每次施肥后都要用树枝轻轻拂动茶苗，使肥料颗粒均匀抖落到畦面上，再喷施清水洗苗，以防肥液灼伤茶苗，以下雨前施肥最好。第二次施肥一般在6月初对茶苗修剪后进行，撒施尿素8～10 kg + 过磷酸钙10～15 kg/亩，或复合肥20～25 kg/亩，或用稀释的沼气液［1∶（2～3）］喷施茶苗，第三次施肥一般在8月上中旬对茶苗进行第二次修剪后施入，撒施尿素10～15 kg/亩，或用复合肥30～40 kg/亩。秋季扦插的苗圃，待5—6月茶苗长出新根后施第一次肥料，每亩撒施尿素4～5 kg，或复合肥（撒可富、史丹利、宜施壮等）8～10 kg/亩，以后间隔30 d左右施1次，施肥用量和施用肥料同上，视茶苗长势，一般可施3～4次。

5. 除草及病虫害防治

春季插穗发芽后，应采用人工除草，一般除草4～5次。扦插苗圃一般环境阴湿，也易发生病虫害，一般在扦插后翌年3—4月重点防治蚜虫，5—6月重点防治小绿叶蝉，7—8月重点防治螨类、卷叶蛾等，9—10月时，重点防治小叶绿蝉、茶尺蠖和茶饼病。

6. 修剪

高密度扦插的茶苗因生长和吸收营养的空间有限，插穗叶片又相互遮蔽，光合作用弱，极易出现弱苗、矮苗或死苗。为减少弱苗、死苗，提高茶苗粗度和出圃率，除加强肥培管理外，还要运用修剪技术来促进茶苗增粗，提高其成活率和出圃率。一般在插后翌年6月，多数茶苗生长高度达到约20 cm时，在离地15 cm处用水平剪剪去以上的枝叶；在8月上中旬，待修剪后的茶苗长到约25 cm高度时，再进行第二次修剪，在离地20 cm处（即上次剪口上提高5 cm）再次剪平。这样2次修剪可压低茶苗高度，防治茶苗徒长，同时使养分集中供应茶苗增粗和木质化。此外，修剪还可剪去上部枝叶层，使下部被枝叶层所遮蔽的矮苗、弱苗露出，以利通风透光，并吸收养分和水分，促进其生长，可有效提高茶苗成活率、出圃率和苗木质量。据观测，对茶苗进行二次修剪后，川茶2号和马边绿1号合格茶苗出圃率比不修剪不打顶的处理分别提高37.93%、38.91%（表6-17）。

表 6-17　修剪和打顶处理茶苗的出圃率比较（单位：%）

品种	不剪不采	修剪 1 次	修剪 2 次	打顶采摘
川茶 2 号	43.5	54.5	60.0	47.0
马边绿 1 号	64.5	80.0	89.6	80.0

注：资料来源于四川农业大学茶树栽培育种课题组。

第二节　茶树种苗工厂化快速繁育技术及调控

一、种苗工厂化快速繁育技术简介

目前，生产上常用的短穗扦插育苗技术一般在露天育苗，仍存在育苗周期较长、繁殖系数较低和管理成本较高等缺点。同时，由于育苗过程中光、温、水等自然条件的不可控性，育苗质量和出圃率均受自然条件的影响。据研究，造成育苗周期较长的根本原因是育苗期间茶苗必须经历冬季的短日照、低温、夏季的高温及干旱等恶劣环境。因此，一个育苗周期中一般有 5 ～ 6 个月茶苗的生长处于非活动状态。同时，常规扦插繁殖技术需要挖取心土作为苗床用土，这样会造成水土流失，不利于生态环境保护。近年来中国农业科学院茶叶研究所、湖北恩施州农业科学院茶叶研究所等单位在保留传统的茶树短穗扦插育苗核心技术的基础上，结合现代设施农业工程技术，探索了现代设施技术条件下进行茶树良种繁育的新技术，开发了茶树快速繁殖和工厂化育苗技术，通过"组培 + 温室培育"或"直接温室扦插"2 条技术路线，结合 CO_2 浓度和水分调节，实现了一年双季育苗，并实现了茶苗生产工厂化。随着设施农业的快速发展，茶苗工厂化育苗技术逐渐成熟，并在江苏、湖北、陕西、贵州等省推广应用，全国年产茶苗 2 亿～ 3 亿株，占茶苗年生产总量的约 10%。

工厂化育苗技术已在四川推广应用，对提高我省茶树育苗技术的技术含量，加速新育成的良种的繁育速度有重要作用，下面着重介绍"直接温室扦插"工厂化快速繁育技术的关键技术。

二、工厂化育苗技术的特点和优势

茶树工厂化育苗技术是一种集短穗扦插、温室大棚和穴盘育苗于一体的现代茶树高新育苗技术。该技术是以温室为基础，以草炭、蛭石、珍珠岩等轻质材料做基质，用穴盘做育苗容器，在光、温、水可控的条件下育苗。其主要的技术优势：一是比常规扦插育苗时间缩短 6 ～ 8 个月，其茶苗株高达到 15 cm 即可出圃；二是增加了单位面积育苗数量约 1 倍以上，提高了土地利用率；三是采用有机营养基质，使用安全，避免土壤生态的破坏，并且适用于机械化操作，可降低育苗成本；四是提高了定植成活率，工厂化培育的株高 15 cm 茶苗与常规培育的株高 20 cm 以上的茶苗移栽成活率、成园时间相当。因此，该技术具有育苗周期短、少病虫感染、出苗率高、劳动强度低和带基质移栽易成活等特点。工厂化育苗是通过采用各种工程技术对环境条件进行人工调节，相对于大田环境，可以将茶苗的生长环境始终调控到最适条件（图 6-9）。因此，茶树工厂化育苗能控制环境条件，实现一年两季茶苗出圃，因此是快速繁育优质茶树新品种的重要方法。此外，采用工厂化快速繁育技术，还可增强育苗单位的市场应变能力，使新培育的茶树良种能够更快地产生经济效益，并且不再需要挖掘心土铺设苗床，客观上起到了防止水土流失，保护生态环境的作用。

图 6-9　湖北恩施州农业科学院茶叶研究所的工厂化育苗基地

三、工厂化育茶苗的设施与调控装置

目前，可采用全自动智能化温室进行茶苗工厂化繁育。温室一般为双坡面屋顶形式建造，主要由 5 部分组成：框架结构、加热系统、降温系统、喷灌系统以及光照调控系统。控制房中的 Superlinks 中央软件包可进行记录、监督和控制，配置有育苗用可移动式苗床，可实现光、温、水、肥、气的全智能化控制。温室加热设施主要是 Riello gulliver 型燃油热风机，降温系统的设备主要包括：天窗、侧窗、外遮阳网、E0250 型轴流风机和湿帘水泵等。通过设定临界温度来控制它们的自动开启或关闭，达到通风或降温的目的。此外，此设备还加装了微雾系统，可以根据温度、湿度定时控制其自动启动或停止。微雾系统所喷雾粒直径一般只有 0.01 mm，可以均匀地弥漫在空气中，降温幅度可达 5 ～ 10℃，加湿范围达到 70% ～ 98%。对于光照的调控，主要通过外遮阳网和照明系统实现。在夏秋季光照强烈时，通过外遮阳网的开启可以使光强减少 30% 左右。照明采用进口钠灯（如 SON-RARG 型钠灯），主要用于冬季补光，夜间开启钠灯后平均光强可达 4 000 lx 左右。温室还配备有灌溉机（如 AM1900 型），通过设置启动时间、关闭时间、启动间隔、喷灌时间等参数进行控制。此外，还配备有 KH-200P CO_2 发生器，需要时可以对温室内进行 CO_2 补充。

四、工厂化繁育茶苗的关键技术

1. 育苗方式与时间

一般采用一年两季繁育方式。春夏季育苗多在 3 月中旬开始扦插。据调查，此时扦插 70 d 后茶苗生根率约 60%，平均植株高度 4.71 cm，平均发根数 7.08 条，平均根长 4.22 cm；培育 5 个月后，茶苗高度达到 20 cm 左右，可移出温室进行炼苗、出圃并移栽。秋冬季育苗可在 8 月初至 9 月初进行，一般在培育一个半月以后，地下部分开始发根，此时地上部分生长受到抑制，而地下部分在整个冬季仍然保持着生长势态，在冬季就可完成了根系的建立，因此茶苗在开春后的生长十分迅速，可以在短短不到一个月的时间内生长至 20 cm 高度以上，炼苗后可用于移栽，以此实现了 1 年 2 次繁育和一年两季茶苗出圃（成浩，2007）。

2. 穴盘、基质等材料的准备

（1）穴盘　工厂化育苗采用的容器一般采用不同规格的塑料专用穴盘，目前生产多选用长、宽、深和孔数为 545 mm×280 mm×50 mm×50 穴盘，或选用 545 mm×280 mm×50 mm×128 穴盘。也可采用长 × 宽 × 高为 60 cm×45 cm ×30 cm 的塑料框为育苗容器，基质的厚度为 20 cm 左右，每框扦插茶苗约 90 株，行距为 6 cm 左右，株距为 1 cm 左右。

（2）基质　育苗基质是固定苗木根系使茶苗直立生长的固体物质，一般包括一种或几种材料，还可以利用有机材料配合一定的微生物制剂以形成的优质育苗土壤。目前穴盘育苗是以轻基质无土材料做育苗基质，这些育苗基质具有比重轻，保水能力强，根坨不易散等特点，易于包装和长距离运输。基质配比的原则是：具备良好的透气性和保水性，酸碱度适中，养分充足。据刘任坚等（2018）研究，以泥炭、蛭石、珍珠岩的 7 种不同体积混配的基质配方进行扦插试验，茶树扦插生根率和根系生长量在不同基质配方间都存在显著差异，基质配方为泥炭:蛭石：珍珠岩 =2：1：1，扦插生根率最高，根系生长情况最好。因此，扦插基质多为泥炭：珍珠岩：蛭石 =2：1：1 或 1：1：1（体积比）或按体积比 2：1 混配的泥炭蛭石基质。若基质酸度不够，可适量加入硫酸铝或硫磺粉，使基质 pH 值保持在 4.5 ～ 5.5。每框可施用 NH_4NO_3 10.5g、K_2SO_4 1.3g 和 Ca（H_2PO_4）$_2$ 11.25g，可促进育苗过程中茶苗的生长，并提高育苗速度。基质可用分装机装到穴盘中，并沿水平方向轻轻抖动，最好在温室内就地配料、装盘、摆放，避免穴盘内基质压紧。

3. 插穗的剪取和扦插

插穗的剪取与插穗标准同露天育苗技术。扦插前 24 h，应采用 800 ～ 1 000 倍液多菌灵进行穴盘、基质的灭菌工作，并放置过夜。插穗扦插前要将穴盘基质充分浇水，经 3 h 左右水分下渗后，土壤呈"湿而不黏"的松软状态时，将插穗扦插于基质中。为促进插穗生根，可将剪好的短穗进行同向捆扎，采用 800 ～ 1 000 mg/kg NNA 或生根粉，速蘸基部 5 ～ 10 s 后，及时扦插。每穴插一插穗，叶面应顺风向，并在同一穴盘中保持一致，以避免插穗被风吹动；插穗下端位于穴盘中间深度位置，深度以叶柄与基质表面平齐为宜，叶片和芽露出土面（图 6–10）。插穗扦插密度，行距 5 ～ 6 cm，株距约 1 cm，如采用长 × 宽 × 高 =45 cm×30 cm×15 cm 塑料框作容器，每框扦插 6 行，每行 15 株，每框可扦插 90 株左右。

图 6–10 穴盘上扦插的短穗

4. 苗期管理

（1）温度 温度控制是快速育苗的关键，插穗发根最适宜温度为 20 ～ 30℃，大棚内气温宜控制在 28℃左右，最高温度不宜超过 35℃。一般当气温达到 30℃时，逐步卷起大棚棚边薄膜，超过 35℃时，棚边薄膜全部卷起。冬季可采用燃油热风机加温，控制温室室内温度在 20 ℃以上。

（2）湿度 在插穗大量发根之前，保持插穗吸水与失水平衡是扦插成功的关键，而插穗过度失水常常是其死亡主要原因。因此对基质湿度和空气湿度要求特别严格。曾建明等（2005）研究了在不同含水率基质下培养的茶树扦插苗的生长参数、光合作用和叶绿素含量，研究结果表明高基质含水率（90% ～ 100% 水分）会降低茶苗的光合速率，不利于有机物量的积累，使地上部分生长缓慢，根冠比降低。随着基质含水率从 90% ～ 100% 降低到 70% ～ 100%，茶苗的各项生理指标均有提高，叶片变厚，根生物量增加，且粗壮，生长情况较好，植株抗逆性强。因此，在茶苗培育过程中，适当减少水分的供给，降低培养基质的含水率，有利于茶苗的快速生长，积累有机物，提高抗逆性。基质含水率一般要求不能超过 70%，基质水分降到 60% 左右时需浇水，每次浇水至浇透为止。如果 6—7 月扦插，一般白天每 20 ～ 30 min，进行间歇喷雾 20 ～ 30 s，夜晚可不进行喷洒或间喷 1 ～ 2 次。阴天，要根据叶面水分蒸发情况，减少喷水次数。扦插 15 ～ 20 d 即可见到愈伤组织，30 ～ 40 d 产生不定根。不定根产生后，一般上午 10：00、下午 4：00 左右喷雾 1 min，白天光照过强时，可每 2 ～ 3 h 进行 30 s 左右间歇喷雾设置。根系形成后，根据光照强度状况，隔 1 ～ 2 d 浇透水 1 次，以保证基质湿润为宜。如 9 月扦插时，一般白天每隔 2 h，间歇喷雾 20 s 左右，夜晚可不进行喷施，3 ～ 5 d 浇透水 1 次。空气湿度为 60% ～ 90% 为宜。用于浇灌的水必须为弱酸性，温室要适时通风换气，减少病害发生。

（3）光照　光照强度对育苗过程中茶苗的形态建成、光合作用和水分利用效率均有重要影响。为了提高设施条件下茶树育苗的效果，进行适宜的光照强度调控十分必要。据成浩等（2007）研究，在不同光照条件下（光强分别为自然光的8%、15%、35%、42%、50%及75%）生长的茶树扦插苗的光合作用、叶绿素含量和生长情况均有一定差异。茶树扦插苗的光合速率（P_n）、最大光合速率（P_{nmax}）、表观量子效率（AQY）均和根生物量在自然光强的75%时达到最大值；其植株生根率、出现愈伤组织的比率、根条比及根生物量比（RMR）随光强的增加而增加，死亡率、SLA及LAR随光强的增加而降低。因此，平时温室宜采用自然光照，而在夏秋季光照强烈时，可开启外遮阳网减少光强；阴、雨天收拢遮阳网进行补光。在冬季日落后人工补光，使光照时间充足。9月扦插时，温室温度在20℃以下时，光照强度逐渐减弱，可不进行遮阳处理。刘任坚等（2018）也研究了不同遮光处理（覆盖两层遮阳网、一层遮阳网和全光照喷雾系统（自然光照），即相当于自然光强的25%、50%、100%）对工厂化育茶苗的影响，试验结果表明，最适合茶树插穗生根的遮光处理为覆盖一层遮阳网，即光照为自然光强的50%，其插穗存活率与生根率达到最高，插穗存活率分别为86.67%、92.22%，生根率分别为82.22%、86.67%，且各项生长指标整体表现最为优异；弱光条件下不利于插穗生根，强烈直射光不利于插穗存活。此外，成浩等（2007）的试验比较了在工厂化育苗条件下提高CO_2浓度对于茶苗光合作用、水分利用效率和生物量积累等的影响。结果表明，CO_2浓度加倍之后，供试的3个品种茶苗的光合能力、水分利用效率和胞间CO_2浓度都有显著增加，特别是光合速率分别提高71.4%、96.2%和88.2%，从而更有利于茶苗的快速生长，表明对工厂化条件下的茶苗进行CO_2施肥，可提高茶苗光合能力，提升茶苗的新生物量积累，从而加速茶苗生长。

（4）施肥　扦插30 d后，如果发根好，可用0.5%的尿素或茶树专用液肥补充营养。也可对生根的茶苗以少吃多餐、宁少不多为原则，每10 d左右喷施0.2%～0.3%的三元复合肥。特别注意，没发根前不能用肥。茶苗地上部达出圃高度后可停止施肥，使主干增粗。

（5）防治病虫害　按照"预防为主，综合防治"的原则，重点防治高温季常见的白斑病、芽枯病、叶枯病、炭疽病、茶轮斑病等病害。

5. 炼苗出圃

参照NY/T 2019—2011茶树短穗扦插技术规程执行。出苗定植前15 d左右，首先将塑料薄膜卷起，加强通风处理，适当减少水分喷施，逐渐过渡到大田气候环境（图6-11）。茶苗质量应符合GB 11767—2003茶树种苗的要求，一般要求茶苗高度15～20 cm，5～8片功能叶，叶色正常，一级不定根5～7条，发达粗壮，并形成多级分枝网络的须状不定根系。起苗时，为使根系完整，可将整个穴盘的基质带出，不出现散坨现象，即可定植。包装运输应按照GB 11767—2003茶树种苗规定执行。春季干燥、风大，运输时，防治水分流失，在出苗前浇透水，水淋净后脱盘，每盘一捆带土球运输。

图6-11 四川茶业集团公司和四川一枝春茶业公司利用温室大棚繁育的特色品种茶苗

参考文献

成浩，曾建明，周健，等，2007.茶树种苗工厂化快速繁育技术［J］.茶叶科学，27（3）：
　　231-235.

李慧，聂枞宁，唐茜，等，2016.川西茶区高密高效扦插技术的主要影响因素分析［J］.河
　　南农业科学，45（5）：45-51.

梁月荣，刘祖生，庄晚芳，1986.茶树扦插苗生长模式分析［J］.中国茶叶（01）：10-12

刘任坚，刘远星，王莹茜，等，2018.不同基质配方对工厂化育茶苗的影响［J］.现代园艺
　　（15）：5-6，10

王正阳，2019.不同苗圃地整理技术与扦插密度对茶苗繁育的影响［D］.雅安：四川农业
　　大学.

谢文钢，黄福涛，李万林，等，2013.茶树短穗扦插育苗关键技术及经济效益分析［J］.广
　　东农业科学，40（13）：34-36.

杨阳，赵洋，刘振，2008.茶树短穗扦插不同品种与密度的效果比较［J］.茶叶通讯，35
　　（4）：5-9.

曾建明，谷保静，常杰，等，2005.茶树工厂化育苗适宜基质水分条件研究［J］.茶叶科学，
　　25（4）：270-274.

茶树品种具有地区性，品种的生物学特性适于一定地区生态环境和农业技术的要求，即每个品种都是在一定的生态和栽培条件下形成的。因此，要充分发挥品种的优良特性，首先，应根据其适应性，在适宜地区种植；其次，良种必须与良法配套，才能充分发挥品种增产提质和增效的作用。了解和掌握四川茶区与良种配套的优质高效关键栽培技术，有助于良种的合理推广与应用。

第一节　良种幼龄茶园速成丰产种植与栽培管理关键技术

茶树为多年生经济作物，一般种植后 3 年开始初投产，第四年正式投产。同时，幼年茶园的管理难度大，茶苗株小根弱，遇到干旱、高低温、霜冻、草害和病虫害等自然灾害时，会使茶苗生长不良，严重时还会导致茶苗死亡。为此，四川农业大学茶树育种团队与名山茶树良种繁育场、峨眉山市竹叶青茶业公司等单位合作，研发一种幼龄茶树速成丰产的种植与管理技术，推广该技术，可使茶园除草成本降低 30% 以上，并使茶园提早 1 年投产。其关键技术介绍如下。

一、建园时地膜覆盖下的茶苗移植与施肥技术

1. 茶地地膜（地布）覆盖技术

新植或换种改植茶园时，茶地的开垦、施底肥技术与常规建园技术相同。为使茶园土壤保湿和保温，减轻草害，提高茶苗成活率，茶地施底肥和盖土后，在种植行上浇水，浇至土壤湿透，然后用黑色或银色地膜覆盖种植沟，再用土块压紧地膜边缘处，或用 "U" 形地膜钉固定地膜。为保证地膜覆盖时间长达 1 年左右，地膜厚度最好为 0.02 mm。盖好地膜后，再在地膜上打孔移栽茶苗。也可根据茶苗种植的规格（移栽的株行距），找生产厂家订制打孔膜，以方便移栽。在茶行间可覆盖黑色地布（图 7–1），以更好防除行间杂

草，并使行间土壤保温保湿。除了上述的在种植行覆盖的地膜上打孔移栽茶苗外，也可种植行不盖地膜，并采用单条栽方式，栽好茶苗后，再在茶苗主干两侧盖上地布进行覆盖，并压紧地布。

图 7-1　茶行内覆盖地膜，行间覆盖地布幼龄茶园

2. 茶苗移栽

四川茶区在 9 月中旬至 10 月下旬进行茶苗移栽为宜，茶苗种植规格多采用单株、双行栽植。移栽茶苗时，在种植行所覆盖的地膜上按小行距种植，相邻两条地膜之间的种植按大行距种植；种植规格为：大行距 1.8 ～ 2.0 m，小行距为 0.3 ～ 0.4 m，株距为 0.25 ～ 0.30 m。为提高茶苗成活率，在茶苗移栽前，可用浆根液蘸根 10 ～ 15 s，浆根液主要成分为：800 ～ 1 000 倍液生根剂、1 200 ～ 1 500 倍液杀菌剂和 0.4 ～ 0.6 kg/L 的黏土。具体的茶苗移栽方法：在地膜上按株行距先挖一圆孔作种植穴（窝），穴（窝）宽10 ～ 12 cm、深 8 ～ 12 cm，每穴（窝）栽植 1 ～ 2 株茶苗，将茶苗放入穴底中，覆土至一半时再轻提一下茶苗，以舒展根系，再覆土压实（图 7-2）。

图 7-2　在地膜上移栽茶苗

3. 浇定根水，覆土

移栽茶苗后，从地膜打孔处（破口处）给茶苗浇定根水，浇至根系周围 20 ～ 25 cm

范围内土壤完全湿透为宜。浇水后，再覆土封盖地膜孔洞（破口）处，同时茶苗根颈处周围需覆土并压实，不能被地膜直接覆盖，这是本技术的一个关键点。因地膜覆盖时间可延长至翌年秋季，在茶苗根颈处周围覆土，既可使茶苗根颈处通风透气、接受降雨，还能防止气温过高时茶苗根颈部紧挨地膜而引起的烧根。茶苗根颈处覆土的范围：以主干为圆心，周边 10～12 cm 范围内的土壤裸露出为宜。若根颈处裸露土壤较少，不宜透气透水，且夏季因地膜靠近茶苗根颈，会导致温度过高时出现茶苗烧根现象，直接影响茶苗的存活率；反之，裸露出土壤过多，茶苗根颈处周围杂草生长较旺盛，又会增加除草工作量。

4. 地膜（地布）覆盖茶园的施肥技术

在茶苗移栽后的翌年 4 月中下旬，待茶苗长出新根后应进行第一次追肥。因地膜覆盖，需采用两种特殊的施肥方法。方法一是揭开地膜施肥，具体方法：双行种植的幼龄茶园，在种植行内靠近一行茶苗的内侧附近用小刀割开地膜，再轻轻将膜揭开并移到另一行茶苗附近，注意尽量不要损伤地膜。揭膜后，再在两行茶苗的行中央开施肥沟，沟深 5～8 cm，宽 8～10 cm（图 7-3），一般施水溶性的 N、P、K 配比为 15∶15∶15 的复合肥，如宜施壮茶树专用复合肥或撒可富复合肥等，施肥量为 5 kg/ 亩左右，均匀施后覆土，再将揭开的地膜覆盖回来，地膜边缘用土块压实。第二种方法是不揭开地膜，在地膜上打洞挖穴施肥。即在 2 小行内，四窝（株）茶苗中央的地膜上打一孔洞挖穴施入复合肥（图 7-4），施肥量同上。第二、第三次追肥分别在夏梢停止生长的 7 月上中旬、8 月中下旬进行，施肥方法与肥料种类同上，施肥量增加至 8～10 kg/ 亩。到秋冬季对茶苗施基肥时（10 月中旬），先揭去地膜，在茶苗两边侧距离茶苗主枝 5～10 cm 处开施肥沟，每亩茶园施水溶性复合肥 10～15 kg、有机肥 1 000 kg 或饼肥 50～100 kg 作基肥。而用地布覆盖的茶园，揭开近茶苗根际的地布后，即可开沟施肥，施后再盖上地布。以上施肥技术与常规施肥技术的区别，一是追肥的施肥部位主要在小茶行内；二是肥料种类不同（常规一般施尿素）；三是施追肥时仍保留地膜覆盖。同时在茶苗栽后第二年秋末前均覆盖了地膜，防控草害的效果好，可节约除草成本 50% 以上。

图 7-3 双行栽茶苗揭膜后在茶行内开沟施肥

图 7-4　在地膜上打洞施肥

二、幼龄良种茶园速成丰产的配套施肥技术

1. 肥料种类和施肥技术对茶苗生长的影响

施肥技术可直接影响良种茶园幼苗成活率、生长势及其投产后产量和品质，因此对幼苗期茶树科学施肥尤其重要。目前，不少茶区对幼龄茶园采用的施肥技术较粗放，主要是种植后第一、第二年撒施 2 ～ 3 次氮肥作追肥，由此造成茶苗生长缓慢、生长势弱和投产年限长的问题。为探讨促进良种茶园速成丰产的配套施肥技术，四川农业大学茶树栽培育种团队与竹叶青茶业公司合作进行了幼龄茶园的肥效试验（图 7-5），以新植第二年的'川茶 2 号'品种幼龄茶园为试验对象，研究不同肥料、不同追肥方式对幼龄茶树形态指标、新梢生化成分含量的影响以及 N、P、K 在根和叶中积累情况。旨在为制定幼龄良种茶园科学的施肥技术，并促进其提早投产提供一些依据。

图 7-5　幼龄茶园肥效试验

李伟等（2019）的研究表明，不同施肥方式（沟施、撒施）、不同肥料（尿素、宜施壮复合肥、撒可富复合肥）对茶苗根系 N、P、K 含量有较大影响（表 7-1），结果表明，

施相同的肥料沟施处理的茶苗根系 N、K 含量均比撒施处理高，P 含量则无明显变化规律；沟施以上 3 种肥料的处理，茶苗粗根和细根的平均 N 含量、K 含量分别比撒施处理高 8.66% ～ 23.51%、21.85% ～ 33.19%。

表 7-1　不同施肥处理对茶苗根系 N、P、K 含量的影响（单位：mg/kg）

处理	N 含量	P 含量	K 含量
撒施尿素（粗根）	14 245.67	955.67	4 419.67
撒施尿素（细根）	14 962.67	1 268.67	3 387.33
沟施尿素（粗根）	17 904.3	1 105.67	4 777.67
沟施尿素（细根）	18 170.67	977.67	5 620.67
撒施宜施壮（粗根）	16 556.33	1 195.33	5 971.33
撒施宜施壮（细根）	13 106.33	1 356.67	5 335.33
沟施宜施壮（粗根）	18 341.33	1 069.67	7 202.33
沟施宜施壮（细根）	16 168.67	1 015.67	6 574.33
撒施撒可富（粗根）	14 634.67	1 303.67	5 909.33e
撒施撒可富（细根）	13 414.33	1 300.33	5 508.67
沟施撒可富（粗根）	16 417.67	1 330.33	7 232.33
沟施撒可富（细根）	14 059.33	1 649.33	6 928.33

从表 7-2 可以看出，施相同肥料沟施处理的叶片 N、P、K 含量高于撒施处理。沟施撒可富复合肥处理的茶苗叶片 N 含量最高，为 29 706.67 mg/kg，且显著高于其他处理，与沟施和撒施尿素处理相比分别高 9.60%、19.60%。施撒可富的处理叶片 P 含量显著高于施尿素、宜施壮肥料的处理，其中沟施撒可富处理的 P 含量最高为 2 230.33 mg/kg，比沟施和撒施尿素处理分别高 7.06%、7.55%。沟施宜施壮处理的茶苗叶片 K 含量最高为 8 739.33 mg/kg，比撒施和沟施尿素分别高 35.57%、33.33%（李伟，2019）。

表 7-2　不同施肥处理对茶苗叶片 N、P、K 含量的影响（单位：mg/kg）

处理	N 含量	P 含量	K 含量
撒施尿素	24 838.33	2 073.67	6 446.33
沟施尿素	27 104.33	2 083.67	6 554.33
撒施宜施壮	26 544.67	2 101.67	7 752.33
沟施宜施壮	29 085.67	1 974.33	8 739.33
撒施撒可富	28 387.67	2 220.67	7 984.33
沟施撒可富	29 706.67	2 230.33	8 471.67

　　从图7-6可知，幼龄茶园采取不同施肥方式和不同肥料对鲜叶的生化成分也有一定影响。除撒施尿素和撒可富处理外，其余施肥处理的水浸出物含量均显著高于不施肥（CK）处理，其中沟施宜施壮复合肥处理鲜叶的水浸出物含量最高为44.36%，比CK高7.49%。所有施肥处理的鲜叶茶多酚、氨基酸含量均显著高于未施肥CK处理，且沟施处理的茶多酚含量也显著高于撒施相同肥料的处理，其中沟施宜施壮处理茶多酚含量最高为18.24%，较CK高26.78%。沟施尿素、宜施壮处理的氨基酸含量显著高于撒施相同肥料的处理。其中沟施尿素处理的氨基酸含量最高为7.74%，较CK高21.57%。沟施宜施壮处理的咖啡碱含量显著高于撒施处理，但另外两种肥料沟施、撒施处理的咖啡碱含量则无显著差异（李伟，2019）。

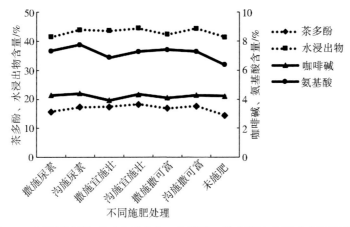

图7-6　不同施肥处理对水浸出物、氨基酸、茶多酚和咖啡碱含量的影响

　　不同施肥处理对幼龄茶树生长势和生长量均有较显著的影响。从表7-3可知，沟施同种肥料处理的茶苗株高、株重、根重、粗根重、细根重、粗根数、主干直径、根幅和冠幅均比撒施处理的高，如沟施尿素处理的以上各指标比撒施处理的分别增加6.92%、9.41%、8.33%、85.75%、54.06%、10.70%、1.43%、10.24%和12.99%。在相同施肥方式（撒施或沟施）下，施复合肥（宜施壮、撒可富）处理的各形态指标均又比施尿素处理的高，其中沟施撒可富复合肥处理的株重、根重、细根重、主根数量和主干直径均最高，分别比沟施尿素处理高43.75%、49.92%、46.88%、42.10%、21.13%。表明从施肥种类来看，施复合肥比施尿素更有利于幼龄茶苗的生长；从施肥方法看，沟施比撒施处理更有利于茶树吸收营养物质，更能促进其生长（李伟，2019）。

表7-3　不同施肥处理对茶苗生长势和生长量的影响

	撒施尿素	沟施尿素	撒施宜施壮	沟施宜施壮	撒施撒可富	沟施撒可富
株高 /cm	61.68	65.95	70.21	73.64	69.67	72.88
株重 /g	72.03	78.81	106.21	109.92	93.75	113.29
根重 /g	10.8	11.70	12.01	17.17	15.306 7	18.633 3
粗根重 /g	7.23	6.20	7.24	10.17	9.30	9.93
细根重 /g	3.57	5.50	4.77	7.00	6.01	8.7
粗根数	10.00	11.07	10.27	14.2	13.6	15.73

	撒施尿素	沟施尿素	撒施宜施壮	沟施宜施壮	撒施撒可富	沟施撒可富
主干直径 /cm	0.70	0.71	0.77	0.81	0.8	0.86
根幅 /cm	35.35	38.97	42.75	44.63	36.71	40.84
冠幅 /cm	33.09	37.39	40.97	43.51	36.26	39.23

综上，合理施肥对良种幼龄茶苗生长和生化内含物的积累有积极作用，并能促进幼龄茶园提早投产。从所施肥料种类来看，幼龄茶树施三元复合肥比施尿素肥料效果更佳。从施肥方式看，沟施效果优于撒施处理，沟施复合肥显著提高新梢水浸出物、茶多酚、氨基酸和儿茶素组分含量，并增加根和叶中 N、P、K 含量，为茶树生长和内含物质代谢合成提供物质基础。考虑施肥成本和肥效，施用茶园专用复合肥宜施壮施肥成本相对较低，效果较好。

2. 幼龄良种茶园的施肥技术

（1）苗圃茶苗修剪或打顶采摘后施肥技术

在苗圃时，为提早解除顶端优势，促进茶苗分枝以及矮苗、弱苗生长，一般在短穗扦插后第二年 5—6 月，当部分生长势良好的茶苗长到 15～20 cm 高度时，对茶苗可打顶采摘或进行两次修剪，可使茶苗产生 2～3 个 1 级（第一层骨干枝）分枝。为促进侧枝生产健壮，打顶或修剪后至茶苗出圃时，苗圃施肥由常规施尿素肥料，改为施 N：P：K 配比为 1：1：1 的复合肥，施 3～4 次，每次施 10～15 kg/ 亩，两次施肥间隔 30 d 左右；每次施肥后都要用树枝轻轻拂动茶苗，使肥料颗粒均匀抖落到畦面上，再喷施清水洗苗，或在下雨前施入。

（2）茶苗移栽前在种植行中央施复合肥

茶苗移栽时间在秋季 9 月中下旬至 10 月上旬，宜早不宜迟，使茶苗在当年 11 月前后就能长出新根，以提高成活率。为了使茶苗新根长出后，尽快吸收肥料，在施好新植或改植茶园底肥后，双行栽的茶苗，可在种植沟移栽两行茶苗的小行中央开 5～8 cm 深的施肥沟，并施 N：P：K 比例为 15：15：15 的复合肥，施肥量为 10 kg/ 亩，施后盖土，再移栽茶苗，注意栽茶苗时根系不能直接接触肥料。

（3）茶苗移栽后的肥培管理

采用常规管理技术培养的幼龄茶园，一般投产年限需 3 年以上，除树冠培育技术外，肥培管理水平不高，也是茶树迟投产的主要原因之一。因此，为使幼龄茶园速成丰产，在施肥种类、方法、用量和施肥次数上应区别于常规管理茶园。对移栽后第二年采用打顶采摘 + 定型修剪培养树冠的茶苗，宜勤施薄施，当年追肥次数增加到 5 次以上，基肥 1 次；施肥方法沟施结合撒施，追肥肥料由尿素改施 N：P：K 配比为 1：1：1（15：15：15）的复合肥。追肥施用量宜少吃多餐，第一次施 4～5 kg/ 亩，依次增加到 10～12 kg/ 亩。具体施肥方法：第一次在 4 月中下旬施，在离茶苗主干周边 3～5 cm 处撒施，每亩施 4～5 kg，施后对锄头对主干周边土壤边欠细边覆盖肥料。第二次在 5 月中旬，在茶苗两小行中央开沟施，沟深 5～8 cm，施肥量 6～7 kg/ 亩，施后盖土。第三次在 6 月中旬撒施约 8 kg/ 亩，再欠细土壤并覆盖肥料；第四次在 7 月中旬施，在茶苗两小行中央开沟施，沟深 5～8 cm，施 10 kg/ 亩左右；第 5 次在 8 月中下旬，在离茶苗树冠外缘 6～8 cm 处开沟施，沟深 5 ～ 8 cm，施 10 ～ 12 kg/ 亩复合肥。在 10 月中旬施基肥，基肥施用技术同常规技术。

茶苗移栽后第三年，仍需加强肥培管理，年施追肥 4 次，建议施 2 次 N、P、K 比例为 24：6：12 的复合肥、2 次 N、P、K 比例 30：5：5 的复合肥，施肥量前两次一般为每次 25 ～ 30 kg/ 亩，后两次每次施 20 ～ 25 kg/ 亩，春茶前 2 月中旬施第一次追肥，4 月下旬施第二次，第三次、第四次分别在 6 月和 8 月中下旬，施肥方法均在离树冠外缘 6 ～ 10 cm 处开沟施，沟深 5 ～ 8 cm，施后盖土。施基肥技术与常规茶园相同。

三、幼龄良种茶园速成投产的树冠培养技术（打顶＋定剪）

幼龄茶园一般采用常规定型修剪技术来培育树冠。在移栽时、移栽后第一年、第二年秋冬季进行 3 次定型修剪，期间均严禁采摘鲜叶，以培养骨干枝和树冠。完成 3 次定剪需要 2 ～ 3 年的时间，因此，建园后第 3 年茶树才能初投产，第 4 年正式投产，从而导致新建茶园投资回报年限长，影响了茶农推广良种的积极性。针对上述问题，需探讨一种促进幼龄茶园速成丰产的树冠培育综合技术。

1. 中小叶种幼龄茶园的树冠培育技术

据观测，对一些中小叶品种茶树实施定型修剪后，其顶端生长优势没有被完全解除或抑制，剪后多数茶苗长出的侧枝较少，且枝条主要向上生长，从而影响幼龄茶园树冠培育和投产速度。为此，四川农业大学茶树育种团队与峨眉山市竹叶青茶业公司合作，探讨了中小叶品种幼龄茶园采用"打顶＋定剪"采摘的树冠培养方式，并在竹叶青茶业公司茶叶生产基地 300 余亩'川茶 2 号''福选 9 号'新茶园（2016 年种植，图 7-7）中推广实施，取得了提早一年投产的效果，现将此树冠培养方法介绍如下。

图 7-7　竹叶青茶业公司采用"打顶＋定剪"技术培养的'川茶 2 号' 2 年生幼龄茶园

在秋季移栽后，对茶苗进行第一次定型修剪，方法同常规技术，修剪高度：离地15～20 cm处剪去主枝，保留侧枝。对生长势旺盛且肥培管理水平高的茶园，茶苗移栽后翌年4—5月，待茶苗长出的新梢长度达到10～12 cm以上高度时，或长至少一芽四五叶时，对新梢进行第一次打顶采摘，摘去新梢顶端的一芽一、二叶。可根据新梢生长情况，对整个茶园分2～3批进行打顶，打顶采摘的间隔期为10～20 d，以此可促进春梢多分侧枝。在6月下旬至7月中旬，又对茶苗长出的夏梢集中进行打顶，方法同上。到秋季10月上中旬时，对茶苗再进行第二次定型修剪，修剪离地高度40～45 cm（常规定剪高度为离地25～30 cm）。从表7-4可看出，在肥培管理良好的情况下，在茶苗栽后第二年秋末，打顶2次并进行二次定剪的茶苗各项生长指标均优于打顶1次的茶苗和不打顶茶苗，其生长势和生长量均明显增加（图7-8）。其中茶苗树高、主干直径和全株重量分别比不打顶只定剪的茶苗增加42.77%、55.15%和174.64%；树高可达60 cm以上，树幅达到30～35 cm，二级分枝和三级分枝数量增加至3.5个/株、7.5个/株，同时，根系的生长也受到促进，其总根重、侧根直径和重量分别比不打顶只定剪的茶树增加177.90%、102.07%和358.57%。这些观测结果表明，经2次打顶+2次定剪的二年生茶树，骨干枝的数量和质量均增加，且达到了常规技术3次定剪后的树冠高度、幅度，因此，在栽后的第三年春季，即建园二年时可初投产，建园第三年可正式投产。该技术与常规树冠培育技术的区别：一是常规技术严禁采摘，而该技术在春、夏季二次集中打顶采摘，更好抑制了顶端优势，促进分枝，二是定剪次数由3次减少为2次，且第二剪离地高度提高，使茶园提早一年投产。但这种2次定剪+2次集中打顶来培育幼年茶树树冠的技术，必须是在肥培管理水平高，且生长势本身旺盛的茶园应用，如茶苗生长势差、生长量小，则无法实施该技术。

图 7-8　打顶处理与未打顶的茶苗树势和根系比较

表 7-4 对新梢打顶与不打顶的二年生幼龄茶园树势指标的比较

生长指标	打顶 2 次茶苗	打顶 1 次茶苗	不打顶茶苗
株高 /cm	77.45	75.03	54.44
全株重 /g	89.31	52.31	32.59
主干直径 /mm	8.44	6.94	5.44
根重 /g	15.34	8.72	5.52
侧根直径 /mm	3.90	3.28	1.93
侧根重 /g	9.63	4.77	2.10
一级分枝数 /（个 / 株）	3.80	3.00	1.70
一级分枝直径 /mm	3.72	3.44	3.18
二级分枝数 /（个 / 株）	3.50	1.10	0
二级分枝直径 /mm	6.56	3.32	—
三级分枝数 /（个 / 株）	7.50	0	0
三级分枝直径 /mm	2.49	—	—

注：表中数据为四川农业大学茶树栽培育种团队观测的数据，供试茶苗均进行 2 次定型修剪。

2. 大叶种幼龄茶园的树冠培育技术

近年来，四川省选育了较多的乔木型或半乔木型大叶种品种，如'蒙山 9 号''马边绿 1 号''川沐 28 号''三花 1951''川茶 5 号'和'甘露 1 号'等，这些品种具有茶芽肥壮、易采单芽，生产势旺盛和产量高的优势，但大叶种的分枝能力较中小叶种弱，不易形成矮、壮、阔、密的高产优质树冠。目前，大叶种品种在四川省的推广面积不断增加，特别是在名山区、马边县和沐川县等产茶县。为此，须加强乔木型或半乔木型大叶品种配套栽培技术的研究与推广。

在建立新茶园或换种改植老茶园时，大叶种幼年茶树的骨干枝和树冠培养技术，是决定茶园投产期早迟和茶树是否丰产的最重要的栽培技术。一般在我国南方茶区，由于气候温暖湿润，年活动积温高（一般超过 5 000℃），水热条件良好，大叶种的幼年茶树生长势旺盛、生长量大，且生长期长，可采用分段修剪的方法培养树冠。而在我国西南茶区，因水热条件有限，种植的乔木型或半乔木型的大叶种品种，幼年期茶树的生长势和生长量虽比中小叶品种旺盛，但不及南方茶区，且大叶种的茶苗分枝的能力一般弱于中小叶种茶树，分枝部位也较高，分枝较稀疏，如采用分段修剪培养树冠，其效果弱于南方茶区，且茶农较难掌握分段修剪技术。基于以上因素，四川茶区种植大叶种茶树，多采用与中小叶种相同的常规定型修剪的方法培育幼年茶树树冠，幼龄茶园正式投产的年限也需要 3 ～ 4 年。为促进大叶种良种茶园速成丰产，四川农业大学茶树栽培与育种团队与名山茶树良种繁育场合作，探讨了一种改分段修剪技术或常规定型修剪技术，为定剪＋打顶采摘＋配套肥培管理的树冠培育综合技术，可使大叶种茶园提早投产一年，该技术现已在名山区广泛推广。

（1）苗圃期对茶苗打顶采摘或修剪　采用短穗扦插方式繁育的茶苗，由于大叶种品种的顶端优势强，多数茶苗（90% 以上）出圃时仅有 1 个主枝，无分枝。这种茶苗移栽到新茶园后，侧枝产生慢，影响骨干枝和树冠培育速度以及投产时间。为此在茶苗繁育期，即在苗圃时，为提早解除顶端优势，促进茶苗分枝，一般在扦插后翌年5～6月，当生长势好的茶苗长到15～20 cm高度时，对茶苗打顶采摘，摘去顶部一芽一叶，采高留低，分3～4批次打顶，每次打顶时间间隔7～10 d；同时，打摘后，要加强施肥管理。通过打顶采摘＋施复合肥，可促使单株茶苗产生2～3个1级分枝（第一层骨干枝）。也可在扦插后翌年6月左右，多数茶苗高度达到约20 cm时，离地15 cm处用水平剪剪平茶苗；待剪后茶苗长到约25 cm高时，离地20 cm处再次剪平，也可使茶苗产生2～3个1级（第一层骨干枝）分枝（图7-9）。

据观测，通过打顶采摘或进行二次修剪后，'马边绿1号'出圃茶苗中，出现分枝的茶苗占比达到57.2%、62.5%（表7-5）。

图7-9　在苗圃中采用修剪或打顶技术促进茶苗产生分枝

表7-5　修剪或打顶采摘处理后出圃茶苗出现分枝的比例（单位：%）

品种	不剪不采	修剪1次	修剪2次	打顶采摘
川茶2号	7.2	51.8	63.6	60.0
马边绿1号	1.6	50.8	62.5	57.2

注：资料来源于四川农业大学茶树栽培育种课题组。

（2）对移栽茶苗进行第1次定型修剪　茶苗移栽后，在进行第一次定型修剪时，对已有分枝的茶苗上，离地25 cm左右（保留侧枝2～3片叶）剪去侧枝上的枝叶，以利养分集中供应剪后保留下来的侧枝，即培养第一层骨干枝，使其生长粗壮，同时有利于第二年春季在保留的每个侧枝上萌发至少2个腋芽。对无分枝的茶苗，可离地15～20 cm剪主枝。

（3）移栽后第二年进行打顶采摘＋第二次定型修剪，培养第二至第三层健壮骨干枝　在茶苗移栽后的第二年春季至秋季，当茶苗上发出新梢长到一芽四五叶时，均不定期进行打顶采摘，采去一芽一、二叶，注意采高留低，采中留侧。一般移栽后第二年的春季，茶苗可从苗圃期形成的 2 ～ 3 个侧枝（第一层骨干枝）着生的越冬芽上长出第一轮新梢，对头轮新梢打顶采摘后，所保留下的枝梢逐渐木质化后，即为培养的第二层骨干枝，数量一般 4 个以上；第二层骨干枝上的腋芽处又会长出第二轮新梢，再打摘后形成第三层骨干枝，并长出第三轮新梢，依次类推。期间，同一株幼龄茶树由于发芽部位及打顶时间不同，新梢长成一芽四、五叶的时间有早有迟，因此全年打顶次数不少于 5 ～ 6 次。这样通过分批多次打顶采摘，可在一定程度上抑制新梢生长的顶端优势，刺激长出更多新梢，并加速其木质化速度，提早形成骨干枝。通过分批多次打顶采摘的茶苗，一般可形成第二、第三层分枝（骨干枝），并使分枝数量显著增加，以迅速扩大茶蓬和树冠覆盖面；在良好肥培管理下，当年秋末可初步形成茶树采摘蓬面（图 7-7、图 7-8），树高可达 55 cm 以上，且基本封行。再在秋末 10 月左右，对茶苗进行第二次定型修剪，修剪高度：离地 45 ～ 50 cm 处剪去以上的枝叶（常规修剪是离地 25 ～ 30 cm）剪去以上枝叶。而采用常规定剪方法，因茶苗严禁打顶采摘，所发新梢轮次数和数量均少，一般仅培养出第 1 ～ 2 层分枝，导致茶苗分枝少而稀疏，尚未形成蓬面。

据田间调查，采用这种分批多次打顶采摘 + 二次定型修剪 + 配套施肥技术管理的新茶园，在移栽第二年秋末，即茶苗移栽一整年后（图 7-10），树高可达到 56.34 ～ 68.39 cm，树幅达到 65.4 ～ 85.2 cm，主干直径平均 10.95 cm；一级分枝数平均 3.29 个，直径 4.81 ～ 9.06 cm，平均 6.38 cm；二级分枝数 5 ～ 14 个，平均 8.6 个，直径 2.05 ～ 5.98 cm，平均 4.07 cm。但如果打顶仅 2 ～ 3 次，且采用常规肥培管理的茶树，与采用以上技术的茶树的生长势、生长量以及分枝状况差异较大。据观测，茶树树高 51.7 ～ 62.3 cm，树幅平均 58.4 cm，主干直径 6.49 ～ 8.6 cm，平均 7.70 cm，一级分枝数 2 ～ 3 个，平均 2.84 个，直径 3.13 ～ 6.68 cm，平均 4.69 cm；二级分枝数 3 ～ 8 个，平均 5.12 个，直径 2.12 ～ 5.42 cm，平均 3.56 cm，各树势指标均低于及时打顶 + 定剪 + 配套施肥所培育的茶树（图 7-10）。

图 7-10　采用打顶 + 定剪技术（右）与常规定剪技术培养的幼年茶树比较（左）

移栽后第三年春季始投产，采养结合。采用以上定型修剪＋打顶采摘＋配套施肥技术的茶树，在移栽1年半后（即移栽后第三年春季）茶树的树幅可达到60 cm左右，树高50 cm以上，且已培养较健壮的第二、第三层骨干枝，茶蓬基本封行（图7-11），可开始初投产。在加强肥培管理的前提下，春季以采摘独芽原料为主，一般每亩可采摘2 kg以上的独芽，或采摘一芽一叶鲜叶。进入夏季后，则以养蓬为主，少采多养树，且主采名优茶原料（一芽一叶或一芽二叶初展），秋季酌情采，这样到当年秋末，茶树高度可达到70 cm以上，树幅达到80 cm以上。据调查，肥培管理水平高，长势良好的茶树树高可达到105.1～111.23 cm，树幅可达103.27～110.68 cm。再进行轻修剪，即离地60～70 cm处剪平树冠面。这样全年采摘鲜叶的收入一般可达到约1 000元以上，且树高树幅均达到投产茶树标准，在下一年春季（即移栽后第四年春季，建园后二年半时），可正式投产。

图7-11　采用打顶＋定剪＋配套施肥技术培育的幼龄茶树与茶园（移栽1年后）

第二节　全年采摘名优茶原料的茶园维护与复壮树势的关键技术

一、技术产生背景与应用

在四川茶区及我国大部分茶区，一般投产茶园生产方式为春季采摘名优茶原料，夏秋季采摘大宗茶原料。近年来，茶叶生产已由数量型转变为质量型，茶叶产销供大于求；同时夏秋季的高温强光，使生产的大宗夏秋茶（一芽二三叶采制）品质欠佳，因此卖价低，且产品销路不畅。为此四川部分茶区以及浙江、江苏等茶区已不采或少采夏秋茶。而夏秋茶不采或少采，势必影响茶园的产出率和经济效益，且造成茶资源的浪费。鉴于此，为提高茶鲜叶的品质和经济效益，在四川一些产茶区，出现了春、夏、秋季，即全年采摘期均采制名茶的茶园，如四川雅安市名山区20多万亩投产茶园均全年采名优茶原料，不采或少采大宗茶原料，且春茶生产前期（2月至3月上旬）主要采摘独芽，生产蒙顶石花、甘露等高档名茶，在春茶中后期以及夏、秋季主要采一芽一叶或一芽二叶初展的细嫩原料，加工成毛峰茶、高档炒（烘）青茶，或制作生产高档花茶的茶坯。这种生产方式可大幅度提高夏秋茶的品质和效益，夏秋季茶鲜叶销售价格可从10元/kg左右，提高到25～40元/kg，夏秋茶的鲜叶产值则由1 000元/亩左右增加到2 000元/亩以上，肥培管理好的茶园，可达到3 000元/亩左右。这种全年生产名优茶的生产方式值得在采茶劳动力充足，且夏秋季生产的名茶有销售渠道的茶区推广应用。

全年采摘名茶原料的茶园与春季主采名优茶、夏秋季采大宗茶原料的茶园相比，采摘间隔期从5～7 d，缩短为2～3 d，采摘嫩度、频度和批次均大幅提高，其茶树新梢生育规律和树势状况发生了较多的变化。茶树采摘具解除顶端优势的作用，全年采名茶原料使茶树更是越采越发，发芽密度大幅增加；同时由于主要采一芽一叶，采摘嫩度高，而夏秋梢生长速度快（高温干旱除外），在实际生产中，容易出现采摘不及时的情况，即新梢已长至一芽二、三叶甚至一芽四、五叶时才打摘采其一芽一叶，而每采下一个一芽一叶嫩梢后，都会留下带有1～4片叶的采桩，而在采桩的每个叶腋间，又会萌生腋芽，并发出更多的新梢。此外，留下的采桩逐渐成熟木质化后，长成蓬面新的生产枝，这样连续2～3年全年采名茶原料后，茶树蓬面的芽叶和分枝越分越多，越分越细，出现鸡爪枝等衰老枝条，且茶树不断增高，叶层厚而密集，导致茶蓬通风不良、生殖生长旺盛，开花结果多，还容易发生茶树病虫害，从而导致树势易早衰，且产量和品质在树龄6～7年生时就开始下降。据调查，连续2～3年全采名茶原料的茶园，茶树蓬面生产枝数量可达到180～230个/尺^2，而一般生产茶园为100个/尺^{2}左右，生产枝粗度平均仅1.5 mm左右（一般生产茶园为2.0 mm以上），叶层厚度达34.62～42.25 cm（一般生产茶园为20～30 cm），茶蓬叶片数多达1 000片/尺^{2}左右，茶鲜叶的减产幅度达到30%以上，且因生产枝细弱，春季越冬芽长出茶芽较细小，不易采摘独芽生产高档名茶，此外，新梢中不正常芽叶（对夹叶）的比例大幅增加，使采摘原料持嫩性差，品质下降。综上，对全年采名茶的茶园需根据其生育规律和树势易早衰的情况，需研发能维持和复壮树势，并提高鲜叶品质和效益的关键栽培技术。

四川农业大学茶树育种团队与名山区新店镇茶叶技术人员和茶农经过10余年的研发与生产实践，总结了一套适用于全年采摘名茶原料的茶园维护树势并提高鲜叶品质和效益的栽培技术，下面介绍其关键技术。

二、树势维护与复壮的关键技术

1. 在茶树6～7龄时提早进行中度深修剪

采用常规树冠管理技术，对夏秋季采摘大宗茶原料的茶园，一般在投产后4～5年内（茶树4～8年生），每年秋末（10月中下旬）对茶树进行1次轻修剪；对少采夏秋茶或不采夏秋茶的茶区，一般在春茶结束后的4月底或5月上旬进行修剪。通过每年的轻修剪，可控制茶树树高，调节生产枝数量和质量，以维护树势和生产力。当茶树连续进行

4～5年的采摘和轻修剪后，蓬面生产枝已衰老，并出现大量鸡爪枝，茶叶产量、品质下降时，需进行一次深修剪（树龄约9年生时）。修剪方法：剪去蓬面10～15 cm厚的枝叶层，或以剪去鸡爪枝层为原则，使之重新培养新的生产枝层，代替衰老的生产枝层，以复壮树势，维持较高的生产力。深修剪后4～5年内（树龄10～13年或14年生时），每年在秋末进行一次轻修剪，到树龄约14年或15年生时，生产枝又衰老，再进行1次深修剪以更新生产枝，深修剪后再进行轻修剪，如此轻、深修剪交替进行来维持树势和生产力。一般进行2次深修剪后，茶树因树龄老化，衰老程度加剧，整个树冠都已衰老，需对茶树进行重修剪，修剪方法：离地30～45 cm剪去以上枝叶层，或剪去树高1/2或1/3，重修剪后再每年进行轻修剪，再间隔3～4年进行深修剪或重修剪。一般深修剪、重修剪时间在春茶结束后的4月底或5月上旬进行。

对全年采摘名茶原料的茶园，在茶树约6龄时，虽然仅投产2～3年，由于越采越发，越发越细，使蓬面分枝变细弱而密集，产量品质下降，因此为协调生产枝的数量与质量，在茶树6龄时需提早进行第1次深修剪，且修剪程度要强于常规深修剪，以此去除了树冠密集、且发芽势弱的生产枝，更换了新的生产枝层，使茶树发芽势提高，利于采摘单芽和一芽一叶为主的细嫩原料。修剪方法：用水平剪或修剪机剪去树冠面上15～20 cm厚的枝叶层（常规深修剪技术剪去10～15 cm厚），即离地65～70 cm剪去蓬面枝叶层，以剪去蓬面细弱而短的分枝为原则，这种修剪方法可称为中度深修剪。剪后留养新的生产枝层后，再采摘一芽一叶名茶原料至9月底。秋末冬季管理时，如茶蓬面不平整可进行1次轻修平，以剪去蓬面突出枝为宜。剪后连续两年（7～8年生茶树）进行同样的中度深修剪，修剪深度同上，但剪口应比上一年的剪口降低约2 cm，秋季可进行1次轻修平。

2. 茶树约9年生时进行1次重度深修剪并疏枝，10～12年生每年进行1次中度深修剪

对6～8年生的茶树连续进行3年中度深修剪后，即在约9年生时，因茶树又连续3年全年采摘名茶原料，树冠中上层一些分枝，即生产枝以下的一些分枝开始衰老，茶鲜叶产量品质又出现下降趋势时，需进一步的更新复壮，可进行修剪程度更深的深修剪并疏枝，称重度深修剪，以促进茶树中层枝干及着生的生产枝强壮，复壮树势和生产力。方法：剪去蓬面上25～30 cm的枝叶层，即在离地55～60 cm处剪，据观测，这样修剪后，剪口处枝条数量较多，约70个/尺² 以上，且有一些较弱的枝条，应适当疏去较弱枝条，保留较粗壮的枝条。疏枝方法：用手枝剪剪去剪口附近的细弱枝、病枝、横枝、交叉枝（图7-12），一般剪去直径在5 mm以下的分枝，保留下粗度5 mm以上分枝，数量40～50个/尺²（图7-6）。进行重度深修剪并疏枝约1个多月后，每个枝条平均可发出3～4个粗壮新梢，其发芽密度每平方尺平均约100多个。这100多个新梢成熟和木质化后，可长成更健壮的生产枝，从而使生产枝数量质量更协调，茶树生产力更强。剪后2～3年（茶树第10年、第11年、第12年生时）又继续进行中度深修剪，修剪及剪后采留的方法同上。

图 7-12　对茶树进行重度深修剪并疏枝

3. 对 13 年生茶树进行 1 次浅重修剪，14 年、15 年生进行深修剪，16 年生进行 1 次重修剪

上述茶园到树龄约 13 年生时，已连续进行近 10 年的采摘和修剪，其树冠中下层的一些枝干已衰老，鲜叶产量、品质的下降幅度更大，此时需更新复壮中下层的一些枝干。应对茶树进行 1 次浅重修剪，修剪方法：离地 45 ～ 50 cm 剪去以上枝叶层（常规重修剪离地 30 ～ 45 cm 修剪），注意剪时应保留第二层骨干枝，且第二层骨干枝长度保留 5 cm 以上（图 7-13）。剪后经留养（方法如下述）后可采一芽一叶名茶原料。进行浅重修剪后第 14 年、15 年生时，每年对茶树继续进行 1 次中度深修剪，方法同上。到 16 年生或 17 年生又进行第二次重修剪，修剪高度同常规重修剪技术，即离地 30 ～ 45 cm 剪去以上枝叶层。

图 7-13　进行浅重修剪的茶树

4. 修剪后的留养与采摘方法

常规管理的茶园进行深修剪后长出夏梢要求全部留养，以培养新的生产枝层，秋梢可留叶采摘，一般采摘一芽二、三叶原料，秋末再进行轻修剪。对进行重修剪后的茶树，一般不采夏秋茶，到秋末在剪口上提高 10～15 cm 进行修剪，第二年春季继续留养，待春茶结束后，再提高 10～15 cm 进行修剪，夏秋季可留 1 片真叶采摘一芽二、三叶，秋末再进行 1 次轻修剪后可正式投产。

对全年采名茶并进行中度深修剪的茶园，剪后待茶树剪口上的新枝长到 15～20 cm 高时（剪后 30～40 d）进行打顶采摘，之后对茶树发出新梢分批及时采一芽一叶或一芽二叶初展，采至 9 月下旬。据调查在良好肥培管理条件下，名山茶区全年采名茶的茶园进行中度深修剪后，当年夏、秋茶可采 15 批次以上，采摘鲜叶约 150 kg/亩，鲜叶产值约 3 000 元。

对全年采名茶并进行重度深修剪和疏枝的茶园，待茶树上的枝条长到 25～30 cm 高时（剪后 40～50 d），进行打顶采摘，之后发出新梢长到一芽一叶时及时分批采摘。据调查在良好肥培管理条件下，当年夏、秋茶可采 13 批以上，采摘鲜叶约 120 kg/亩，鲜叶产值约 2 500 元。

对全年采名茶并进行浅重修剪茶树，待修剪后剪口上的新枝条长至 35～40 cm 高度时（剪后 50～60 d），开始打顶采摘，之后的采摘与留养方法同上，当年夏秋茶可采一芽一叶约 100 kg/亩，鲜叶产值 2000 元左右。

三、树势维护与复壮的配套施肥技术

采用常规管理技术，对夏秋季采大宗茶的茶园，一般一年施 3 次追肥和 1 次基肥。对进行深修剪或重修剪茶园，在剪前一年秋冬季，以及在进行深、重修剪时（4 月中下旬或 5 月上旬），适当增加基肥和追肥的施用量。

对全年采名茶原料的茶园，茶树树龄 6 年生前，施肥方法同其他茶园。而对 6 年生及以后的茶园，春茶前和春茶后各施 1 次追肥，施肥方法、所施肥料与用量同常规管理茶园，在 5 月下旬或 6 月上旬进行中、重深修剪或浅重修剪后，待剪口附近的枝条长出新芽点时（6 月下旬）增施 1 次追肥，且施用 N、P、K 比例为 3：1：2 的三元复合肥，以满足剪后新梢、新枝生长对 P、K 元素的需要，施肥量为每亩 50～70 kg，开沟施，在 8 月上中旬再施 1 次追肥，且用上述三元复合肥，施肥量同上，秋冬基肥的施用技术同常规管理茶园。

四、全年采名茶原料茶园与一般茶园修剪、留养、采摘技术的区别

1. 修剪的方法不同

常规茶园茶树第 4～第 8 年生每年进行一次轻修剪→9～10 年生进行第一次深修剪→再连续 4～5 年每年进行 1 次轻修剪→15 年生左右进行第二次深修剪或视衰老程度

进行重修剪。即轻修剪与深修剪交替进行，且要在树龄 9 年生或 10 年生才进行第 1 次深修剪。而全年采名茶原料的茶园，茶树 4 年、5 年生时每年 1 次轻修剪→约 6 年生时进行第一次深修剪、7 年、8 年、9 年生时均每年 1 次深修剪→约 10 年生时进行深度深修剪并疏枝→11 年、12 年、13 年生时，均每年一次深修剪→约 14 年生进行浅重修剪，之后深修剪、深度修剪与浅重修剪交替进行。

2. 修剪时间不同

常规管理茶园的深修剪和重修剪时间一般在春茶结束后的 4 月底或 5 月上旬，此时由于气温不高，加上茶树春茶后新梢生长休止，剪后一般要 60 d 左右茶树才发出新梢。而夏、秋季采名茶原料的茶园的深修剪、重修剪的时间一般推迟到 5 月下旬或 6 月上中旬，此时修剪，剪前可采一轮夏茶，且剪后气温高，发枝快，一般在剪后 30 ～ 50 d 发出，生长恢复快。

3. 修剪程度加重，每年进行深修剪或更深的修剪

全年采名茶的茶园，采摘后留下更多采桩，茶蓬面新梢更密集更细弱，因此生产枝更易衰老，且采后树高易超过 1 m 以上，为维持树势和生产力，深修剪时间提早到 6 年生时，且以后每年都进行不同程度深修剪或浅重修剪等，这样每年都更新了生产枝层，其生产小桩的细胞分生能力和发芽力增强，发出的新梢多而健壮。总之，对全年生产名茶原料的茶园，针对其茶树生长和生产特点，可充分利用茶树再生能力强和阶段发育异质性的特点，每年进行较重程度的修剪，使蓬面生产枝和中、下层骨干枝都及时更新复壮，以维持了较高的生产力，每年采摘的一芽一叶名茶原料的产量维持在 100 kg/ 亩左右，亩产值可达 3 000 元左右。

4. 剪后留养技术和投产期不同

常规管理的茶园，深修剪后长出夏梢不采，留养为新的生产枝层，重修剪后发出的新梢需留养和再修剪，至剪后约 1 年才投产，而全年采名茶的茶园，视修剪程度的不同，均在剪后 30 ～ 60 d 投产采名茶原料。

5. 修剪前后施肥技术不同

常规投产茶园，一般一年施 3 次追肥（均施尿素）和 1 次基肥，而全年采名茶的茶园施追肥增加到 4 次，在深修剪或浅重修剪后，待剪口附近枝条长出芽点时增施 1 次追肥，且剪前、剪后的 2 次追肥均改施三元复合肥，为剪后茶树生长适时补充了 N、P、K 元素，特别是每年新枝生长所需的 P、K 元素。

第三节 特色品种茶园的施肥与抑制花果生育的技术

据不完全统计，我国目前已经通过省级以上品种审（认）定或农业农村部登记等以及项目研究公开报道的叶色特异茶树品种（系）（包括白、黄和紫等）超过了 50 个，如四

川省引进的'中黄1号''黄金茶''白叶1号'和'紫娟'等品种，同时选育了'川黄1号''紫嫣''金凤1号'和'彝黄1号'等品种。叶色特异品种的选育和推广丰富了品种资源，助推了茶产品的特色化、多元化和优质化。多数白、黄化品种茶叶因具有游离氨基酸总量高、茶多酚含量低、制茶品质特色突出的特性备受消费者喜爱，也因其种植经济效益较高，在不少茶区推广种植，如'白叶1号''中黄1号'和'紫嫣'等品种在四川省已经形成了一定规模的种植面积，旺苍县种植的'中黄1号'已接近5.0万亩，沐川县主推'紫嫣'，推广面积已超过1万亩。但这些叶色特异品种多存在花果较多，生长势较绿色品种弱且抗性弱的现象，同是不少生产者认为施氮肥会影响茶树的白化、紫化或者黄化程度，因此少施氮肥，从而导致这些茶树长势更弱，产量较低。为了保持特异茶树品种原有独特品质成分的特征，同时也达到增产增收的目的，研究和推广配套施肥技术十分重要。

一、白（黄）化茶树品种的配套施肥技术

特异茶树品种的叶片在叶色变化过程，伴随着叶绿素含量的降低，从而出现新梢嫩叶白化或者黄化现象。过量施用化肥，尤其是氮肥，在一定程度上会增加特异品种新梢叶绿素含量，造成芽叶白化或黄化程度有所下降；但是不施氮肥也会降低白化茶的氨基酸、水浸出物以及茶多酚等生化成分的含量。为此，中国农业科学院茶叶研究所对特异茶树品种采摘茶园的施肥技术进行了研究，据多年研究结果显示，与其他常规茶树品种相比，特异茶树品种的施肥量有所不同，要尽可能做到"一控一限一保"，即尽量控制全年N肥施用总量，严格限制P肥用量，保证K肥用量，并适当提高K肥用量，以利于特异茶树品种茶叶品质的提高。因此，特异茶树品种的采摘茶园，建议年施肥用量为：N肥17～20 kg/亩、P_2O_5 4～6 kg/亩、K_2O 4～8 kg/亩，折合成尿素35～40 kg/亩。同时，为明确叶色特异茶树品种采摘茶园配套的高效施肥模式，中国农业科学院茶叶研究所通过对浙江省白化或黄化茶树品种的采摘茶园进行不同施肥技术的比较筛选，提出了"有机肥＋茶树专用肥"和"有机肥＋水肥一体化"的高效配套施肥模式。白化或黄化品种的采摘茶园"有机肥＋茶树专用肥"模式的施肥方法为：秋末10月上中旬施基肥，一般每亩施150～200 kg菜籽饼（或者施200～300 kg畜粪肥）、20～30 kg茶树专用肥（N：P_2O_5：K_2O =18：8：12），有机肥和专用肥拌匀，然后开深15～20 cm的沟施入，并用土覆盖。然后在第二年春茶开采前40～50 d，施入5～6 kg/亩的尿素。再在4月底或者5月上旬，再施1次春季追肥（春茶结束，重修剪前），施入5～6 kg/亩的尿素。"有机肥＋水肥一体化"模式施肥方法：在10月上中旬每亩施入150～200 kg的菜籽饼或者施入200～300 kg畜禽粪肥作为基肥，然后全年分12～14次滴灌追肥，建议的每次每亩施肥量为：水溶性肥料N、P_2O_5、K_2O分别为0.5～0.6 kg、0.1～0.2 kg、0.3～0.4 kg。这两种施肥模式分别在浙江安吉、天台、嵊州等县市的白化品系、黄化品系茶园进行试验示范，试验结果显示，与当地习惯施肥水平相比，在减少施入化肥总量25%的条件下，"有机肥＋茶树专用肥"高效施肥技术模式平均增6.3%，且茶叶品质有改善，每亩茶园节本增收约1 023元，而"有机肥＋水肥一体化"高效施肥技术模式平均增产14.2%，茶叶品质基本持平，每亩茶园节本增收1 567元。

综上，特异茶树品种采摘茶园的和名优绿茶采摘茶园的施肥技术既有一定的共性，也要有一定的特殊性，即与名优绿茶采摘茶园一样，特异茶树品种采摘茶园氮肥（纯氮计算）用量应该不超过 20 kg/ 亩，磷肥（P_2O_5）用量控制在 6 kg/ 亩以下；但名优绿茶采摘茶园钾肥（K_2O）用量一般控制在 6 kg/ 亩以下，而特异茶树品种采摘茶园的钾肥用量比生产名优绿茶的茶园高，其用量不超过 8 kg/ 亩；还有与名优绿茶采摘茶园不同的是，特异茶树品种采摘茶园的镁肥（MgO）的施用要根据茶园土壤具体情况而定。

二、紫芽茶树品种的配套施肥技术

紫芽茶树嫩梢的芽、叶、茎均呈紫色，其花青素含量显著高于常规茶树品种。花青素具有明显的抗氧化和降血压的效果，因此紫芽茶具有较高的保健价值，目前紫芽品种也已经成为茶树育种和研究的热点。据报道，目前获得品种权或具有一定栽培面积的紫芽茶树有 2 个，即'紫娟'和'紫嫣'。'紫嫣'目前已在沐川县种植 3 000 多亩。'紫嫣'适宜种植在海拔 1 200 m 以下的地域，其生殖生长特别旺盛，但生长势比其他品种弱，对肥料的施用要求也比其他茶树更为严格。'紫嫣'幼龄茶园应该加强培肥管理，保证秋冬季重施有机肥，N、P、K 肥配合施入；早春催芽肥宜多施，每亩施尿素 20 ～ 30 kg 以上，在 2 月底或 3 月上中旬施入，夏、秋再施 2 次追肥，每亩施尿素 20 kg 左右。由于'紫嫣'花果较多，应该控制磷肥的施用量（图 7–14）。此外，据云南省农业科学院茶叶研究所的研究，为保证'紫娟'茶树正常生长，要增强土壤的肥力，应采用营养平衡施肥方法，即在 11 月进行基肥的施用，5 月和 7 月分别进行追肥，期间保证多次喷洒叶面肥，但是具体的施肥用量仍需进一步的探究。

图 7–14　进行'紫嫣'茶园的肥效试验

参考文献

郝岩岩，2016. 温度和矿质元素对安吉白茶白化及品质成分的影响［D］. 泰安：山东农业大学.

黄玫，包云秀，杨兴荣，2010.稀有茶树品种"紫娟"的栽培技术［J］.云南农业科技（3）：37–38.

李强，项建，郑国杨，等，2020.我国叶色特异茶树品种选育推广与产业化发展探析［J］.中国茶叶，42（9）：52–57.

李伟，唐茜，谭礼强，等，2019.不同施肥方式及肥料对幼龄茶树生长及主要生化成分含量的影响［J］.东北农业大学学报，50（2）：28–36.

马立锋，陈晓辉，王涛，等，2020.特异茶树品种（白化品系、黄化品系）高效施肥模式［J］.中国茶叶，42（1）：45–46.

杨纯婧，谭礼强，杨昌银，等，2020.高花青素紫芽茶树新品种紫嫣［J］.中国茶叶，42（09）：8–11，14.

第八章

茶树品种登记与新品种保护

茶产业的发展离不开新品种的选育、保护与推广。1981年以来，我国对茶树品种的管理制度历经了认定→审定→鉴定→登记的变迁。自2016年起，品种审批制度发生了根本性变革，茶树列入第一批非主要农作物登记目录，按新版《中华人民共和国种子法》规定和《非主要农作物品种登记指南》要求，选育的茶树新品种在进行生产推广前均要进行品种试验和区域试验，并完成新品种的登记。新品种登记是为了保证茶业生产秩序而对新育成的品种即将进入生产环节时所采取的强制管理措施。为保护茶树遗传资源和育种者的合法权益，对选育的茶树新品种还应申请植物新品种权保护。新品种权属于知识产权范畴，是国家为鼓励植物新品种培育而赋予育种人或单位的排他使用权。新版《中华人民共和国种子法》将植物新品种保护单列1章，提高了植物新品种保护的法律位阶。本章着重介绍茶树品种试验的方法、新品种登记与新品种权申请的要求和流程，以帮助四川省育种单位和育种者顺利完成新品种登记或申请植物新品种权，提高四川茶区新品种选育和推广效率。

第一节　茶树品种试验方法

一、茶树品种试验的目的任务和要求

按《非主要农作物品种登记指南·茶树》要求（以下简称《指南》），进行茶树新品种登记时需提交品种特性说明材料、感官审评、生化检测报告和抗病虫性鉴定报告等申请材料，而这些申请材料是基于茶树品种试验结果的观测和总结形成的。因此，采用规范的品种试验方法，开展茶树品种试验，并完成试验观测项目的测试与记载以及试验报告，这是申请茶树新品种登记必不可少的工作，且是最重要的基础工作。茶树品种试验应按照农业农村部于2021年11月9日发布的行业标准《农作物品种试验规范 茶树》（NY

3928—2021）来实施，该标准规定了茶树品种试验方法和试验报告编制内容。以下参照 NY 3928—2021 和《茶树育种学》（江昌俊，2021）相关内容对茶树品种试验方法作较具体的介绍。

二、茶树品种试验的类型与试验要求

茶树品种试验一般包括品种比较试验和区域试验。品种比较试验是指将测试的品种与同龄对照品种，在相对一致的条件下，对主要农艺性状进行比较鉴定的过程。其目的和任务是：与对照品种进行比较，对测试品种的茶苗成活率，新梢生育期、发芽密度、鲜叶产量、加工品质、适制性、适应性和抗性等农艺性状进行鉴定，科学、公正、客观地评价其利用价值，同时了解测试品种的栽培特性及性状，为品种区域试验和新品种登记提供依据。品种区域试验是指将测试的品种与同龄对照品种，在拟推广的地区对重要农艺性状进行比较鉴定的过程。其目的和任务是：与对照品种进行比较，在不同的生态区域，对测试品种的主要农艺性状进行鉴定，科学、公正、客观地评价其利用价值；通过区域试验，确定测试品种的适宜栽培地区，克服品种推广或引种的盲目性；并进一步了解测试品种的栽培特性及性状，为品种选育和登记提供科学依据（江昌俊，2021）。

品种区域试验与品种比较试验在鉴定和评价的内容上基本相同，主要区别在于区域试验是在不同的生态区域鉴定测试品种的主要农艺性状。一般品种区域试验是在品种比较试验基础上进行，为缩短品种选育年限，提高育种效率，两种试验也可同时进行，这样至少可节省 5 年以上的育种时间。而在 NY 3928—2021 中，未专门介绍区域试验方法，要求在拟推广的同一生态区选择不少于 3 个试验点进行品种试验。因此，以下着重介绍品种试验方法。

三、品种试验的设计及管理

（一）试验点选择与布局

按照 NY 3928—2021 的要求，试验点数量与布局能够代表拟种植的适宜区域的原则，根据茶树的生长习性，应在拟推广的同一生态区选择不少于 3 个试验点。试验点所在地的气候、土壤、地形、栽培条件和生产水平应能代表拟推广的生态区域。各试验点试验田间设计及管理、试验区种植方式，观察记载的项目、要求和方法等应统一。具体选择试验点时，应选择交通便利，四周空旷，光照充足，地势较平坦，土壤结构良好，肥力中等均匀，pH 值 4.5 ~ 6.0，排灌方便的地块。环境质量符合 NY 5010—2016 的要求。试验点还应保持相对稳定，以确保试验结果的可比性。根据四川省茶树新品种选育情况及生态条件，可在川西茶区的名山茶树良种繁育场、四川一枝春茶业公司新品种选育基地（为四川省"茶树育种攻关课题"新品种选育与推广示范基地，图 8-1），川南茶区的四川茶业集团生产基地、高县峰顶寺茶业公司生产基地、川北茶区的旺苍县茶叶科技园、平昌县秦巴茗岚茶业公司生产基地等选择、布置试验点。选育品种如要在省外推广，绿茶品种可在贵州省茶叶研究所、重庆市茶叶研究所和湖南省茶叶研究所等布置区域试验点。

图 8-1 四川一枝春茶业公司品比试验园

（二）试验周期

按 NY 3928—2021 标准的要求，试验周期一般不小于 5 周年，定植后第三年（或第四年）进入生产期，生育期观测、产量记载应包括至少 2 个生产周期。

（三）对照品种

为了客观评价选育品种的性状和价值，根据 NY 3928—2021 要求，应选择试验区域内已经登记或通过审定的与试验品种适制茶类一致的主栽品种作为对照品种，选育适制绿、红、白、黄茶的品种，可选择以'福鼎大白茶'作对照种；选育适制乌龙茶的品种，可选择以'毛蟹'或'黄金桂'作对照种。对于特异品种，对照 NY/T 2031—2011 标准，对其生物学特性的特异性进行不少于 3 年 3 次以上的重复鉴定。在实施茶树品种登记前，四川省开展品种试验时，一般绿茶品种以'福鼎大白茶'，红茶品种以'云南大叶种'作对照种。但按 NY 3928—2021 要求，对照品种也可选择在四川省已经登记或审定的主栽品种，这样参试品种的来源及遗传背景与对照品种更为接近，也便于开展参试品种的 DUS（特异性、一致性和稳定性）测定。如选育来源于'四川中小叶群体种'的新品种，宜选'名山白毫 131''天府 28 号''特早 213'或'川茶 2 号'等品种作对照。如选育的红茶品种，也可选'天府红 1 号'和'天府红 2 号'作对照种。对于选育的叶色特异茶树品种，可选择与拟登记品种生物学特性相似的已登记或审定品种作为对照品种，如选育高花青素的紫芽品种，宜选用四川省已登记'紫嫣'或云南引进的'紫娟'作对照品种；如选育叶色呈黄色的品种，宜选用四川省已审定或登记的品种'川黄 1 号''彝黄 1 号''金凤 1 号'或四川省外引进品种'黄金芽'或'中黄 1 号'作对照品种。

（四）田间试验设计

田间试验小区设计主要目的是减少试验误差，提高试验精确度。按 NY 3928—2021 要求，参试品种应 ≤ 16 个（包括对照品种），采用完全随机排列设计，不少于 3 次重复（图 8-2）次数，试验地每个小区长度不低于 9 m。随机排列是指每次重复中的每个处理都有同等的机会被安排在任何一个试验小区上，而不带有任何的主观性，以避免系统误差，随机排列与重复结合可以获得一个无偏的误差估计值。小区的随机排列可借助于随机数字表、抽签或计算机（器）随机数字发生法。采用随机完全区组设计时的试验步骤是：将一块试验地分成几个肥力相对一致的地段，每个地段安排一套参试品种（系），称为一个重复，或称为一个完全区组，每套参试品种（系）在区组内的小区位置就是随机决定的。为了减少试验误差，在安排随机区组设计的区组和小区时，掌握"方形区组，长形小区"的原则，以减少地力差异（江昌俊，2021）。茶行的布置方向应与坡向平行。为了减少边际效应，试验地周围还应设置保护行，保护行常用对照品种。

保护行	A	B	C	D	CK	C	D	A	B	CK	A	B	C	D	保护行
		重复 I					重复 II					重复 III			

图 8-2 4 个测试品种 3 次重复的随机区组设计（样图）

注：A、B、C、D 代表 4 个测试品种。（江昌俊，2020）

（五）茶苗种植与田间管理

茶苗种植时间，按照品种的最佳种植时期种植为宜。四川省茶区一般在秋冬季种植，宜早不宜迟，一般在 10 月中旬前种植。按 NY 3928—2021 要求，品比园的园地开垦与基肥施用按照 NY/T 5018—2015 的规定执行。种苗质量符合 GB 11767—2003 中一级苗要求。每个试验小区长度 ≥ 9 m，双行双株侧窝种植，大行距 150 cm，小行距 40 cm，穴距 33 cm，每个试验小区种植茶苗至少 100 株。种植茶苗的根系离底肥 10 cm 以上，以防止灼伤茶苗。为了补缺，应留 20% 的备用苗，在茶园行间或试验地周边按相同标准就地种植。若发现缺株，及时在适宜移栽的季节用备用苗补齐。品比试验园的田间管理与病虫草害防治与当地生产茶园相当，参照 NY/T 5018—2015 的规定执行。各小区的田间管理措施应一致，同一管理措施应在同一天内完成。四川省目前生产上茶苗的种植规格一般大行距 180 ～ 200 cm、单株交叉栽植，而在进行品种试验时，应按 NY 3928—2021 标准对茶苗种植规格和密度的要求栽植茶苗。

四、品种试验的观测内容与记载标准

（一）试验点基本情况

应按 NY 3928—2021 的要求，首先应做好品种试验园基本情况的记载，包括试验点概况、气象资料、茶树种植情况和田间管理情况，即做好品种试验园的田间档案。

1. 试验点概况

主要包括地理位置情况（经纬度、海拔高度）、地形，地貌、土壤类型和性状（pH值、肥力、土层深度）和试验地布置情况（平面布置图、试验品种、对照品种、布置方式、重复次数、小区面积）等。

2. 气象资料

主要包括年、月平均气温、极端高温和极端低温，全年和各月的降水量等。

3. 种植情况

主要包括茶园开垦时间，基肥种类、数量和施用方式与时间，茶苗种植规格、种植时间等。

4. 田间管理情况

逐项逐次记载每年所进行的各项管理措施，如耕作、施肥、虫害防治、修剪、灌溉等。详细记载具体时间、数量、标准、作业人员等，建好田间管理档案（表8-1、表8-2、表8-3）。

表 8-1 测试品种施肥记录（样表）

施肥时期	肥料名称	施肥方式	用量/（kg/亩）	备注（天气）

表 8-2 测试品种修剪记录（样表）

修剪时期	修剪种类	修剪深度	备注（天气）

表 8-3 测试品种病虫防治记录（样表）

防治时期	病虫种类	农药名称	剂量/（g/亩或 mL/亩）	备注（天气）

（二）田间观测鉴定的项目

品种试验鉴定的主要内容是品种的农艺性状的表现。按照 NY 3928—2021 标准附录A的要求，田间需要的观测项目主要有品种的移栽成活率、物候期、产量特性、品质特性及抗逆性等见表8-4。

表 8-4 田间观测鉴定项目

内容	观测项目
移栽成活率	株成活率、丛成活率
物候期	一芽一叶期、一芽二叶期、一芽三叶期
产量特性	发芽密度、百芽重、亩产量

内容	观测项目
品质特征	适制茶类、感官审评描述、茶多酚、氨基酸、咖啡碱、水浸出物含量
抗逆性	耐寒性、耐旱性、炭疽病抗性、小绿叶蝉抗性
其他特征特性	

注：引自（NY 3928—2021）。

（三）田间观测鉴定方法与试验结果的记载（参照 NY 3928—2021 标准）

1. 茶苗移栽成活率

茶苗定植后第一年调查成活率，包括株成活率和丛成活率，以 % 表示。调查标准为茶苗地上部无干枯、正常生长视为成活。调查全部种植的茶苗株数和丛数，调查结果按公式 A.1、A.2 分别计算株成活率和丛成活率，并将计算结果记载于表 8-5 中。

株成活率（%）=（成活苗株数 / 定植苗株数）×100 ....（A.1）

丛成活率（%）=（成活丛数 / 定植丛数）×100 ....（A.2）

表 8-5 茶苗移栽成活率调查汇总表（样表）（单位：%）

品种	重复Ⅰ		重复Ⅱ		重复Ⅲ		平均	
	株成活率）	丛成活率	株成活率	丛成活率	株成活率	丛成活率	株成活率	丛成活率
参试品种								
对照品种								

注：引自（NY 3928—2021）。

2. 物候期调查与记载

定植后第四年春季起，至少连续观测 2 年。在早春越冬芽萌发前，每个小区随机选取 5 丛茶树，每丛选择蓬面最后修剪的剪口以下第一个带叶健壮芽进行固定观察，可从春茶鱼叶期通过后每隔 1 d 观察一次，以样本数的 30% 越冬芽分别达到一芽一叶、一芽二叶为标准。物候期的数据统计：与对照品种比较，先算出每一年测试品种早或迟达到物候期的差异天数，再平均 2 年的差异天数，并同时标出日期幅度，如某一测试品种第一年比对照早 5 d，第二年早 3 d，平均早 4 d。同时分别列出一芽一叶期、一芽二叶期的 2 年幅度，如测试品种一芽一叶期 2 年的幅度为 2 月 28 日至 3 月 2 日。观测结果汇总后填写在

表8-6、表8-7中。

表8-6 测试品种新梢物候期（样表）

品种	观测日期（月/日）	小区Ⅰ					小区Ⅱ					小区Ⅲ				
		1#	2#	3#	4#	5#	1#	2#	3#	4#	5#	1#	2#	3#	4#	5#
CK																
测试品种																

表8-7 测试品种新梢物候期调查汇总表（样表）

品种	观测年份	一芽一叶期		一芽二叶期	
		发芽时间	与对照品种比	发芽时间	与对照品种比
	××年				
	××年				
	与对照品种比2年平均差异天数				
	2年变化幅度				
	××年				
	××年				
	与对照品种比2年平均差异天数				
	2年变化幅度				

注：引自（NY 3928—2021）。

3. 产量性状观测与记载

（1）发芽密度 按照 NY/T 1312 的规定执行。定植后第四至第五年进行连续两年的观测。当春茶第一轮越冬芽萌展至通过一芽二叶期时，每个测试品种每个试验小区随机观测3个点，调查记录每个点大小为 33 cm×33 cm，叶层 10 cm 蓬面内已萌发芽梢数，单位为个，计算两年平均数。观测结果记载于表8-8中。

表8-8 发芽密度调查汇总表（样表）（单位：个，33 cm×33 cm）

品种	第四年				第5年				2年平均	与对照品种比/%
	重复Ⅰ	重复Ⅱ	重复Ⅲ	平均	重复Ⅰ	重复Ⅱ	重复Ⅲ	平均		

注：引自（NY 3928—2021）附录B，表中各重复的芽梢数为3个观测点的平均数。

（2）百芽重 当春茶第一轮侧芽的一芽三叶占全部侧芽数的50%时进行取样。从新梢鱼叶叶位处随机采摘一芽三叶。称100个一芽三叶的重量，单位为g，精确到0.1 g。注意生长滞缓并快趋于三叶对夹的不可取作样本。雨水叶和露水叶不采。在采样后1 h内称重完毕。调查结果记载于表8-9中。

（3）亩产量 统计测试品种鲜叶产量，常用有2种计算方法，即全年采摘计算法、季节采摘计算法。全年采摘法是统计春、夏、秋三季鲜叶产量，工作量大，但是最精确的方法。季节采摘法是统计某一茶季的鲜叶产量，并据此推算全年产量。为确保产量鉴定结果的可靠性，应采用全年采摘计算法。按NY 3928—2021的规定，从定植后第三或第四年起开始记载鲜叶产量，至少记载2个生产周期。其中红、绿茶适制品种每年采摘春、夏、秋茶三季。采摘标准：春茶第一批鲜叶在一芽二叶期通过之日，采一芽一、二叶和同等嫩度对夹叶；夏茶、秋茶采一芽二、三叶和同等嫩度对夹叶。要求春、夏茶留鱼叶采，秋茶留一叶采。乌龙茶适制品种要求春、夏、秋三季采摘"小至中开面"的对夹二、三叶和一芽三、四叶嫩梢。各茶类每季茶要分批多次采，各参试品种要严格按照采摘标准采净，采尽率均需达到90%以上。雨水叶和露水叶要扣除水分后再称重。产量以小区为单位进行调查，总产量按照株、行距测定值计算面积后再折合亩产量。结果以平均值表示，精确到0.1 kg。亩产量调查结果记载于表8-9中。数据统计用二因子（品种间、年度间）方差分析，计算测试品种与对照品种间绝对产量的差异显著性程度。

表8-9 测试品种百芽重、鲜叶产量调查结果汇总表（样表）

参试品种	××年			××年			2年平均	
	百芽重/g	小区平均产量/kg	亩产量/kg	与对照品种比/%	百芽重/g	小区平均产量/kg	亩产量/kg	与对照品种比/%	亩产量/kg	与对照品种比/%

注：引自（NY 3928—2021）附录B。

4. 品质特征观测与记载

（1）品质（主要生化成分）检测 按《指南》和NY 3928—2021标准附录A要求，需根据品质分析的结果，获取并提供测试品种的茶多酚、氨基酸、咖啡碱、水浸出物含量的生化检测报告。按NY/T 1312—2007的规定进行检测。建议采摘春季的第一批或第二批次样品，送农业农村部茶叶质量监督检验测试中心等有资质的机构进行检测。一般为2年以上的重复检测，取其平均值为宜。检测结果汇总于表8-10中。

表8-10 测试品种主要生化成分检测结果（样表）（单位：%）

年 份	项目	茶多酚	氨基酸	咖啡碱	水浸出物
	参试品种				
	对照品种				

年份	项目	茶多酚	氨基酸	咖啡碱	水浸出物
	参试品种				
	对照品种				
2年平均	参试品种				
	对照品种				

（2）茶样的感官审评 按《指南》和 NY 3928—2021 的要求，需如实描述所制茶样的感官审评结果。因此，对参试品种鲜叶应进行加工品质鉴定。从品种试验的第三年或第四年起，按参试品种的适制性或参试目的，选择制作烘青绿茶或红茶样或黄茶样。每年制样后每个品种第一批样取不少于 100 g 按 GB/T 23776—2018 进行感官审评。同时对参试品种分别采用不同茶类的加工工艺，制作绿茶、红茶、黑茶等茶样，再根据茶样的感官审评结果，确定其适制的茶类。审评结果列于表 8-11。

表 8-11 测试品种茶样感官审评结果（样表）

感官评审	××年										
	外形分	外形特征	汤色分	汤色特征	香气分	香气特征	滋味分	滋味特征	叶底分	叶底特征	总分
参试品种											
对照品种											

注：引自（NY 3928—2021）附录 B。

5. 抗逆性调查与记载

茶树抗逆性的鉴定，主要包括耐寒性、耐旱性、抗病虫性的鉴定。鉴定茶树抗逆性最可靠的方法是直接鉴定法，即当试验茶园遭遇严寒或干旱、病虫为害时，实地进行调查观测和比较鉴定，但直接鉴定往往受自然条件的限制，必要时需采用诱发鉴定、实验室鉴定等间接鉴定方法。

（1）耐寒性和耐旱性鉴定 耐寒性鉴定是对测试品种遇到低温时的抵抗或忍耐能力的评价。耐旱性鉴定是对测试品种在土壤水分不足或大气干旱条件下，有效利用水分，保持生产能力的评价。按 NY 3928—2021 要求，从定植后的第三年开始观测，连续 3 年，按照 NY/T 2943—2016、NY/T 2031—2011 和 NY/T 1312—2007 的规定执行，应详细记载相应年度的低温状况、降水量和高温状况。一般在越冬后或旱期后进行，以株（丛）为单位，每个试验小区调查 10 株（丛）茶树冻（旱）害程度。凡叶片 1/3 以上呈赤枯或青枯即为受害叶。根据受害程度用 5 级评分法评定冻害级别（表 8-12）。

表 8-12　冻害或旱害程度 5 级评分法

级别	冻（旱）害程度
0	受冻叶片 ≤ 5%
1	5% < 受冻叶片 ≤ 15%
2	15% < 受冻叶片 ≤ 25%
3	25% < 受冻叶片 ≤ 50%
4	受冻叶片 > 50%

再按如下公式计算耐寒（旱）性的受害指数，精确至整位数：

$$HI = \frac{\sum (n_i \times X_i)}{N \times 4} \times 100$$

式中：HI——受害指数的数值（%）；

　　　n_i——各级受冻或受旱丛（株）数；

　　　X_i——各级冻害或旱害级数；

　　　N——调查总丛（株）数；

　　　4 —— 最高受害级别。

根据寒（旱）害指数（HI）对测试品种的抗性强弱进行评价，将耐寒（旱）性强弱评价分为：强［寒（旱）害指数 ≤ 10］、较强［10 < 寒（旱）害指数 ≤ 20］、中［20 < 寒（旱）指数 ≤ 50］、弱［寒（旱）指数 > 50］4 个等级。再将参试品种连续 3 年旱害指数、冻害指数和平均受害指数分别记载于表 8-13 中；最后根据耐寒（旱）等级评价标准，评价该参试品种耐寒（旱）等级（强、较强、中和弱 4 个等级），记载评价结果（表 8-13）。

表 8-13　茶树耐寒（旱）性评价汇总表（样表）（单位：%）

品种	鉴定项目	×× 年受害指数	×× 年受害指数	×× 年受害指数	3 年平均受害指数	综合评价
	耐寒性					
	耐旱性					
	耐寒性					
	耐旱性					

注：引自（NY 3928—2021）附录 B，综合评价是指参试品种耐寒（旱）等级评价。

（2）炭疽病抗性　炭疽病抗性鉴定是对测试品种遇到炭疽病病原侵染时的抵抗或忍耐力的评价，多采用田间和实验室鉴定相结合的方法。从定植后的第三年开始观测，连续 3 年，按照 NY/T 2943—2016 和 NY/T 2031—2011 的规定执行。对茶炭疽病抗性如采用室内接种法，可在秋季高发期，随机取带有 3 片左右成叶的当年生枝梢 15 ～ 20 个，先在叶面上用细的昆虫标本针刺伤形成伤口，然后用医用小喷雾器喷施在人工培养条件下培养的茶炭疽病菌的孢子悬浮液（要求在低倍显微镜下每视野有 20 个以上孢子）。要求在叶片正反面均喷有细雾滴，但喷施量不宜过多，以免液滴聚集流失。然后把枝梢插在装有水的容器中（室温 20 ～ 25℃），再放在另一密闭的空间里，亦可用塑料袋套住保湿 1 ～ 2 d，5 ～ 7 d 后记载平均每叶病斑数量或平均病斑大小，计算罹病叶片占接种总叶片数的百分比，即接种叶片的罹病率。根据接种叶罹病率（以 % 表示，精确到一位小数）或病斑大小（单位为 mm，精确到 0.1 mm），将茶炭疽病抗性分为：抗（叶片罹病率 ≤ 20%；或病斑直径 1.0 ≤ mm），中抗（20% ＜叶片罹病率 ≤ 50%；或 1.0 ＜病斑直径 ≤ 2.5 mm），感（50% ＜叶片罹病率 ≤ 75%；2.5 ＜病斑直径 ≤ 5.0 mm）和高感（叶片罹病率 ＞ 75%；或病斑直径 ＞ 5.0 mm）4 个等级，需年内重复 2 次，计算算术平均数作为结果，记载于表 8–14 中。田间调查法，是在当地炭疽病发生盛期进行田间调查，各小区随机调查 50 ～ 100 片成叶，按分级标准目测分级，并田间记录调查结果。依据病斑占叶片总面积的比例，抗性强弱评价分为：中抗（病斑占叶片总面积的 1% ～ 10%）、中（病斑占叶片总面积的 11% ～ 25%）、感（病斑占叶片总面积的 25% ～ 50%）、高感（病斑占叶片总面积的 51% ～ 100%）（江昌俊，2021）。

表 8–14 茶树炭疽病抗性评价汇总表（样表）（单位：%）

品种	×× 年罹病率	×× 年罹病率	×× 年罹病率	3 年平均罹病率	综合评价

注：引自（NY 3928—2021）附录 B。

（3）小绿叶蝉抗性　从定植后的第三年开始观测，连续 3 年，按照 NY/T 2943—2016 和 NY/T 2031—2011 的规定执行。对假眼小绿叶蝉抗性多采用田间调查法。具体方法：在发生盛期，于清晨露水未干时在田间检查当年生新梢 100 个顶芽以下第二叶的若虫数，并计算百叶若虫数，得出种群密度。根据种群密度，假眼小绿叶蝉抗性划分为：抗（百叶种群密度 ≤ 5 头）、中抗（5 头＜百叶种群密度 ≤ 10 头）、感（10 头＜百叶种群密度 ≤ 20 头）和高感（百叶种群密度 ＞ 20 头）4 个等级。观测结果汇总后记载于表 8–15 中。

表 8–15 茶树小绿叶蝉抗性评价汇总表（样表）（单位：头）

品种	×× 年百叶虫口密度	×× 年百叶虫口密度	×× 年百叶虫口密度	3 年平均百叶虫口密度	综合评价

注：引自（NY 3928—2021）附录 B。

6. 其他特性的观测与记载

（1）芽叶色泽　当春茶第一轮一芽二叶占供试茶树全部新梢的 50% 时采摘 10 个一

芽二叶新梢，观察品种的芽叶色泽。色泽分为：玉白色、黄绿色、浅绿色、绿色、紫绿色。观察时由 2 人以上同时判别，以样品中概率最大的描述代码为供试品系的芽叶色泽。

（2）芽叶茸毛　当春茶第一轮一芽二叶占供试茶树全部新梢的 50% 时进行目测，每个试验小区采摘 10 个一芽二叶。以'龙井'作为"少毛"判别标准，以'福鼎'与'云抗 10 号'分别作为中小叶茶和大叶茶"多毛"判别标准，判断样品一芽二叶芽体茸毛的多少，并用数字代码表示（0 无，1 少，2 中，3 多，4 特多）以样品中概率最大的描述代码为品种的芽叶茸毛。

（3）一芽三叶长　当春茶第一轮侧芽的一芽三叶占全部侧芽数的 50% 时进行取样。从新梢鱼叶叶位处随机采摘 30 个一芽三叶并测量其基部至芽基（生长点）长度。单位为厘米（cm），精确到 0.1 cm，用平均值表示。注意生长滞缓并快趋于三叶对夹的不可取作样本。

五、品种（系）比较试验和区域试验总结

1. 年度小结

根据品种试验规范和要求，对当年观测的内容逐个进行总结、分析，分析存在的问题及改进措施等，并制订下一年计划。

2. 总结报告

全面总结各试验点在试验周期内，每年观测、鉴定情况，为各参试品种作出客观、公平、公正的评价，主要包括以下内容。

（1）地理和气象资料、数据；

（2）试验地布置与栽培管理：包括试验地布置情况等信息，整个试验周期内的苗期和生产期的培育管理技术措施，试验观察和记录的方法；

（3）试验结果：各参试品种所有观测和鉴定结果，逐一与相应对照品种比较；

（4）品种综合评价：根据参试品种的表现，提出参试品种在本区域的适应性及表现，即适宜推广的区域或范围，适宜制作的茶类，以及在本区域应注意的关键栽培技术和风险防范措施；

（5）资料归档保存：所有有关档案资料均由品种试验单位归档保存，主要包括课题任务书等相关文件，田间观察和实验室原始记录、茶样审评表、数据整理统计记录、视频或照片、试验总结报告等。档案资料要系统完整。

3. 编制试验报告的格式

按 NY 3928—2021 附录 B 要求的格式进行编制。

第二节 茶树品种登记

一、品种登记工作的重要性

2016 年 1 月开始实施的新《中华人民共和国种子法》对我国品种管理制度进行了改革，第二十二条规定："国家对部分非主要农作物实行品种登记制度。列入非主要农作物登记目录的品种在推广前应当登记"。第二十三条规定："应当登记的农作物品种未经登记的，不得发布广告、推广，不得以登记品种的名义销售"。2017 年 3 月 30 日农业部第 1 号令《非主要农作物品种登记办法》（以下简称《办法》）发布，茶树被列入第一批 29 种非主要农作物品种登记目录。同时《办法》第十四条规定：本办法实施前已审定或者销售种植的品种，申请者可以按照品种登记指南的要求，提交申请表、品种生产销售应用情况或者品种特异性、一致性、稳定性说明材料，申请品种登记。因此品种登记是决定茶树品种是否能推广的重要过程。

品种登记使茶树品种的推广销售有了"身份证"，且茶树品种的"身份证"也由过去的国家和省两级审批变成由农业农村部统一审批，强化了市场监管，鼓励了新品种选育，保护了茶农的利益。

二、茶树品种登记工作的进展

截至 2020 年 1 月 21 日，全国共有 7 批次 48 个茶树品种完成了非主要农作物品种登记（陈亮，2020）。整个"十三五"期间，共有 90 个品种通过登记。2020 年 1 月 21 日前已登记 48 个品种中，从地方群体品种或者优良品种自然杂交后代中选育的 40 个、杂交育种选育的 7 个、辐射育种 1 个；适制绿茶 17 个、红茶 3 个、红绿兼制或适制多茶类 27 个、乌龙茶 1 个。48 个登记品种中，除了以传统的绿茶和乌龙茶对照品种'福鼎大白茶'与'黄旦'作对照外，还有'龙井长叶''瑞雪''舒茶早''黄金芽''槠叶齐''云南大叶''紫娟'和'铁观音'等作为对照品种。此外，48 个已登记品种中，产量比对照低 17% 到高 10% 的有 14 个，高 10% ~ 50% 有 22 个，高 50% ~ 150% 有 12 个（陈亮，2020）。由此看出，与之前品种审定或鉴定不同之处：一是对照品种不再只是'福鼎''云南大叶茶'与'黄旦'品种，而是各茶区已登记或审（鉴）定的主栽品种；二是之前审定或鉴定品种时，要求新育成品种的产量一般要超过对照品种 10%，或与对照品种相当，但感官品质超过对照，而进行品种登记，对产量高低无硬性要求，品种的其他性状优良或特色显著时，拟登记品种的鲜叶产量可低于对照品种。截至 2022 年 12 月，全国共登记茶树品种 185 个，其中四川省已登记茶树品种共 16 个。

三、登记条件、申请文件

1. 申请登记的茶树品种应当具备的条件

按《办法》规定，申请登记的茶树品种应当具备下列条件。

（1）人工选育或发现并经过改良；

（2）具备特异性、一致性、稳定性；

（3）具有符合《农业植物品种命名规定》的品种名称；

（4）申请登记具有植物新品种权的品种，还应当经过品种权人的书面同意。

2. 申请文件

《非主要农作物品种登记指南 茶树》（以下简称《指南》）第十三条规定，对新培育的品种，申请者应当按照品种登记指南的要求提交以下材料。

（1）申请表；

（2）品种特性、育种过程等的说明材料；

（3）特异性、一致性、稳定性测试报告；

（4）种子、植株及果实等实物彩色照片；

（5）品种权人的书面同意材料；

（6）品种和申请材料合法性、真实性承诺书。

第十四条规定，本办法实施前已审定或者已销售种植的品种，申请者可以按照品种登记指南的要求，提交申请表、品种生产销售应用情况或者品种特异性、一致性、稳定性说明材料，申请品种登记。也就是说，新选育品种、《办法》实施前已认（审）定或者已销售种植的茶树品种，可按《办法》的要求，进行非主要农作物品种登记。

四、登记机构和登记的基本流程

我国农业农村部主管全国非主要农作物品种登记工作，制定、调整非主要农作物登记目录和品种登记指南，建立全国非主要农作物品种登记信息平台，同时对省级人民政府农业主管部门开展品种登记工作情况进行监督检查。全国农业技术推广服务中心承担非主要农作物品种登记工作。农业农村部省级人民政府农业农村主管部门（省种子站）负责品种登记的具体实施和监督管理，受理品种登记申请，对申请者提交的申请文件进行书面审查。省级以上人民政府农业农村主管部门（省种子站）还承担了对已登记品种的监督检查工作，履行好对申请者和品种测试、试验机构的监管责任，以保证消费安全和用种安全。

品种登记的基本流程为：从农作物种子管理集成平台 http://202.127.42.47:8015/Admin.aspx 网上注册→提交申请材料（申请表、附件材料）→ 省级农业农村厅种子管理部门（省种子站）审查→审核通过→全国农业技术推广服务中心复核→向国家种质资源库（圃）提交种苗木样品→上报农业农村部公示→公告（图 8-3）。

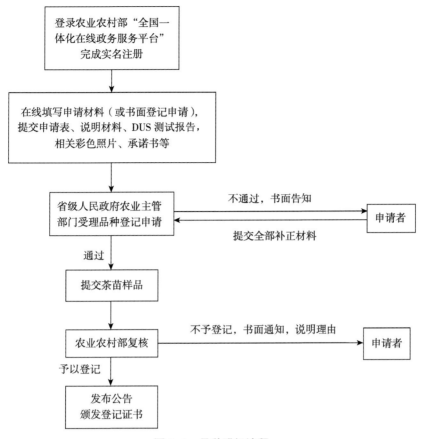

图 8-3 品种登记流程

五、茶树品种登记要准备的主要材料

《指南》要求："申请茶树品种登记，申请者向省级农业主管部门提出品种登记申请，填写'非主要农作物品种登记申请表 茶树'，提交相关申请文件；省级部门书面审查符合要求的，再通知申请者提交苗木样品"。根据《指南》要求，除了申请表以外，其他需要准备的材料包括：

1. 茶树育种过程描述

主要包括品种来源以及亲本血缘关系、选育方法、选育过程。在生产上已大面积推广的地方品种或来源不明确的品种要标明，可不作品种选育说明。如果是登记办法实施前已审定或已推广的品种，申请者只需提交登记申请表、品种生产销售应用情况或者品种DUS 说明材料等。

2. 茶树品种特性描述

主要描述品种特征特性、栽培技术要点等。可以参考《中国无性系茶树品种志》，例：'川茶 2 号'。

　　特征特性　灌木型，中叶类，早芽种。植株主干不明显，树姿半开展，生长势强，分枝部位低，分枝密度中等。叶片长度 7.9 cm，宽 3.7 cm，叶片窄椭圆形，叶片着生状态水平。在四川茶区发芽较'福鼎大白茶'早 2～4 d，发芽较整齐，且密度高，芽茸毛少。春、夏、秋梢呈绿色，均无紫芽。一芽三叶长 7.4 cm、百芽重 49.9 g。盛花期为每年 12 月下旬，花萼外部无茸毛，子房有茸毛，柱头裂开数为 3，雌蕊高于雄蕊，花果少。春茶一芽二叶生化样含茶多酚 17.0%，氨基酸含量 5.1%，咖啡碱含量 3.6%，水浸出物含量 57.9%，适制绿茶，春梢制绿茶，外形紧细翠绿显毫；内质嫩香高长；滋味鲜且浓。夏梢所制烘青绿茶，栗香高长；滋味鲜爽甘甜；苦涩味较轻。第一生长周期亩产 324 kg，比对照'福鼎大白茶'增产 11.8%；第二生长周期亩产 413 kg，比对照'福鼎大白茶'增产 14%。中抗假眼小绿叶蝉、中抗炭疽病。在四川茶区抗旱中等，抗寒性强。

　　栽培技术要点　由于该品种生长势旺盛，发芽密度和分枝密度均高，建议单行种植，种植密度约 3 000 株，并加强茶园的肥培管理。

3. 投产后 2 年产量

品种比较试验、区域试验或者生产试验均可以，需要有合适的对照品种。

4. 茶叶品质

反映茶叶品质的感官审评和生化检测报告。建议采摘春季的第一批或第二批次样品，送农业农村部茶叶质量监督检验测试中心等有资质的机构检测。

5. 茶小绿叶蝉和炭疽病抗性试验报告

对供试品种的对茶炭疽病、茶小绿叶蝉等重要病虫害抗性进行田间鉴定的试验报告。

6. 抗寒性和抗旱性描述

7. 转基因检测报告

根据转基因成分检测结果，如实说明品种是否含有转基因成分。

8. 适宜种植区域

9. 特异性、一致性和稳定性（DUS）测试报告

按《植物新品种特异性、一致性和稳定性测试指南 茶树》进行试验，需要有合适的近似品种，有条件可以自行组织测试，也可以委托农业农村部植物新品种测试茶树测试站（中国农业科学院茶叶研究所）测试。

10. 栽培技术要点

11. 典型照片

植株、新梢、叶片、花、果实等。

12. 种苗样品

申请登记茶树品种的种苗样品，除云南省与海南省提交到国家种质勐海茶树分圃（云南省农业科学院茶叶研究所）保存以外，其他所有省份均提交到国家种质杭州茶树圃（中

国农业科学院茶叶研究所）种植保存。每个品种为 100 株足龄 II 级以上健壮扦插苗。送交的苗木样品，必须是遗传性状稳定、与登记品种性状完全一致、未经过药物处理、无检疫性有害生物、质量符合《茶树种苗》（GB 11767—2003）II 级以上的健壮扦插苗。苗木样品使用有足够强度的防水塑料袋包装；包装袋上标注作物种类、品种名称、申请者、育种者等信息。国家茶树种质资源圃（杭州）收到苗木样品后，在 20 个工作日内确定样品是否符合要求，并为申请者提供回执单。

六、受理与审查

省级人民政府农业农村主管部门（省种子站）对申请材料齐全、符合法定形式，或者申请者按照要求提交全部补正材料的，予以受理。并在受理品种登记申请之日起 20 个工作日内，对申请者提交的申请材料进行书面审查，符合要求的，将审查意见报农业农村部。

七、登记与公告

《办法》第十八条规定"农业农村部自收到省级人民政府农业主管部门的审查意见之日起 20 个工作日内进行复核。对符合规定并按规定提交种子样品的，予以登记，颁发登记证书；不予登记的，书面通知申请者并说明理由"。所颁发的品种登记证书内容包括：登记编号、作物种类、品种名称、申请者、育种者、品种来源、适宜种植区域及季节等。同时农业农村部将品种登记信息进行公告，公告内容包括：登记编号、作物种类、品种名称、申请者、育种者、品种来源、特征特性、品质、抗性、产量、栽培技术要点、适宜种植区域及季节等。登记编号格式为：GPD + 作物种类 +（年号）+2 位数字的省份代号 +4 位数字顺序号。登记证书载明的品种名称为该品种的通用名称，禁止在生产、销售、推广过程中擅自更改。

第三节 新品种保护

一、新品种保护概述

1. 植物新品种保护的意义

植物新品种是指经过人工培育的或者对发现的野生植物加以开发，具备新颖性、特异性、一致性和稳定性并有适当命名的植物品种。植物新品种保护是知识产权的一种形式，同专利、商标、版权等一样，是知识产权保护的重要组成部分。它也称作"植物育种者权利"，是授予植物新品种培育者利用其品种排他的独占权利。保护的对象不是植物品种本身，而是植物育种者应当享有的权利。

实行植物新品种保护制度，目的是保护植物新品种所有人的合法权益，规范育种行业，保护生物遗传资源和激励植物品种创新，以培育更多高质量的茶树新品种，促进茶产业的可持续发展。因此，让四川省从事茶树育种和种苗繁育等相关机构和人员深入了解DUS测试方法，并了解如何获得茶树品种权、保护与维护育种者的合法权利，对加强茶树新品种保护、促进茶树育种创新都具有十分重要的意义。

2. 我国的植物新品种保护工作进展

由于历史的原因，我国的植物新品种保护工作起步晚，一直缺乏对植物品种有效的法律保护，导致育种者权益屡受损害。以茶树为例，茶树一般以有性杂交结合单株选择的方法选育新品种，具有育种周期长（需要15年左右），且具有无性繁殖的特点，故其品种侵权现象非常普遍。1997年3月20日，经过多方论证和反复修改，《中华人民共和国植物新品种保护条例》（以下简称《条例》）正式颁布实施，建立了植物新品种保护制度；1999年4月23日，中国加入国际植物新品种保护联盟（UPOV）公约1978年文本，成为UPOV第39个成员国；2016年1月1日，新修订出台的《中华人民共和国种子法》将植物新品种保护单列1章，提高了植物新品种保护的法律位阶，并明确要求新培育植物品种需通过特异性、一致性、稳定性（DUS）测试后才能通过审定或登记。经过20年的发展，农业农村部制定了《植物新品种保护条例实施细则（农业部分）（林业部分）》《农业部植物新品种复审委员会审查规定》和《最高人民法院关于审理植物新品种纠纷案件若干问题的解释》等配套规章，形成了较完备的农业植物新品种行政管理体系（图8-4）和保护体系，并成为我国知识产权保护体系中的七大重要组成部分之一（刘昆言 等，2020）。与此同时，在农业农村部和国家林业和草原局分别成立了植物新品种保护办公室、植物新品种复审委员会和全国植物新品种测试标准化技术委员会，形成了以审批机关、执法机关、中介服务机构和其他维权组织相结合的保护组织体系。同时，建立了由农业植物新品种繁殖材料保藏中心、植物新品种测试中心和27个测试分中心，以及林业植物新品种测试中心、5个测试分中心和2个分子测定实验室和5个专业测试站组成的技术支撑体系。目前，我国已发布11批保护名录，涵盖191个属、种。

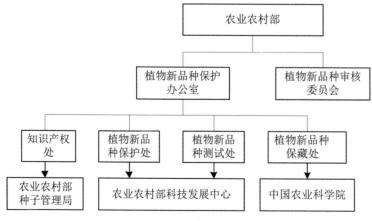

图8-4　植物新品种行政管理体系

3. 茶树植物新品种保护工作进展

2008 年，《中华人民共和国农业植物新品种保护名录（第七批）》发布，将茶树列入其中；同年，中国农业科学院茶叶研究所陈亮研究员制订的国际植物新品种保护联盟（International Union for the Protection of New Varieties of Plants，UPOV）茶树 DUS 测试指南成为我国第一个进入 UPOV 的测试指南，它的制订对提升我国在植物新品种保护领域的国际地位，促进我国植物新品种保护工作具有重要意义；5 年后，中华人民共和国农业行业标准（NY/T 2422—2013）《植物新品种特异性、一致性和稳定性测试指南　茶树》的制定，更加完善了我国茶树 DUS 测试的标准与方法。

近几年，我国茶叶科研单位、院校对植物品种权的申请工作加大了重视力度，截至 2019 年底，全国共有 10 余个省份申请了茶树新品种权，申请茶树新品种权的品种共有 169 个，其中浙江省 89 个、广东省 29 个、贵州省 17 个，但四川省仅 1 个。浙江省申请茶树新品种权的积极性最高，近 5 年每年都有超过 10 个茶树品种申请新品种保护，然而，四川省以及云南、广西、贵州等茶树资源丰富的省份茶树新品种申请量却相对较少，这可能与育种者对植物新品种权保护的意识不强有关，也可能与植物新品种保护在当地宣传不到位、茶树测试周期长以及对知识产权保护重视程度不够等因素有关（刘昆言 等，2020）。四川省应加强新品种权的申请工作，一旦发现有潜力的优良单株（春季发芽期早，或生长势强，适应性广；或感官品质优或者成分特殊；或表型有一定特色），应进行扦插繁殖，再布置一定的试验采集数据后，可先申请植物品种权，再布置品比试验，根据试验结果，进行新品种登记。

二、植物新品种权的申请

1. 植物新品种权的审批机构

《中华人民共和国植物新品种保护条例》规定，国务院农业、林业行政部门（统称审批机关），按照职责分工共同负责植物新品种权申请的受理和审查，并对符合条例规定的植物新品种授予植物新品种权。依据上述规定农业农村部为农业植物新品种权的审批机关，农业农村部植物新品种保护办公室承担农业植物品种权申请的受理、审查任务，并管理其他有关事务；国家林业和草原局为林业植物新品种权的审批机关，国家林业和草原局植物新品种保护办公室负责受理和审查林业植物新品种权的申请，组织与林业植物新品种有关的测试、保藏等业务。以上机构还按有关规定承办与植物新品种保护有关的国际事务。

2. 品种权授予的条件

申请品种权的茶树品种，应同时具备以下特点。

（1）新颖性　是指该品种在申请日前其繁殖材料未被销售；或经育种者许可，在中国境内销售该品种繁殖材料未超过 1 年，在中国境外该品种繁殖材料未超过 6 年。

（2）特异性　是指申请品种权的茶树新品种应当明显区别于在递交申请以前已知的茶树品种。

（3）一致性　是指该茶树新品种经过繁殖，除可预见的变异外，其相关的特征特性一致。

（4）稳定性　则指该茶树新品种经过反复繁殖后或者在特定繁殖周期结束时，其相关的特征特性保持不变。

（5）具备适当的名称　并与相同或者相近的植物属或者种中已知品种的名称相区别，该名称经注册登记后即为该新品种的通用名称。

3. 茶树品种的 DUS 测试

茶树品种特异性、一致性和稳定性（DUS）测试是申请植物新品种保护、品种登记中的重要环节，而 DUS 测试报告为新品种保护和登记的必要条件之一。DUS 测试是依据中华人民共和国农业行业标准（NY/T 2422—2013）《植物新品种特异性、一致性和稳定性测试指南　茶树》（技术标准和规范），通过田间种植试验或（和）实验室分析对茶树品种特异性、一致性和稳定性进行评价的过程。也就是通过观测品种与近似品种（指在所有的已知品种中，相关特征或者特性与申请品种最为相似的品种，即在遗传学上亲缘关系最近的品种）之间是否有明显差异，评价其特异性；通过观测品种内株与株之间是否有明显差异，是否整齐，评价其一致性；通过观测品种代与代（常规种/自交系）或批与批之间（杂交种）是否有明显差异，评价其稳定性，得出该品种是否具有特异性、一致性和稳定性的评价。

DUS 测试一般由审批机关委托指定的测试机构进行，经过 2～3 年的重复观察，最终作出合理、客观的评价。2017 年 2 月发布的《农业部办公厅关于做好主要农作物品种审定特异性一致性稳定性测试工作的通知》，明确了新品种权的申请者可以自主开展 DUS 测试或委托农业农村部授权的 DUS 测试机构开展 DUS 测试。到 2017 年底，我国已先后建立一个测试中心，27 个测试分中心和 3 个测试站以及 1 个植物新品种保藏中心，形成了较完善的审查测试技术服务体系。其中，中国农业科学院茶叶研究所建有 1 个测试站，进行茶树测试。因此目前茶树一般要求送 MARA—杭州测试站进行测试，该测试站已承担约 200 多个茶树新品种的 DUS 测试任务。按照茶树品种测试指南的要求，品种扦插苗要在规定时间内送达，而测试从种植后第 3 个生长周期开始，测试至少 1 个完整的生长周期（指从越冬芽萌发，经新梢生长直至冬季休眠），才能出具测试报告，因此，从申请接受到获得品种权授权至少需 4 年以上。

依据《植物品种特异性、一致性和稳定性测试指南 茶树》（NY/T 2422—2013）进行茶树品种 DUS 测试，主要内容包括：新梢，一芽一叶始期、一芽二叶期第二叶颜色、一芽三叶长、芽茸毛、芽茸毛密度、叶柄基部花青甙显色；叶片，着生姿态、长度、宽度、形状，树形，树姿，分枝密度，枝条分支部位，花萼外部茸毛，子房茸毛，生长势，以及其他与特异性、一致性、稳定性相关的重要性状。主要有 33 个测试性状。在（NY/T 2422—2013）标准中，对 33 个测试性状的测试方法有具体的介绍，应按该标准进行测试工作。DUS 测试结果的判定，当测试品种至少在一个性状上与近似品种具有明显的且可重复的差异时，即可判定测试品种具有特异性；一致性的判定是：当样本数为 10 株时，最多可以允许 1 个异形株。异形株是指同一品种群体内处于正常生长状态，但其整体或部分性状与绝大多数典型植株存在明显差异的植株。如果一个品种具备一致性，则可认为该品种具有稳定性。

4. 品种权的申请和审批

国务院农业、林业行政部门按照职责分工共同负责植物新品种权申请的受理和审查，并对符合条例规定的植物新品种授予植物新品种权。

申请品种权可以直接或者委托品种保护办公室指定的代理机构向品种保护办公室提出申请。委托代理机构申请的，应当同时提交委托书，明确委托办理事项与权责。品种权的申请和审批流程如下。

（1）**申请**　自2019年1月1日起，所有品种权申请人和代理机构均应通过新版农业品种权申请系统（202.127.42.213/varietySystem/login/toLogin）申请品种权，或登录农业农村部网站（http://www.moa.gov.cn/）的政务服务栏目—品种管理—农业植物新品种权授权进行申请，该系统是用户进行品种权申请的全新在线信息化系统，涉及品种权申请、中间文件的填报、繁殖材料提交手续办理、证书领取手续办理等全流程，具备用户信息管理、申请文件填报编辑查阅、申请审查状态查询、信息实时交互等功能。申报材料包括《请求书》《说明书》和《照片及简要说明》。按照新品种保护办公室规定的统一格式在线填写申请材料，填写成功并提交。

（2）**受理**　审查员根据《中华人民共和国植物新品种保护条例》和《中华人民共和国植物新品种保护实施细则（农业部分）》对申请人提交申报材料进行在线审核，如审核通过，生成加水印的PDF申请文件，申请人可将申请文件下载打印后邮寄或面交到植物新品种保护办公室。植物新品种保护办公室对符合规定的品种权申请予以受理，明确申请日、给予申请号。对不符合或者经修改仍不符合规定的品种权申请不予受理，并通知申请人。

（3）**初步审查**　自受理品种权申请之日起6个月内完成初步审查。初审内容包括：①是否属于植物品种保护名录中列举的植物属或种的范围；②是否符合《中华人民共和国植物新品种保护条例》第二十条的规定；③是否符合新颖性规定；④植物新品种的命名是否适当。对经初步审查合格的品种权申请予以公告。对经初步审查不合格的品种权申请，通知申请人在3个月内陈述意见或者予以修正；逾期未答复或者修正后仍然不合格的，驳回申请。

（4）**实质审查**　依据申请文件和其他有关书面材料进行实质审查。必要时可以委托指定的测试机构进行测试或者考察业已完成的种植或者其他试验的结果。因审查需要，申请人应当根据要求提供必要的资料和该茶树新品种的繁殖材料。

（5）**授权或驳回**　对经实质审查符合本条例规定的品种权申请，作出授予品种权的决定，颁发品种权证书，并予以登记和公告。对经实质审查不符合本条例规定的品种权申请予以驳回，并通知申请人。《植物新品种权证书》可邮寄或自取，同时在《农业植物新保护公报》、农业农村部网站（http://www.moa.gov.cn/）上进行发布。此外，自2017年4月1日起，停征植物新品种保护权的所有收费。

审批机构设立植物新品种复审委员会，申请人对于驳回的品种权申请不服的，可以在有效期内请求复审，对复审决定不服的，可在有效期内向人民法院提起诉讼。

品种权被授予后，在自初步审查合格公告之日起至被授予品种权之日止的期间，对未经申请人许可，以商业为目的生产或者销售该授权品种的繁殖材料的单位或个人，品种权人享有追偿的权利。

5. 品种权的期限、终止和无效

品种权保护期限，自授权之日起，茶树为 20 年。有下列情形之一的，品种权在其保护期限届满前终止：

（1）品种权人以书面声明放弃品种权。

（2）品种权人未按照审批机关的要求提供检测所需的该授权品种的繁殖材料的。

（3）经检测该授权品种不再符合被授予品种权时的特征和特性的。

自审批机关公告授予品种权之日起，植物新品种复审委员会可以依据职权或者依据任何单位或者个人的书面请求，对不符合有关规定的，宣告品种权无效或更名。

图 8-5　新品种 DUS 测试

图 8-6　采集的新品种春梢生化样

图 8-7　新品种茶样感官审评

参考文献

陈亮，吕波，虞富莲，等，2014.植物新品种特异性、一致性和稳定性测试指南　茶树：
　　NY/T 2422—2013［S］.北京：中国农业出版社.

陈亮，马建强，2020.茶树非主要农作物品种登记要求及进展［J］.中国茶叶,42（03）:8-11.

江昌俊，2021.茶树育种学［M］.北京：中国农业出版社.

刘昆言，禹双双，彭长城，等，2020.我国茶树新品种保护发展现状及建议［J］.湖南农业
　　科学，（8）：101-104

孙海燕，史梦雅，李荣德，等，2022.农作物品种试验规范 茶树：NY/T 3928—2021［S］.
　　北京：中华人民共和国农业农村部.